Grundriss
Fahrerlaubnisrecht für
Verkehrspsychologen
und
Verkehrsmediziner

Grundriss Fahrerlaubnisrecht für Verkehrspsychologen und Verkehrsmediziner

Von
Ingo Buchardt
unter Mitarbeit
von
Dipl.-Psych. Paul Brieler

KIRSCHBAUM VERLAG BONN

25 000
LEBEN RETTEN
Europäische Charta
für die Straßenverkehrssicherheit

ISBN 978-3-7812-1687-7

Siegfriedstraße 28, 53179 Bonn,
Fax 0228/9545327, Internet www.kirschbaum.de
Satz: DTP – Detlef Krämer, Bonn · KraemerDetlef@compuserve.de
Druck: Medienhaus Plump, Rheinbreitbach
Oktober 2007 · Bestell-Nr. 1687

Vorwort

Mit dem Start in das Jahr 1999 traten im deutschen Fahrerlaubnisrecht weitreichende Änderungen in Kraft. Sie waren zum einen Ausfluss einer zwingend geboten Umsetzung der europäischen Richtlinie 91/439/EWG des Rates vom 29. Juli 1991 über den Führerschein - kurz genannt: der 2. EU-Führerscheinrichtlinie. Zum anderen wurde die Chance einer grundsätzlichen Reform genutzt. So wurden die das Fahrerlaubnisrecht betreffenden Regelungen aus der Straßenverkehrs-Zulassungs-Ordnung herausgenommen und in eine eigenständige Verordnung, die „Fahrerlaubnis-Verordnung" überführt. Des Weiteren wurden beispielsweise Punktsystem und Fahrerlaubnis auf Probe im Straßenverkehrsgesetz verankert und hinsichtlich der Maßnahmen neu geordnet.

Im Zuge dieser Neuordnung wurde die verkehrspsychologische Beratung als freiwillige Maßnahme mit dem Ziel aufgenommen, Inhaber einer Fahrerlaubnis auf Probe wie auch sog. Punktetäter in einer Einzelberatung mit ihren individuellen Mängeln in der Einstellung zum Straßenverkehr und im verkehrssicheren Verhalten zu konfrontieren. Ziel ist es, bei den Betroffenen die Bereitschaft zu entwickeln, diese Mängel abzubauen. Mit der Durchführung beauftragt werden dürfen dabei nur Diplom-Psychologen mit Abschluss eines Hochschulstudiums, die persönlich zuverlässig sind und über entsprechende Erfahrungen und Ausbildung in der Verkehrspsychologie verfügen. Nicht zuletzt müssen sie den Nachweis über die Teilnahme an einem Einführungsseminar über Verkehrsrecht von mindestens 16 Stunden nachweisen.

Eine weitere im Straßenverkehrsgesetz verankerte Änderung war die erstmalige rechtliche Trennung von „Eignung" und „Befähigung". Damit wurde die eigenständige Bedeutung dieser beiden für den Erwerb und Besitz der Fahrerlaubnis wesentlichen Kernelemente zum Ausdruck gebracht. Der Begriff „Eignung" umfasst dabei die körperliche, geistige und charakterliche Eignung. Diese ist vor dem Erwerb der Fahrerlaubnis zu prüfen. Während die charakterliche Eignung ohne Zweifel gegeben sein muss, können andere Eignungsmängel, die den Betroffenen nur bedingt geeignet erscheinen lassen, durch Auflagen oder Beschränkungen der Fahrerlaubnis ausgeglichen werden. Im Vorfeld der Anordnung von Auflagen und/oder Beschränkungen ist jedoch die Erstellung entsprechender ärztlicher Gutachten notwendig.

Seitens des Verordnungsgebers wurden, unter Beachtung des Grundsatzes der Verhältnismäßigkeit, verbindliche Bestimmungen darüber getroffen, in welchen Fällen ein ärztliches Gutachten oder ein medizinisch-psychologisches Gutachten zulässig ist. Bei Bedenken gegen die körperliche oder geistige Eignung kommt dabei regelmäßig zunächst ein fachärztliches Gutachten in Frage. In diesem Zusammenhang wurden neu die Fachärzte mit verkehrsmedizinischer Qualifikation als Gutachter aufgenommen, die der Betroffene – auf Anordnung der Fahrerlaubnisbehörde – mit der Erstellung des Gutachtens zu beauftragen hat. Im Ergebnis ist dabei festzuhalten, dass sowohl fachärztliche Gutachten als auch Gutachten von Begutachtungsstellen für Fahreignung die gleiche Wirkung entfalten. Beide dienen der Erhöhung der Einzelfallgerechtigkeit und den Fahrerlaubnisbehörden als Entscheidungshilfe für die Bewertung der bestehenden Zweifel an der Eignung. Eine Verfahrensfrage gilt es dabei jedoch zu beachten: Der behandelnde Arzt wie auch der behandelnde Psychologe darf nicht zugleich der Gutachter sein.

Nun ist es sicherlich kein Geheimnis, dass es unmöglich und auch gar nicht notwendig ist, Verkehrspsychologen oder Fachärzte mit verkehrsmedizinischer Qualifikation zu intimen Kennern des Verkehrsrechts auszubilden. Es ist aber gleichwohl möglich und sollte Ziel der verkehrsrechtlichen Seminare für die Verkehrspsychologen bzw. die Fachärzte sein, den Teilnehmern Einblicke in die Systematik des für sie in der täglichen Arbeit wichtigsten Rechtsbereiches, dem Fahrerlaubnisrecht zu geben, orientiert an ihrer Aufgabe, Gesamtzusammenhänge deutlich zu machen und Problembewusstsein zu schaffen.

Das Buch dient diesem Zweck und wendet sich im Schwerpunkt zielgruppengerichtet an Verkehrspsychologen und Fachärzte mit verkehrsmedizinischer Qualifikation. Es ist zu hoffen, dass es mit diesem Buch gelungen ist, Verkehrspsychologen und Fachärzten sachliche und rechtliche Hintergründe der komplexen Materie des Fahrerlaubnisrechts näher zu bringen und es ihnen bei der Anwendung behilflich ist.

Für die bei der Erarbeitung des Buches erfolgten Anregungen und Unterstützung gilt es Herrn Dipl. Psych. Dr. Ronald Kosellek sowie Psychologen des Instituts für Schulungsmaßnahmen in Hamburg, hier besonders Frau Dipl. Psych. Maritta Zentgraf und Herrn Dipl. Psych. Peter Grunow, Dank zu sagen.

Berlin, im Juli 2007 Ingo Buchardt

Geleitwort

Mit dem „Grundriss Fahrerlaubnisrecht für Verkehrspsychologen und Verkehrsmediziner" liegt ein Werk vor, das sich an Diplom-Psychologen und Ärzte richtet, die im Bereich der Verkehrspsychologie und Verkehrsmedizin wirksam sind und durch ihre Tätigkeit zur Sicherung der individuellen Mobilität – unter Beachtung der Schutzpflicht des Staates – beitragen.

Das vorliegende Buch von Ingo Buchardt stellt eine wichtige Grundlage für die Ausbildung von Verkehrspsychologen und für Fachärzte – v. a. solche mit verkehrsmedizinischer Qualifikation entsprechend der Fahrerlaubnis-Verordnung – dar. Es behandelt die rechtlichen Grundlagen für die Schwerpunktgebiete Begutachtung der Fahreignung, Wiederherstellung der Kraftfahreignung durch Nachschulungsmaßnahmen, verkehrspsychologische Beratung sowie verkehrspsychologische Therapie.

Die Darlegung der rechtlichen Grundlagen des Fahrerlaubnisrechts ergänzen in sinnvoller Weise die fachlichen Grundlagen der bereits bestehenden Begutachtungs-Leitlinien zur Kraftfahrereignung, des Kommentars zu den Begutachtungs-Leitlinien zur Kraftfahrereignung sowie der Urteilsbildung in der medizinisch-psychologischen Fahreignungsdiagnostik – Beurteilungskriterien.

Weil Gutachten von Fachärzten zu Fragen der Kraftfahrereignung vergleichbare rechtliche Wirkungen entfalten können wie medizinisch-psychologische Gutachten einer amtlich anerkannten, akkreditierten und damit qualitätskontrollierten Begutachtungsstelle für Fahreignung, ist dieser Grundriss des Fahrerlaubnisrechts für den Bereich der ärztlichen Begutachtung von besonderer Bedeutung.

Dieses Werk sollte fester Bestandteil für die Einarbeitung in die Rechtsgrundlagen der verkehrspsychologischen sowie verkehrsmedizinischen Arbeit und gleichzeitig ein Maßstab für einheitliches Handeln sein.

Mit unserem Glückwunsch für das vorliegende Werk verbinden wir die Hoffnung und Erwartung seiner weiten Verbreitung und erfolgreichen Wirkung.

Prof. Dr. rer. nat. Wolfgang Schubert
1. Vorsitzender der
Deutschen Gesellschaft
für Verkehrspsychologie (DGVP)

Prof. Dr. med. Rainer Mattern
Präsident der
Deutschen Gesellschaft
für Verkehrsmedizin (DGVM)

Inhaltsverzeichnis

Abkürzungsverzeichnis

BGB	Bürgerliches Gesetzbuch
BZR	Bundeszentralregister
FeV	Fahrerlaubnis-Verordnung
FahrlG	Fahrlehrergesetz
FreiwFortbV	Verordnung über die freiwillige Fortbildung von Inhabern der Fahrerlaubnis auf Probe (Fahranfängerfortbildungsverordnung)
FsVwV	Führerscheinverwaltungsvorschrift
FZV	Fahrzeug-Zulassungsverordnung
StGB	Strafgesetzbuch
StPO	Strafprozessordnung
StVG	Straßenverkehrsgesetz
VwGO	Verwaltungsgerichtsordnung
VZR	Verkehrszentralregister
ZFER	Zentrales Fahrerlaubnisregister

A Rechtliche Rahmenbedingungen des Fahrerlaubnisrechts

KAPITEL

1 Europäische Richtlinien

Das Verkehrsrecht wird, wie andere Bereiche auch, in wesentlichen Teilen durch europäisches Gemeinschaftsrecht beeinflusst. Dies führt zu der teilweise als unangenehm empfundenen Situation, dass nationale gesetzliche Bestimmungen zurückgedrängt werden, da die Richtlinien unmittelbar gelten. Sollte es zu einer fehlerhaften Auslegung der nationalen Bestimmungen entgegen dem Sinn und Zweck des Inhalts der Richtlinie kommen, geht diese vor.

Die europäischen Regelungen zum Fahrerlaubnisrecht werden aktuell von zwei Grundsätzen bestimmt: die Freizügigkeit der Bürger der Gemeinschaft zu erleichtern und zur Verbesserung der Straßenverkehrssicherheit beizutragen. Ziel ist es dabei, die Bedingungen für den Erwerb der nationalen Führerscheine anzugleichen, um so die gegenseitige Anerkennung der Führerscheine zu ermöglichen. Dies erleichtert vor allem denjenigen die Teilnahme am Straßenverkehr, die innerhalb der Gemeinschaft Fahrten durchführen oder sich in einem anderen als dem Mitgliedstaat niederlassen, in dem sie ihre Fahrprüfung abgelegt haben. Die Notwendigkeit dieser Zielsetzung wird deutlich, wenn man sich vor Augen führt, wie viele Bürger der Europäischen Union von den Regelungen zum Führerschein direkt betroffen sind: ca. 270 Millionen oder rund 60 % der Unionsbürger.

1.1 Erste EU-Führerscheinrichtlinie

Begonnen hat die Umsetzung dieser Ziele bereits im Jahr 1980 mit der sog. Ersten EG-Führerscheinrichtlinie[1]. Mit ihr wurde im Wesentlichen die bis

1 Richtlinie 80/1263/EWG des Rates vom 4.12.1980 (ABl. EG Nr. L 375, S. 1)

dahin bestehende erforderliche erneute Ablegung einer theoretischen und praktischen Fahrerlaubnisprüfung im Falle der Umschreibung einer Fahrerlaubnis aus einem EG-Mitgliedstaat abgeschafft. Die Freizügigkeit wurde jedoch weiterhin dadurch eingeschränkt, dass nach erfolgter Wohnsitznahme in einem anderen EG-Mitgliedstaat innerhalb eines Jahres eine Umschreibung erfolgen musste. Des Weiteren wurden erste Mindestanforderungen an die theoretische und praktische Fahrerlaubnisprüfung sowie die Tauglichkeit der Fahrerlaubnisbewerber und -inhaber formuliert und die Einführung des einheitlichen rosafarbigen EG-Modells für den Führerschein verabschiedet.

1.2 Zweite EU-Führerscheinrichtlinie

Unter Berücksichtigung des Gesichtspunktes der Freizügigkeit konnte das Erreichte nicht befriedigen. Mit der sog. Zweiten EU-Führerscheinrichtlinie[2] wurde der Grundsatz der gegenseitigen Anerkennung der von den Mitgliedstaaten ausgestellten Führerscheine eingeführt. In den Erwägungsgründen, die einer jeden Richtlinie vorangestellt werden, wurde ausgeführt, dass die Verpflichtung zum Umtausch der Führerscheine innerhalb eines Jahres bei einem Wechsel des ordentlichen Wohnsitzes ein Hindernis für die Freizügigkeit darstellt. Angesichts der Fortschritte beim Zusammenwachsen Europas ein inakzeptables Hindernis.

Neben dieser für das Selbstverständnis der Europäischen Union bedeutenden Änderung wurde die Möglichkeit genutzt, die Harmonisierung weiter voranzutreiben. Dabei wurden auch Aspekte der Verkehrssicherheit in die Erwägungen einbezogen. So wurde das Gemeinschaftsmodell des Führerscheins angepasst sowie die Führerscheinklassen harmonisiert, um die gegenseitige Anerkennung der Führerscheine durch die Behörden der Mitgliedstaaten zu vereinfachen. Seither gibt es eine in Europa einheitliche Definition der Fahrerlaubnisklassen A, B, C und D nebst der dazugehörigen Anhängerklassen BE, CE und DE. Darüber hinaus wurde es den Mitgliedstaaten freigestellt, innerhalb dieser Klassen Berechtigungen für folgende Unterklassen auszustellen: A1, B1 (in Deutschland nicht eingeführt) C1 und D1 nebst der Anhängerklassen C1E und D1E. In Ergänzung zu diesen europäischen Klassen wurden in Deutschland die nationalen Klassen M, S, L und T eingeführt. Diese berechtigen jedoch nur in Deutschland zum Führen der entsprechenden Kraftfahrzeuge. Im europäischen Ausland werden diese Klassen nicht anerkannt.

2 Richtlinie 91/439/EWG des Rates vom 29.7.1991 (ABl. EG Nr. L 237, S.1), zuletzt geändert durch Beitrittsakte vom 23.9.2003 (ABl. EG Nr. L 236, S. 33)

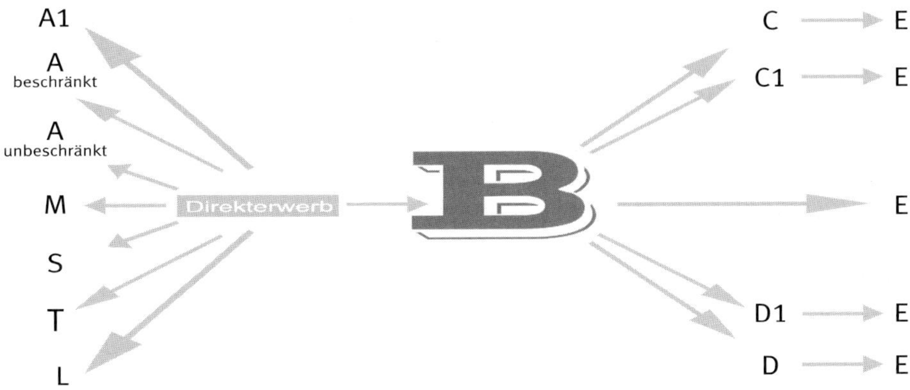

Rechnet man den ebenfalls europäisch begründeten stufenweisen Erwerb der Fahrerlaubnis der Klasse A mit ein, gibt es in Deutschland insgesamt 17(!) Fahrerlaubnisklassen.

Geregelt wurden in der 2. EU-Führerscheinrichtlinie ferner die Mindestaltersanforderungen an die Fahrprüfung bezüglich der nachzuweisenden erforderlichen Kenntnisse und Verhaltensweisen einschließlich der Anforderungen an die Prüfungsfahrzeuge. Weiterhin die Mindestanforderungen hinsichtlich der körperlichen und geistigen Tauglichkeit. Anhang III der Richtlinie unterteilt die Bewerber um die Erteilung oder Verlängerung einer Fahrerlaubnis hinsichtlich der Anforderungen an die Eignung in zwei Gruppen ein. Zur Gruppe 1 gehören die Klassen A, A1 und B mit Anhängerklasse, zur Gruppe 2 die Klassen C, C1, D und D1 mit den entsprechenden Anhängerklassen. Diese Aufteilung wurde auch der Anlage 4 FeV und den Begutachtungs-Leitlinien zur Kraftfahrereignung zu Grunde gelegt. Die nationalen Klassen M, S, L und T werden Gruppe 1 zugeordnet, die Fahrerlaubnis zur Fahrgastbeförderung der Gruppe 2.

Diese Einteilung begründet die in der Umsetzung in nationales Recht erfolgte unterschiedliche Ausgestaltung der Anforderungen einerseits, andererseits die zeitliche Befristung der zur Gruppe 2 gehörenden Klassen. Denn nach der Richtlinie müssen sich die Inhaber dieser Klassen in bestimmten Zeitabständen ärztlich untersuchen lassen.

Von besonderer Bedeutung hat sich rückblickend die Definition einer einheitlichen Wohnsitzregelung erwiesen, ab der es den Fahrerlaubnisbehörden in Europa erst möglich wird, eine Fahrerlaubnis zu erteilen. Auf das deutsche Fahrerlaubnisrecht übertragen folgt, dass eine Fahrerlaubnis nur erteilt werden darf, wenn der Bewerber seinen ordentlichen Wohnsitz in der Bundesrepublik Deutschland hat (§ 7 Abs. 1 FeV). Nach dem Wortlaut der Verordnung, der an dieser Stelle ausnahmsweise in annähernd originalem Wortlaut ausgewiesen wird, gilt als ordentlicher Wohnsitz der Ort, an dem ein Bewerber wegen persönlicher und beruflicher Bindung oder – im Falle eines Bewerbers ohne berufliche Bindung – wegen persönlicher Bindungen, die enge Beziehungen zwischen dem Bewerber und dem Wohnort erkennen lassen, gewöhnlich, d. h. während mindestens 185 Tagen im Kalenderjahr, wohnt. Als ordentlicher Wohnsitz eines Bewerbers, dessen berufliche Bindungen an einem anderen Ort als dem seiner persönlichen Bindungen liegen und der sich daher abwechselnd an verschiedenen Orten in ein oder zwei Mitgliedsstaaten aufhalten muss, gilt jedoch der Ort seiner persönlichen Bindungen, sofern er regelmäßig dorthin zurückkehrt. Die Voraussetzung entfällt, wenn sich der Bewerber in einem Mitgliedsstaat zur Ausführung eines Auftrages von bestimmter Dauer aufhält. Der Besuch einer Universität oder einer Schule hat keine Verlegung des ordentlichen Wohnsitzes zur Folge. Abweichend darf die Fahrerlaubnis auch erteilt werden, wenn sich der Bewerber mindestens sechs Monate als Student oder Schüler in einem Mitgliedstaat aufhält.

1.3 Dritte EU-Führerscheinrichtlinie

Bereits in der Zweiten EU-Führerscheinrichtlinie finden sich Hinweise auf eine Überprüfung der Vorschrift. In Artikel 11 wird dabei eine Frist von fünf Jahren nach Umsetzung durch die Mitgliedstaaten erwähnt, mithin das Jahr 2001. Am 20. Dezember 2006 wurde nach zähen und kontroversen Diskussionen der Mitgliedstaaten die Dritte EU-Führerscheinrichtlinie veröffentlicht.[3] Sie ist am 19. Januar 2007 in Kraft getreten. Mit ihr wurden die europäischen Regelungen zum Führerschein überarbeitet. Die drei Hauptziele des Vorschlags sind:

1. Verringerung der Betrugsmöglichkeiten: Abschaffung des Führerscheinmusters auf Papier zugunsten einer Plastikkarte, Möglichkeit der Einführung eines Mikrochips auf dem Führerschein, Einführung einer begrenzten Gültigkeitsdauer für neue Führerscheine, die ab dem Datum der Anwendung ausgestellt werden
2. Gewährleistung der Freizügigkeit der Bürger: Einführung einer begrenzten Gültigkeitsdauer und Vereinheitlichung der Zeitabstände der ärztlichen Untersuchungen für Berufskraftfahrer
3. Beitrag zur Sicherheit im Straßenverkehr: Einführung eines Führerscheins für Mopeds, Ausweitung des Grundsatzes des stufenweisen Zugangs zur

3 Richtlinie 2006/126/EG des Europäischen Parlaments und des Rates vom 20. Dezember 2006 (ABl. EG Nr. L 403)

Fahrerlaubnis für die leistungsstärksten Fahrzeugarten, Einführung von Mindestanforderungen an die Grundqualifikation und Weiterbildung der Fahrprüfer, Untermauerung des Grundsatzes der Einzigartigkeit des Führerscheins (ein Inhaber - ein Führerschein).

Hinter diesen plakativen Aussagen verbergen sich jedoch einige erforderliche Änderungen, deren Tragweite noch nicht abgeschätzt werden kann. Nur soviel ist bereits jetzt sicher:

- Es wird eine Beschränkung der Gültigkeitsdauer für neu ausgestellte Führerscheine geben. Ab dem 19. Januar 2013 ausgestellte Führerscheine der Klassen AM, A1, A2, A, B, B1 und BE haben eine Gültigkeitsdauer von zehn Jahren. Die Mitgliedstaaten können diese Führerscheine auch mit einer Gültigkeitsdauer von bis zu 15 Jahren ausstellen. Ausgestellte Führerscheine der Klassen C, CE, C1, C1E, D, DE, D1, D1E haben weiterhin eine Gültigkeitsdauer von fünf Jahren. Die Erneuerung des Führerscheins kann von einer Prüfung der Eignung abhängig gemacht werden. Sie ist aber nicht vorgeschrieben.
  Die Mitgliedstaaten stellen sicher, dass bis zum 19. Januar 2033 alle ausgestellten oder in Umlauf befindlichen Führerscheine alle Anforderungen der Richtlinie erfüllen.
- Der Führerscheintourismus soll unlukrativ gemacht werden. Es gelten die deutschen Vorschriften über die Einschränkung, Aussetzung und den Entzug der Fahrerlaubnis. Ferner dürfen Mitgliedstaaten keine Fahrerlaubnisse an Personen erteilen, wenn diese Tatsachen bei einem Bewerber zutreffen. Wer also einen Entzug der Fahrerlaubnis in Deutschland hat, dem darf eine Fahrerlaubnis von einem anderen Mitgliedstaat nicht erteilt werden. Auch eine Ablehnung der Anerkennung einer EU-Fahrerlaubnis durch deutsche Behörden wird möglich.
- Die Klasseneinteilung sowie die Beschreibung der einzelnen Klassen wird geändert.

Die Mitgliedstaaten haben vier Jahre Zeit (also das Jahr 2011), die Richtlinie in nationales Recht umzusetzen, und zwei weitere Jahre (also bis 2013), bis die Regelungen auch angewendet werden müssen.

2 Nationales Recht

Die erforderliche Umsetzung der Regelungen der Zweiten EU-Führerscheinrichtlinie führte zu umfangreichen Änderungen des Abschnitts I des Straßenverkehrsgesetzes, die am 1. Januar 1999 in Kraft traten. Das Straßenverkehrsgesetz regelt u. a. die Zulassung von Personen zum öffentlichen Straßenverkehr, Fragen zur Fahrerlaubnis und Rechtsfolgen des Fahrens ohne Fahrerlaubnis. Breiten Raum nehmen auch die Regelungen zum Verkehrszentralregister und Zentralen Fahrerlaubnisregister sowie datenschutzrechtliche Bestimmungen ein.

Nicht alle Änderungen gründen sich jedoch auf die Zweite EU-Führerscheinrichtlinie. Nur eingeschränkt oder nicht harmonisiert sind die Regelungen zur Geltungsdauer der Fahrerlaubnisse und ihre Entziehung sowie das gesamte Sanktionsrecht und die Ausbildung der Fahrerlaubnisbewerber. Gerade in diesen Bereichen wurde daher die Chance auf eine weitreichende Reform der entsprechenden rechtlichen Regelungen genutzt. So wurde bei der Fahrerlaubnis auf Probe die bis dato als 2. Maßnahmestufe vorgesehene erneute Ablegung der Befähigungsprüfung durch eine Verwarnung und den Hinweis auf die Möglichkeit einer freiwilligen Teilnahme an einer verkehrspsychologischen Beratung ersetzt. Diese Änderung des Maßnahmeansatzes basierte auf der Erkenntnis, dass von den seit 1994 angeordneten 19 000 Befähigungsprüfungen nur 59 Betroffene oder 0,31 % die Prüfung auch nach einmaliger Wiederholung nicht bestanden. Dies legte die Vermutung nahe, dass die Ursachen des Auffälligwerdens weniger in der mangelnden Kenntnis der straßenverkehrsrechtlichen Vorschriften oder in fehlender Fahrzeugbeherrschung als vielmehr in der Einstellung zum Straßenverkehr zu suchen sind.[4] Gleiche Grundlage bildeten auch die Ansätze für eine Korrektur des ehemaligen Mehrfachtäterpunktsystems, dessen Maßnahmenkatalog ebenfalls angepasst wurde und das jetzt Punktsystem heißt. Mit dem Ersetzen der Wiederholungsprüfung durch die Anordnung eines Aufbauseminars und den Hinweis auf die Möglichkeit der Teilnahme an einer verkehrspsychologischen Beratung und der Einführung der Entziehung der Fahrerlaubnis als dritter Eingriffsstufe – wie bei der Fahrerlaubnis auf Probe – wurde ein vergleichbares Maßnahmensystem installiert.

Grundsätzlich ist hierbei anzumerken, dass rechtssystematisch das Straßenverkehrsgesetz das Dach bildet, unter dem sich Rechtsverordnungen wie die Fahrerlaubnis-Verordnung, Richtlinien und Verwaltungsvorschriften ausbilden dürfen. Diese bilden quasi das Fleisch am Knochen und führen, ohne dabei den Regelungsinhalt des Gesetzes zu erweitern, dieses näher aus.

Mit der neu geschaffenen Fahrerlaubnis-Verordnung wurde das Fahrerlaubnisrecht aus der Straßenverkehrs-Zulassungs-Ordnung ausgegliedert. Hier wurden u. a. die Einteilung der Fahrerlaubnisklassen, die Voraussetzungen

4 BR-Drs 821/96

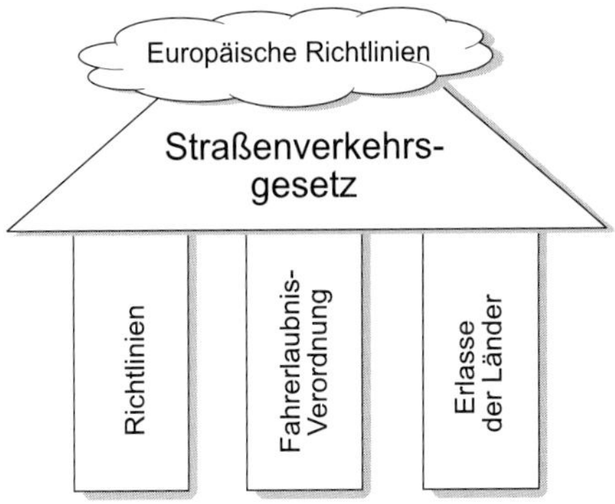

für die Erteilung der Fahrerlaubnis, die Anforderungen an die theoretische und praktische Fahrerlaubnisprüfung, die Umschreibung von ausländischen Fahrerlaubnissen, umfangreiche Übergangsregelungen sowie das Führerscheinmuster geregelt. Nicht geregelt in dieser Verordnung werden jedoch die Fragen der Ausbildung der Führerscheinbewerber. Diese Inhalte wie auch die Fragen der Zulassung von Fahrlehrern und Fahrschulen sind im Fahrlehrergesetz und den darauf beruhenden Rechtsverordnungen, der Durchführungsverordnung zum Fahrlehrergesetz, der Fahrlehrer- und Fahrschüler-Ausbildungsordnung und der Prüfungsordnung für Fahrlehrer geregelt.

Eine weitere Möglichkeit des Gesetzgebers, seinen Willen zum Ausdruck zu bringen, bilden Verwaltungsvorschriften. Sie sind zwar, anders als zum Beispiel Straßenverkehrsgesetz und Fahrerlaubnis-Verordnung, keine Rechtsnormen, gleichwohl binden sie die Fahrerlaubnisbehörden in ihrem Verwaltungshandeln und geben wichtige Verfahrenshinweise. Auf diese Weise wurde unter anderem die Ausfertigung der Führerscheine in der „Allgemeinen Verwaltungsvorschrift zur Durchführung der Bestimmungen der Fahrerlaubnis-Verordnung über den Führerschein und über die Datenübermittlung an das Zentrale Fahrerlaubnisregister“, kurz die Führerscheinverwaltungsvorschrift (FsVwV), geregelt. Andere Verwaltungsvorschriften befassen sich mit der Datenübermittlung an das Verkehrszentralregister oder den Standards für Auskunfts- und Mitteilungsverfahren an das Zentrale Fahrerlaubnisregister und das Verkehrszentralregister.

3 Fahrerlaubnis und Führerschein

Wer sich im Fahrerlaubnisrecht bewegt, trifft unweigerlich auf die beiden Begriffe Fahrerlaubnis und Führerschein, die in ihrer Ausgestaltung und der Konsequenz für das Verwaltungshandeln so in Europa einmalig sein dürften. Dass es offenbar Unterschiede in der Rechtsnatur der beiden Begriffe gibt, macht schon die Überschrift in § 2 StVG sowie die in Absatz 1 nachfolgende Definition deutlich. Demnach bedarf, wer auf öffentlichen Straßen ein Kraftfahrzeug führt, der Erlaubnis (Fahrerlaubnis) der zuständigen Behörde (Fahrerlaubnisbehörde). Mithin handelt es sich bei der Fahrerlaubnis um die öffentlich-rechtliche Erlaubnis zum Führen von Kraftfahrzeugen. Diese wird ggf. auch unter Festlegung von Beschränkungen erteilt und entzogen. Nachgewiesen wird der Besitz der Fahrerlaubnis durch eine amtliche Bescheinigung (Führerschein). Diese wird von der Fahrerlaubnisbehörde ausgestellt.

Am deutlichsten werden die unterschiedlichen Folgen – insbesondere für den Betroffenen – beim Entzug der Fahrerlaubnis oder bei Verhängung eines Fahrverbotes. Während im Falle des Entzugs die Fahrerlaubnis (wie der Name schon sagt) entzogen und somit das Recht zum Führen von Kraftfahrzeugen aberkannt wird, wird im Falle des Fahrverbots der Führerschein amtlich verwahrt; die Fahrerlaubnis ruht nur, das Recht bleibt bestehen. Dies dokumentiert sich im weiteren Verfahren dadurch, dass der Führerschein nach Ablauf des Fahrverbots automatisch wieder ausgehändigt wird. Im Falle der Entziehung der Fahrerlaubnis wird diese nur auf Antrag neu erteilt. Vergleichbares macht auch der Verlust des Führerscheins deutlich. Auch hier besteht die Fahrerlaubnis weiter, ein neues Dokument kann üblicherweise problemlos neu ausgestellt werden.

Nun ist das deutsche Fahrerlaubnisrecht reich an Ausnahmemöglichkeiten und Besonderheiten. Eine, die an dieser Stelle Erwähnung finden muss, stellt die „befristete Prüfungsbescheinigung“ dar (§ 22 Abs. 4 FeV). Üblicherweise wird von den Fahrerlaubnisbehörden zusammen mit dem Prüfauftrag auch der vorbereitete Führerschein an die Technische Prüfstelle übersandt und vom Prüfer nach bestandener Prüfung ausgehändigt. Damit gilt die Fahrerlaubnis als erteilt. Es gibt jedoch auch Fälle, in denen dies nicht möglich ist, insbesondere wenn mehrere Fahrerlaubnisklassen gleichzeitig beantragt wurden, sog. Doppelklassenanträge. Für die Fahrerlaubnisbehörde wurde mit der befristeten Prüfungsbescheinigung die Möglichkeit geschaffen, dem Prüfauftrag ein amtliches Dokument beizufügen. Dieses kann vom Prüfer ausgehändigt werden und versetzt den Führerscheinbewerber im Falle einer Kontrolle in die Lage nachzuweisen, dass er berechtigt ist, das entsprechende Kraftfahrzeug zu führen. Die Fahrerlaubnis gilt auch hier als erteilt. Einziges Problem ist in diesem Zusammenhang, dass die befristete Prüfungsbescheinigung nur im Inland gültig ist. Eine vergleichbare rechtliche Situation ergibt sich im Übrigen auch bei der Erteilung von Prüfungsbescheinigungen im Rahmen des Modellversuchs „Begleitetes Fahren ab 17“.

3.1 Fahrerlaubnisfreie Kraftfahrzeuge

Wer auf öffentlichen Straßen ein Kraftfahrzeug führt, bedarf einer Fahrerlaubnis (§ 4 Abs. 1 FeV). Als Kraftfahrzeug gelten dabei alle nicht dauerhaft spurgeführten Landfahrzeuge, die durch Maschinenkraft bewegt werden (§ 1 Nr. 1 FZV).

Diese Definition gilt unabhängig davon, ob für diese Kraftfahrzeuge eine Fahrerlaubnispflicht besteht und bietet an, Ausnahmen zu machen. Für folgende Kraftfahrzeuge besteht *keine* Fahrerlaubnispflicht:

1. motorisierter Krankenfahrstuhl
   einsitziges, nach der Bauart zum Gebrauch durch körperlich behinderte Personen bestimmtes Kraftfahrzeug mit Elektroantrieb, einer Leermasse von nicht mehr als 300 kg einschließlich Batterien, jedoch ohne Fahrer, einer zulässigen Gesamtmasse von nicht mehr als 500 kg, einer bauartbedingten Höchstgeschwindigkeit von nicht mehr als 15 km/h und einer Breite über alles von maximal 110 cm.
2. Zugmaschine
   nach ihrer Bauart für die Verwendung für land- und forstwirtschaftliche Zwecke bestimmte, selbstfahrende Arbeitsmaschinen, Stapler und andere Flurförderzeuge, jeweils mit einer durch die Bauart bestimmten Höchstgeschwindigkeit von nicht mehr als 6 km/h, sowie einachsige Zug- und Arbeitsmaschinen, die von Fußgängern an Holmen geführt werden.

Gleiches gilt grundsätzlich auch für Mofas, die nach § 4 Abs. 1 Nr. 1 FeV definiert werden als einspurige, einsitzige Fahrräder mit Hilfsmotor – auch ohne Tretkurbel –, wenn ihre Bauart Gewähr dafür bietet, dass die Höchstgeschwindigkeit auf ebener Bahn nicht mehr als 25 km/h beträgt. Wenn es für das Führen von Mofas auch keiner Fahrerlaubnis bedarf, so muss der Fahrer in einer Prüfung jedoch nachweisen, dass er ausreichende Kenntnisse der für das Führen des Mofas maßgebenden gesetzlichen Vorschriften besitzt und mit den Gefahren des Straßenverkehrs und den zu ihrer Abwehr erforderlichen Verhaltensweisen vertraut ist. Der Nachweis dieser Kenntnisse wird durch die Vorlage einer Prüfbescheinigung geführt, sofern der Fahrer nicht im Besitz einer Fahrerlaubnis ist. Das Mindestalter beträgt 15 Jahre (§ 10 Abs. 3 FeV). Wird ein Kind unter sieben Jahre auf einem Mofa mitgenommen, muss der Fahrzeugführer mindestens 16 Jahre alt sein.

3.2 Die Fahrerlaubnisklassen

Durch die Zweite EU-Führerscheinrichtlinie wurden die nationalen Spielräume hinsichtlich der Definition der Fahrerlaubnisklassen – zumindest bei den europäischen Klassen – auf Null reduziert. Die Richtlinie verpflichtete die Mitgliedstaaten zur Übernahme der internationalen Einteilung der Fahrerlaubnisklassen in die Klassen A bis E sowie möglichen fakultativen Unterklassen A1 bis D1. Da diese Klassendefinitionen, die weitestgehend den in Deutschland bekannten Kraftfahrzeugarten (z. B. Kleinkrafträder, Leichtkrafträder, Krafträder, Kraftomnibusse) entsprechen, für eine Abbildung des sich aus dem alten deutschen Recht herleitenden Besitzstandes nicht ausreichend waren, wurden darüber hinaus die nationalen Klassen M, S, L und T eingeführt. Die nachfolgende Tabelle zeigt die neuen Fahrerlaubnisklassen.

Vorbesitz/Einschlussregelungen/Fahrzeuge

Neue Klassen (Mindestalter/Befristungen)

A 25 direkt

Keine Befristung

Kein Vorbesitz — **Einschluss: A1 und M**

Krafträder (Zweiräder, auch mit Beiwagen) mit einem Hubraum von mehr als 50 cm^3 oder mit einer durch die Bauart bestimmten Höchstgeschwindigkeit von mehr als 45 km/h.

A 18

Keine Befristung

Kein Vorbesitz — **Einschluss: A1 und M**

Krafträder (Zweiräder, auch mit Beiwagen) mit einem Hubraum von mehr als 50 cm^3 oder mit einer durch die Bauart bestimmten Höchstgeschwindigkeit von mehr als 45 km/h, beschränkt auf eine Nennleistung von nicht mehr als 25 kW und einem Verhältnis von Leistung/Leergewicht von nicht mehr als 0,16 kW/kg.

Die Beschränkung entfällt zwei Jahre nach Erteilung dieser Fahrerlaubnis.

A1 16

Keine Befristung

Kein Vorbesitz — **Einschluss: M**

Krafträder mit einem Hubraum von nicht mehr als 125 cm^3 und einer Nennleistung von nicht mehr als 11 kW (Leichtkrafträder) und einer durch die Bauart bestimmten Höchstgeschwindigkeit von:

a) 80 km/h für 16- bis 17-Jährige und
b) unbegrenzt ab 18 Jahre.

M 16

Keine Befristung

Kein Vorbesitz — **Einschluss: Keine**

Zweirädrige Kleinkrafträder (Krafträder mit einer durch die Bauart bestimmten Höchstgeschwindigkeit von nicht mehr als 45 km/h und einer elektrischen Antriebsmaschine oder einem Verbrennungsmotor von nicht mehr als 50 cm^3) und Fahrräder mit Hilfsmotor (Krafträder mit einer durch die Bauart bestimmten Höchstgeschwindigkeit von nicht mehr als 45 km/h und einer elektrischen Antriebsmaschine oder einem Verbrennungsmotor von nicht mehr als 50 cm^3)

S 16

Keine Befristung

Kein Vorbesitz — **Einschluss: Keine**

Dreirädrige Kleinkrafträder sowie vierrädrige Leichtkraftfahrzeuge mit einer durch die Bauart bestimmten Höchstgeschwindigkeit von nicht mehr als 45 km/h und folgenden Eigenschaften: Hubraum nicht mehr als 50 cm^3 im Falle von Fremdzündungsmotoren, maximale Nutzleistung nicht mehr als 4 kW im Falle anderer Verbrennungsmotoren oder maximale Nenndauerleistung von nicht mehr als 4 kW im Falle von Elektromotoren. Bei vierrädrigen Leichtkraftfahrzeugen darf darüber hinaus die Leermasse nicht mehr als 350 kg betragen, ohne Masse der Batterien im Falle von Elektrofahrzeugen.

Vorbesitz/Einschlussregelungen/Fahrzeuge

Neue Klassen (Mindestalter/Befristungen)

B 18

Keine Befristung

Kein Vorbesitz **Einschluss: L, M und S**

Kraftfahrzeuge – ausgenommen Krafträder – mit einer zulässigen Gesamtmasse von nicht mehr als 3 500 kg und mit nicht mehr als acht Sitzplätzen außer dem Führersitz (auch mit Anhänger mit einer zulässigen Gesamtmasse von nicht mehr als 750 kg oder mit einer zulässigen Gesamtmasse bis zur Höhe der Leermasse des Zugfahrzeugs, sofern die zulässige Gesamtmasse der Kombination 3 500 kg nicht übersteigt).

Beispiele

Klasse B, weil die zulässige Gesamtmasse des Anhängers *nicht* größer als 750 kg ist. Wenn die zulässige Gesamtmasse eines Anhängers nicht mehr als 750 kg beträgt, darf dieser auch *dann* mitgeführt werden, wenn die zulässige Gesamtmasse des Zugfahrzeugs bereits 3 500 kg beträgt.

Klasse B, weil die zulässige Gesamtmasse des Anhängers nicht größer als die Leermasse des Zugfahrzeugs ist und die zulässige Gesamtmasse des Zuges mit 2 320 kg unter den zulässigen 3 500 kg bleibt.

BE 18

Keine Befristung

Vorbesitz Klasse B **Einschluss: Keine**

Kombinationen, die aus einem Zugfahrzeug der Klasse B und einem Anhänger bestehen und die als Kombination nicht unter B fallen. Bei Lastkraftwagen mit durchgehender Bremse und bestimmten Geländefahrzeugen darf die Anhängelast höchstens das 1,5fache der zulässigen Gesamtmasse des ziehenden Fahrzeugs betragen.

Beispiele

Klasse BE, weil die zulässige Gesamtmasse des Zuges 3 540 kg beträgt und somit 40 kg über den zulässigen 3 500 kg liegt, obwohl die zulässige Gesamtmasse des Anhängers nicht größer als die Leermasse des Zugfahrzeugs ist.

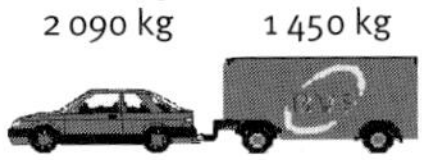

Klasse BE, weil die zulässige Gesamtmasse des Anhängers größer als die Leermasse des Zugfahrzeugs ist, obwohl die zulässige Gesamtmasse des Zuges mit 2 420 kg unter den zulässigen 3 500 kg bleibt.

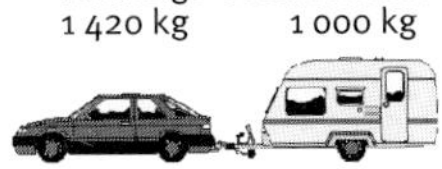

C1 18

Befristet bis zur Vollendung des 50. Lebensjahres. Nach Vollendung des 45. Lebensjahres für 5 Jahre

Vorbesitz Klasse B **Einschluss: Keine**

Kraftfahrzeuge – ausgenommen Krafträder – mit einer zulässigen Gesamtmasse von mehr als 3 500 kg, aber nicht mehr als 7 500 kg und mit nicht mehr als acht Sitzplätzen außer dem Führersitz (auch mit Anhänger mit einer zulässigen Gesamtmasse von nicht mehr als 750 kg).

Auch Kraftomnibusse im Inland ohne Fahrgäste bis 7 500 kg zulässiger Gesamtmasse, wenn die Fahrten lediglich zur Überprüfung des technischen Zustands des Fahrzeugs dienen.

Vorbesitz/Einschlussregelungen/Fahrzeuge

Neue Klassen (Mindestalter/Befristungen)

C1E 18

Befristet wie C1

Vorbesitz Klasse C1 — **Einschluss: BE sowie D1E, sofern der Inhaber Klasse D1 besitzt**

Kombinationen aus einem Zugfahrzeug der Klasse C1 und einem Anhänger mit mehr als 750 kg zulässiger Gesamtmasse. Die zulässige Gesamtmasse der Kombination darf 12 000 kg und die zulässige Gesamtmasse des Anhängers die Leermasse des Zugfahrzeugs nicht übersteigen.

C 18

Befristet auf 5 Jahre, danach für jeweils 5 Jahre

Vorbesitz Klasse B — **Einschluss: C1**

Kraftfahrzeuge – ausgenommen Krafträder – mit einer zulässigen Gesamtmasse von mehr als 3 500 kg und mit nicht mehr als acht Sitzplätzen außer dem Führersitz (auch mit Anhänger mit einer zulässigen Gesamtmasse von nicht mehr als 750 kg).

Auch Kraftomnibusse im Inland ohne Fahrgäste, wenn die Fahrten lediglich zur Überprüfung des technischen Zustands des Fahrzeugs dienen.

CE 18

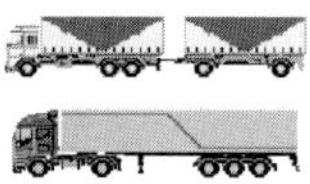

Befristet wie C

Vorbesitz Klasse C — **Einschluss: BE, C1E, T sowie D1E bei Vorbesitz von D1 und DE bei Vorbesitz von D**

Lastzüge und Sattelkraftfahrzeuge.

D 21

Befristet wie C

Vorbesitz Klasse B — **Einschluss: D1**

Kraftfahrzeuge (Kraftomnibusse) – ausgenommen Krafträder – zur Personenbeförderung mit mehr als acht Sitzplätzen außer dem Führersitz. Kraftomnibusse, auch mit Anhänger mit einer zulässigen Gesamtmasse von nicht mehr als 750 kg.

DE 21

Befristet wie C

Vorbesitz Klasse D — **Einschluss: BE, D1E sowie C1E, sofern der Inhaber Klasse C1 besitzt**

Kombinationen aus einem Zugfahrzeug der Klasse D und einem Anhänger über 750 kg zulässige Gesamtmasse. In Deutschland sind nur Gepäckanhänger zugelassen.

D1 21

Befristet wie C

Vorbesitz Klasse B — **Einschluss: Keine**

Kraftfahrzeuge – ausgenommen Krafträder – zur Personenbeförderung mit mehr als acht Sitzplätzen, jedoch nicht mehr als 16 Sitzplätzen außer dem Führersitz. Kraftomnibusse, auch mit Anhänger mit einer zulässigen Gesamtmasse von nicht mehr als 750 kg.

Vorbesitz/Einschlussregelungen/Fahrzeuge

Neue Klassen (Mindestalter/Befristungen)

D1E 21

Befristet wie C

Vorbesitz Klasse D **Einschluss: BE, C1E sofern der Inhaber Klasse C1 besitzt**

Kombinationen aus einem Zugfahrzeug der Klasse D1 und einem Anhänger über 750 kg zulässige Gesamtmasse. Die zulässige Gesamtmasse der Kombination darf 12 000 kg und die zulässige Gesamtmasse des Anhängers die Leermasse des Zugfahrzeugs nicht übersteigen.
Anhänger jedoch nicht zur Personenbeförderung.

T 16/18

16 Jahre bei 40 km/h (bbH)
18 Jahre bei 60 km/h (bbH)
(selbstfahrende Arbeitsmaschinen bis höchstens 40 km/h (bbH)

Keine Befristung

Kein Vorbesitz **Einschluss: L, M und S**

Zugmaschinen, mit einer durch die Bauart bestimmten Höchstgeschwindigkeit von nicht mehr als 60 km/h und selbstfahrende Arbeitsmaschinen mit einer durch die Bauart bestimmten Höchstgeschwindigkeit von nicht mehr als 40 km/h, die jeweils nach ihrer Bauart für land- oder forstwirtschaftliche Zwecke bestimmt sind und für solche Zwecke eingesetzt werden (jeweils auch mit Anhängern). Zu beachten ist auch § 6 Abs. 5 FeV.

L 16

Keine Befristung

Kein Vorbesitz **Einschluss: Keine**

Zugmaschinen, die nach ihrer Bauart für land- oder forstwirtschaftliche Zwecke bestimmt sind und für solche Zwecke eingesetzt werden, mit einer durch die Bauart bestimmten Höchstgeschwindigkeit von nicht mehr als 32 km/h und Kombinationen aus diesen Fahrzeugen und Anhängern, wenn sie mit einer Geschwindigkeit von nicht mehr als 25 km/h geführt werden und, sofern die durch die Bauart bestimmte Höchstgeschwindigkeit des ziehenden Fahrzeugs mehr als 25 km/h beträgt, sie für eine Höchstgeschwindigkeit von nicht mehr als 25 km/h in der durch § 58 StVZO vorgeschriebenen Weise gekennzeichnet sind. Außerdem selbstfahrende Arbeitsmaschinen, Stapler und andere Flurförderzeuge, jeweils mit einer durch die Bauart bestimmten Höchstgeschwindigkeit von nicht mehr als 25 km/h und Kombinationen aus diesen Fahrzeugen und Anhängern. Zu beachten ist auch § 6 Abs. 5 FeV.

Grafik: Peter Glowalla/Bundesvereinigung der Fahrlehrerverbände e.V.

In Bezug auf Geltungsdauer und Mindestalter der einzelnen Fahrerlaubnisklassen wurden enge Grenzen gesetzt. Bezüglich der Anforderungen an die körperliche und geistige Eignung sowie die Fahrerlaubnisprüfung wurden Mindestanforderungen definiert, die von jedem Mitgliedstaat erfüllt werden sollen.

3.3 Befristung und Verlängerung der Fahrerlaubnis

Die Fahrerlaubnis der Klassen A, A1, B, BE, M, S, L und T wird unbefristet erteilt. Die Fahrerlaubnis der Klassen C1 und C1E wird im Zuge der Ersterteilung längstens bis zum 50. Lebensjahr, die der Klassen C, CE und D, D1, DE und D1E für 5 Jahre befristet erteilt.

HINWEIS

Diese Befristungen bei den Fahrerlaubnisklassen gelten nur für Inhaber, welche die Fahrerlaubnis *nach dem* 31.12.1998 erworben haben. Für Inhaber der entsprechenden Fahrerlaubnisklassen nach altem Recht, die ihre Fahrerlaubnis folglich *vor dem* 1.1.1999 erworben haben, gelten folgende Fristen:

Die Fahrerlaubnis der Klassen A, A1, B, BE, M, S, L und T wird unbefristet erteilt. Die Fahrerlaubnis der Klassen C1 und C1E wird zunächst längstens bis zum 50. Lebensjahr, die der Klassen C, CE und D, D1, DE und D1E für 5 Jahre befristet erteilt. Die Verlängerung erfolgt in der Regel längstens um weitere 5 Jahre und kann bei Inhabern einer Fahrerlaubnis der Klassen C1 und C1E nach Vollendung des 45. Lebensjahres erfolgen.

Die Verlängerung erfolgt regelmäßig längstens um weitere 5 Jahre. Bei Inhabern einer Fahrerlaubnis der Klassen C1 und C1E kann die Verlängerung auf Wunsch des Betroffenen auch schon nach Vollendung des 45. Lebensjahres erfolgen. Dies ist verschiedentlich sinnvoll, da bereits die für eine Verlängerung des Antrages erforderlichen Bescheinigungen aus einem anderen Grund dem Betroffenen, etwa für eine Verlängerung der Fahrerlaubnis zur Fahrgastbeförderung, zur Verfügung stehen. Auch bei der Verlängerung bildet die Grundlage für die Bemessung der Geltungsdauer das Datum des Tages, an dem die Fahrerlaubnisbehörde den Auftrag zur Herstellung des Führerscheins erteilt. Dabei wurde bewusst in Kauf genommen, dass es für den Verlängerungszeitraum in keinem Fall zu einem Ausschöpfen der vollen 5 Jahre kommen wird. Zumindest um den Zeitraum für die Herstellung bis zur Aushändigung des Führerscheins werden die 5 Jahre verkürzt. Dies ist jedoch mit der Regelung in § 23 Abs. 1 FeV vereinbar, da die Fahrerlaubnis längstens für die dort genannten Zeiträume erteilt bzw. verlängert wird.

3.4 Besitzstand

Die nachfolgende Übersicht soll einen Eindruck über den sich regelmäßig ergebenden Besitzstand der Fahrerlaubnisklassen alten und neuen Rechts geben. Detaillierte Angaben finden sich in der Anlage 3 zu § 6 Abs. 7 FeV.[5]

Klassen alt	**DDR**	**Klassen neu** *Entsprechend der Anlage 3 zu § 6 Absatz 5 und 6 der Fahrerlaubnis-Verordnung (FeV) können bei bestimmten Voraussetzungen auf Antrag auch weitere Führerscheine bestätigt werden*
A	1	A, A1, M, S***, L
		A, A1, M, S***, L
		A1, M, S***, L
C		B, BE, C1, C1E, C, CE 79, L, S, M und T**
CE	5	B, BE, C1, C1E, C, CE, T, S, L, M, A1*
B und BE	4	B, BE, C1, C1E, CE 79, M, S, L, A1*, T**
M	3 und 2	M, S***, L, A1*
		S***, L
T		S***, L

* Auch Klasse A1 (ausgenommen Klasse CE aus der DDR), wenn Klasse 2, 3 oder 4 vor dem 1.4.1980 erteilt wurde
** Klasse T auf Antrag für Personen, die in der Land- und Forstwirtschaft tätig sind
*** Sofern die Klassen 1, 1a, 1b, 4 und 5 vor dem 1.1.1989 erteilt wurden

5 Abgedruckt im Kommentar zur StVZO, erschienen im Kirschbaum Verlag Bonn, www.kirschbaum.de

B

Eignung zum Führen von Kraftfahrzeugen

KAPITEL

1 Allgemeine Grundsätze

Die Eignung jedes einzelnen Kraftfahrers zum Führen von Kraftfahrzeugen, aber auch jede andere Art der Verkehrsteilnahme, umfasst körperliche, geistige und charakterliche Aspekte seiner Gesamtpersönlichkeit. Sei es als Führer eines Kraftfahrzeuges, Radfahrer oder als körperlich Behinderter - die Eignung ist von zentraler Bedeutung für die Straßenverkehrssicherheit. Geeignet zum Führen von Kraftfahrzeugen ist nach Definition des Gesetzgebers, wer die notwendigen körperlichen und geistigen Anforderungen erfüllt und nicht erheblich oder nicht wiederholt gegen verkehrsrechtliche Vorschriften oder gegen Strafgesetze verstoßen hat (§ 2 Abs. 4 Satz 1 StVG). Aus dieser Formulierung wird deutlich, dass die Beweislast für das Vorhandensein der Eignung beim Betroffenen liegt. Dies war nicht immer so. Bis zur Neuregelung des Fahrerlaubnisrechts zum 1.1.1999 wurde von der Eignungsvermutung des Betroffenen ausgegangen. Die Fahrerlaubnisbehörde trug bis dahin die Beweislast für die Nichteignung, denn der Gesetzgeber hatte formuliert, dass nicht Tatsachen vorliegen dürfen, welche die Annahme rechtfertigen, dass der Bewerber für das Führen von Kraftfahrzeugen ungeeignet ist.

Allgemein ist von einer fehlenden körperlichen Eignung auszugehen, wenn der Betroffene infolge einer körperlichen Behinderung oder einer Krankheit nicht mehr in der Lage ist, ein Kraftfahrzeug sicher führen zu können. Beispielhaft seien hier Behinderungen des Bewegungsapparates oder Herz- und Gefäßkrankheiten erwähnt. Aber auch geistige Mängel wie psychische Störungen können zu einer Nichteignung des Betroffenen führen.

Die Überprüfung der körperlichen und geistigen Eignung ist nicht einheitlich. Die Einzelheiten sind in den §§ 11 bis 14 FeV sowie in den Anlagen 4, 5 und 6 FeV ausgestaltet. Dabei ist zwischen zwei Kategorien zu unterscheiden: Ermessensvorschriften („Kann“) und ermessensfreie Vorschriften („Muss“). Grundsätzlich gilt: Je schwerer die Bedenken an der Eignung wiegen, desto eher ist die Fahrerlaubnisbehörde zur Anordnung der Begutachtung gezwungen. Sollte jedoch die Nichteignung des Betroffenen feststehen, unterbleibt die Anordnung zur Beibringung eines Gutachtens zur Aufklärung der Fahreignung (§ 11 Abs. 7 FeV).

Die verbindlichen Regelungen der Anlage 4 FeV beinhalten dabei Aufzählungen von Krankheiten und Mängeln, die die Eignung oder die bedingte Eignung ausschließen. Sie gibt den Fahrerlaubnisbehörden Hilfestellungen, ob Anlass für eine Begutachtung gegeben ist. Vor dem Hintergrund der in § 11 Abs. 1 Satz 2 FeV gewählten Formulierung, dass *insbesondere* Bedenken gegen die Eignung geltend gemacht werden können, wenn Erkrankungen nach Anlage 4 vorliegen, wird deutlich, dass die Tabelle keine abschließenden Regelungen trifft. Auf diesen Umstand wird auch in den Vorbemerkungen zur Anlage 4 unter Nr. 3 aufmerksam gemacht, wenn ausgeführt wird, dass die vorgenommenen Bewertungen für den Regelfall gelten. Hinsichtlich ihres Aufbaus orientiert sie sich dabei am Anhang III der 2. EU-Führerscheinrichtlinie [Richtlinie 91/439/EWG, 1991].

Anlage 5 FeV regelt den Inhalt und Umfang von Untersuchungen für Bewerber und Inhaber einer Fahrerlaubnis der Klassen C, C1, CE, C1E (Lkw), D, D1, DE und D1E (Busse) sowie einer Fahrerlaubnis zur Fahrgastbeförderung. Die dabei zur Feststellung der Leistungsfähigkeit durchgeführten Tests müssen nach dem Stand der Wissenschaft standardisiert und unter Aspekten der Verkehrssicherheit validiert sein.

Anlage 6 regelt die Anforderungen an das Sehvermögen.

Mit der Formulierung, dass der Betroffene nicht erheblich oder nicht wiederholt gegen verkehrsrechtliche Vorschriften oder gegen Strafgesetze verstoßen haben darf, wird in § 2 Abs. 4 Satz 1 StVG wortreich der eher bekannte Begriff der charakterlichen Zuverlässigkeit umschrieben. Hier ist, anders als bei körperlicher und geistiger Eignung, eine bedingte Eignung nicht möglich. Eine festgestellte fehlende charakterliche Zuverlässigkeit führt daher immer zu einer Versagung des Antrages oder zur Entziehung der Fahrerlaubnis.

Aufgabe der Fahrerlaubnisbehörden ist es, das öffentliche Interesse an der Verkehrssicherheit gegen das Bedürfnis des Einzelnen, Kraftfahrzeuge zu führen, abzuwägen. Ein in jedem Einzelfall schwieriger Prozess, stehen doch nicht selten die Existenz von Familien oder die Ausübung des Berufes zur Disposition. Erschwerend kommt hinzu, dass die Mitarbeiter der Fahrerlaubnisbehörden regelmäßig nicht die erforderlichen medizinischen oder psychologischen Fachkenntnisse haben, um die körperliche, geistige und charakterliche Eignung zum Führen von Kraftfahrzeugen selbst zu beurteilen. Deshalb bedient sich die Fahrerlaubnisbehörde bei der Eignungsbeurteilung externen Sachverstandes, also der Gutachter. Nicht der Gutachter entscheidet über die Frage der Eignung zum Führen von Kraftfahrzeugen. Er ist jedoch frei darin, der Fahrerlaubnisbehörde Vorschläge zu unterbreiten. Keine noch so gute Begutachtung kann eine selbstständige Entscheidung der Fahrerlaubnisbehörde ersetzen. Die Gutachten sind deshalb in jedem Einzelfall zu kontrollieren und zu hinterfragen. Ob der Gutachtenauftrag erfüllt ist, hat nicht der Gutachter zu entscheiden, sondern die Fahrerlaubnisbehörde, welche die Fragestellung entworfen und den Fall abschließend zu bewerten hat. Erst wenn das Gutachten selbst verstanden wird, wird die abschließende Entscheidung getroffen.

Wird ein zu recht gefordertes Gutachten nicht oder nicht fristgemäß vorgelegt, darf die Fahrerlaubnisbehörde auf die Nichteignung schließen und die Fahrerlaubnis entziehen oder den Antrag ablehnen (§ 11 Abs. 8 Satz 1 FeV). Wird ein angeordnetes Gutachten vorgelegt, so ist es bei der Beurteilung der Fahreignung in jedem Fall zu verwerten. Die Frage der Rechtmäßigkeit der Anordnung stellt sich in diesen Fällen nicht mehr.

2 Grundsätze der Begutachtung

Alle Begutachtungen müssen nach den Grundsätzen für die Begutachtung in Anlage 15 FeV ausgeführt worden sein. Der Verordnungsgeber hat mit der Normierung dieser Vorschriften erstmals einen Rechtsanspruch hinsichtlich der Art der Untersuchung sowie des Inhalts und der inneren Form eines Gutachtens geschaffen. Ein Verstoß gegen die Anlage 15 FeV führt, je nach den Umständen des Einzelfalls, zur Unbrauchbarkeit des Gutachtens mit der Folge, dass die bestehenden Eignungszweifel nicht ausgeräumt werden können. Dadurch sieht sich der Gutachter unter Umständen zivilrechtlichen Ansprüchen des Betroffenen ausgesetzt. Aus Gründen der Verwaltungsökonomie wird die Fahrerlaubnisbehörde in diesem Fall über den Betroffenen zunächst eine „Nachbesserung“ des Gutachtens verlangen, bevor weitere Schritte im Verwaltungsverfahren getroffen werden. Eine direkte Kontaktaufnahme zwischen der Behörde und dem Gutachter ist nur insoweit zulässig, als es sich um Präzisierungen und Klarstellungen handelt, die sich noch im Rahmen der von der Behörde nach § 11 Abs. 6 Satz 1 FeV formulierten Fragestellung bewegen. Denn nur in diesem Umfang darf die Fahrerlaubnisbehörde davon ausgehen, dass der Untersuchte die Gutachter von der Schweigepflicht entbunden hat.

Anlage 15 FeV gilt für jede Art der Begutachtung, gleichgültig ob es sich um eine ärztliche oder medizinisch-psychologische Begutachtung handelt.

HINWEIS

Der Unterschied zwischen einem Gutachten und einem Zeugnis oder einer Bescheinigung besteht darin, dass bei einem Zeugnis/einer Bescheinigung lediglich das Ergebnis der Untersuchung mitgeteilt wird. Dies ist im Fahrerlaubnisrecht gegenwärtig nur bei der Bescheinigung und beim Zeugnis über das Sehvermögen (§ 12 Abs. 6 i.V.m. Anlage 6 FeV) und der ärztlichen Untersuchung (§ 11 Abs. 9 i.V.m. Anlage 5 Nr. 1 FeV) vorgesehen. Alle anderen Vorschriften, welche eine Begutachtung vorsehen, verlangen die Erstellung eines Gutachtens, welches die in der Anlage 15 zu §§ 11 Abs. 5, 66 FeV gestellten Anforderungen zu erfüllen hat.

Außer den anerkannten wissenschaftlichen Grundsätzen muss der Gutachter weitere maßgebliche Kriterien beachten, welche unmittelbar der Einzelfallgerechtigkeit Rechnung tragen.

2.1 Sprache

Das Gutachten ist in allgemein verständlicher Sprache abzufassen, wobei allerdings auf den „Empfängerhorizont" abzustellen ist. Empfänger des Gutachtens in diesem Sinne ist aber nicht der betroffene Kraftfahrer oder Bewerber um eine Fahrerlaubnis, sondern die Fahrerlaubnisbehörde, welche die Begutachtung veranlasst und hinsichtlich der beteiligten Fachgebiete (Medizin, Psychologie, ggf. Fahrzeugtechnik) zu interpretieren hat. Gleichwohl sollte natürlich auch der Auftraggeber des Gutachtens, also der Betroffene, das Ergebnis der Begutachtung verstehen und nachvollziehen können, wie es zu den Ergebnissen gekommen ist. Dieses Erfordernis sollte insbesondere bei Gutachten mit für den Betroffenen belastenden Aussagen beachtet werden.

2.2 Vollständigkeit

Als weiteres maßgebliches Kriterium ist die Vollständigkeit des Gutachtens zu nennen. Gemeint ist hier insbesondere die vollständige Beantwortung der Fragestellung.

Die Nennung der erhobenen Befunde und damit der Anknüpfungstatsachen, aus denen der Gutachter seine fachlichen Schlüsse zieht, stellt in diesen Fällen eine Mindestanforderung an die Eigenschaft als Gutachten dar. Denn nur dann ist für die Fahrerlaubnisbehörde erkennbar, ob der Gutachter auch die für die Beurteilung der Kraftfahreignung entscheidenden Tatsachen berücksichtigt hat.

Die Frage der Vollständigkeit des Gutachtens weist bereits den Weg hin zur Würdigung der Kriterien nach Anlage 15 Nr. 2 FeV. Bei eindeutiger Befundlage wird das Gutachten knapper, bei komplizierter Befundlage wird es ausführlicher erstattet. Maßgeblich ist, ob alle Kriterien der Anlage 15 Nr. 2 FeV insgesamt eingehalten sind und die wesentlichen Angaben, welche diese Kriterien ausmachen, sich im Gutachten wiederfinden.

Wesentliche inhaltliche Kriterien sind die *Nachprüfbarkeit* und die *Nachvollziehbarkeit* des Gutachtens. Die Quellen derjenigen Forschungsergebnisse sind zu nennen, auf die sich die Schlussfolgerungen des Gutachters beziehen. Die Nachvollziehbarkeit des Gutachtens betrifft die logische Ordnung (Schlüssigkeit) des Gutachtens. Diese Vorschrift erfordert auch die Nennung der wesentlichen Befunde und damit der Anknüpfungstatsachen, aus denen der Gutachter seine fachlichen Schlüsse zieht. Dies sind die das Ergebnis der Begutachtung tragenden Befunde. Dazu gehören regelmäßig die am Untersuchungstag erhobenen und die beigestellten Befunde. Daneben sind die zur Beurteilung führenden Schlussfolgerungen darzustellen. Die Vorschrift verbietet die Wiedergabe von Befunden, welche für die Schlussfolgerung (Beantwortung der von der Behörde gestellten Frage) nicht von Bedeutung sind. Gleichzeitig muss sich der Gutachter ausschließlich auf solche Schlussfolgerungen beschränken, welche auf den wesentlichen Befunden beruhen.

Ein Gutachten, welches die Untersuchungsverfahren nicht nennt, lässt offen, auf welche Weise der Gutachter zu einem bestimmten Ergebnis gekommen ist. Zu nennen sind die der Begutachtung zu Grunde liegenden Normen, z. B. die Grenzwerte bei den Laborparametern. Das ärztliche Gutachten, welches im Übrigen der Entlastungsdiagnostik vor einer möglichen medizinisch-psychologischen Begutachtung dient (§ 13 Nr. 1 FeV), muss deshalb neben den relevanten Laborparametern auch sämtliche Befunde angeben. Denn diese können nur im Zusammenhang widerspruchsfrei interpretiert werden.

2.3 Beiziehung von Unterlagen

Mit Zustimmung des Betroffenen ist eine Beiziehung der Befunde vom behandelnden Arzt durch den Gutachter wünschenswert und in bestimmten

Fällen, in denen ein sachgerechtes Gutachten eine Verlaufsbeurteilung zur Voraussetzung hat, sogar notwendig. Die Akten sollten deshalb regelmäßig vollständig, d.h. unter Beinhaltung aller fachlich relevanten Sachverhalte (Vorgutachten, Befundberichte aus Kliniken etc.) übersandt werden. Dies dient den Interessen des Betroffenen im Hinblick auf ein richtiges Untersuchungsergebnis, durch welches die Einzelfallgerechtigkeit gewährleistet wird. Ebenso ist es für die Fahrerlaubnisbehörde und nachfolgend die Verwaltungsgerichte unabdingbar, die wesentlichen Befunde nachzuvollziehen, weil sonst die gebotene Überprüfung auf Schlüssigkeit und Vollständigkeit des Gutachtens ausgeschlossen ist. Der Gutachter hat den zu Begutachtenden entsprechend aufzuklären. Weigert sich dieser, den behandelnden Arzt von der Schweigepflicht zu entbinden, hat der Gutachter im Gutachten darzustellen, warum die Beiziehung im konkreten Fall als notwendig angesehen wurde. Er wird ferner auszuführen haben, dass deshalb die von der Behörde gestellte Frage nicht vollständig beantwortet werden kann. Für den zu Begutachtenden hätte dies zur Folge, dass er die gegen ihn geltend gemachten Eignungsbedenken nicht ausräumen kann.

2.4 Mustergutachten

In der Vergangenheit ist deutlich geworden, dass es vielfach insbesondere hinsichtlich der Erfüllung der in der Anlage 15 FeV genannten Grundsätze für die Durchführung der Untersuchung und für die Erstellung der Gutachten Schwierigkeiten gibt. So sind die vorgelegten Gutachten verschiedentlich nicht nachvollziehbar oder beantworten nicht in ausreichender Form die Fragestellung. Vor diesem Hintergrund wurden in einzelnen Bundesländern standardisierte (Kurz-)Gutachten zur Nutzung bei den Leistungsuntersuchungen gem. Anlage 5 Nr. 2 FeV erarbeitet. Die Gutachten erfüllen nach hiesiger Einschätzung die in der Anlage 15 FeV geforderten Gutachtenstandards. Sie wurden bewusst auf ein zulässiges Minimum reduziert (s. nachfolgende Muster-Gutachten).

Gutachten

über die Untersuchung des Leistungsvermögens gem. Anlage 5 Nr. 2 der Fahrerlaubnis-Verordnung (FeV) von Bewerbern um die Erteilung oder Verlängerung einer Fahrerlaubnis der Klassen D, D1, DE, D1E oder der Fahrerlaubnis zur Fahrgastbeförderung nach § 11 Abs. 9 und § 48 Abs. 4 Nr. 3 und Abs. 5 Nr. 1 der Fahrerlaubnis-Verordnung (FeV).

Familienname: ____________________ Vorname: ____________________

Geburtsdatum: ____________________ Geburtsort: ____________________

Wohnanschrift: ____________________

GA.-Nr.: ____________________

Die Identität der untersuchten Person wurde anhand des Personalausweises bzw. des Reisepasses überprüft.

☐ Personalausweis-Nr.:

☐ Reisepass-Nr.:

1. Untersuchungsbefund*

Geprüfte Leistungsmerkmale (Anlage 5 Nr. 2 a–e)	**Angewandte Testverfahren (normiert und validiert)**	**Parameter**	**Ergebnis** in Rohwerten	**Ergebnis** in Prozenträngen
Belastbarkeit/ Reaktionsfähigkeit	Determinationstest **DT** Form **S5**	Zeitgerechte		
	Alternativ/zusätzlich durchgeführt: Determinationstest **DT** Form **S1**	Richtige		
Orientierungsleistung	Linienverfolgungstest **LVT**	Gesamtergebnis (Score)		
	Alternativ/zusätzlich durchgeführt: Tachistoskopischer Verkehrsauffassungstest **TAVTMB**	Richtige Antworten		
		Falsche Antworten		
Konzentrationsleistung/ Aufmerksamkeitsleistung	Cognitrone **COG**	Mittlere Zeit korr. Zurückweisungen		

2. Untersuchungsergebnis**

☐ Die Anforderungen wurden erfüllt | ☐ Die Anforderungen wurden **nicht** erfüllt

☐ Aufgrund der erzielten Testergebnisse ist **keine abschließende Beurteilung** möglich. Empfohlen wird eine

☐ Psychologische Fahrverhaltensbeobachtung

☐ Fahrprobe

Bemerkungen:

Der zur Durchführung der Untersuchung berechtigte Gutachter bestätigt, dass keine Testwiederholungen bzw. Übungen der hier eingesetzten Testverfahren mit dem o. g. Untersuchten stattgefunden haben.

☐ Die Untersuchung hat der Unterzeichnende selbst durchgeführt.

☐ Die Untersuchung wurde durch eine/n hierfür speziell ausgebildete/n Assistentin/en durchgeführt; der Unterzeichner des Gutachtens hat die Testergebnisse selbst befundet.

Der das Gutachten zu Unterzeichnende hat auf Anforderung der Aufsichtsbehörde den entsprechenden Nachweis über die erfolgte Einweisung der/des Assistentin/en in Inhalt und Umfang der Testhandhabung zu erbringen.

____________________ ____________________

Ort, Datum Stempel und Unterschrift der Gutachtenstelle

* Erhoben mit dem Wiener Testsystem WTS unter Beachtung der Grundsätze des Qualitätsmanagementsystems

** Die besonderen Anforderungen gem. FeV Anlage 5, Abs. 2 gelten als erfüllt, wenn in der Mehrheit der eingesetzten Verfahren mindestens der Prozentrang 33, gemessen an der altersunabhängigen Norm, erreicht wird. In keinem der durchgeführten Testverfahren darf ein Prozentrang unter 16 registriert worden sein

Gutachten

über die Untersuchung des Leistungsvermögens gem. Anlage 5 Nr. 2 der Fahrerlaubnis-Verordnung (FeV) von Bewerbern um die Erteilung oder Verlängerung einer Fahrerlaubnis der Klassen D, D1, DE, D1E oder der Fahrerlaubnis zur Fahrgastbeförderung nach § 11 Abs. 9 und § 48 Abs. 4 Nr. 3 und Abs. 5 Nr. 1 der Fahrerlaubnis-Verordnung (FeV).

Familienname: ____________________ Vorname: ____________________

Geburtsdatum: ____________________ Geburtsort: ____________________

Wohnanschrift: ____________________

GA.-Nr.: ____________________

Die Identität der untersuchten Person wurde anhand des Personalausweises bzw. des Reisepasses überprüft.

☐ Personalausweis-Nr.:

☐ Reisepass-Nr.:

1. Untersuchungsbefund*

Geprüfte Leistungsmerkmale (Anlage 5 Nr. 2 a–e)	**Angewandte Testverfahren (normiert und validiert)**	**Parameter**		**Ergebnis** in Rohwerten	**Ergebnis** in PR
Belastbarkeit/ Reaktionsfähigkeit	Test zur reaktiven Belastbarkeit **RST 3**	Phase 1	Richtige Rkt.		
			Ausgelassene Rkt.		
		Phase 2	Richtige Rkt.		
			Ausgelassene Rkt.		
		Phase 3	Richtige Rkt.		
			Ausgelassene Rkt.		
Orientierungsleistung	Test für visuelle Strukturierungsfähigkeit **LL5**	Bearbeitete			
		Falsche (%)			
	Alternativ/zusätzlich durchgeführt: Verkehrsspezifische Überblicksgewinnung **TT15**	Richtige			
Konzentrationsleistung/ Aufmerksamkeitsleistung	Aufmerksamkeitstest unter Monotonie **Q1**	Bearbeitete			
		Falsche (%)			
	Alternativ/zusätzlich durchgeführt: Aufmerksamkeits-Flexibilitätstest **FAT**	Richtige			
		Falsche (%)			

2. Untersuchungsergebnis**

☐ Die Anforderungen wurden erfüllt ☐ Die Anforderungen wurden **nicht** erfüllt

☐ Aufgrund der erzielten Testergebnisse ist **keine abschließende Beurteilung** möglich. Empfohlen wird eine
☐ Psychologische Fahrverhaltensbeobachtung
☐ Fahrprobe

Bemerkungen:

Der zur Durchführung der Untersuchung berechtigte Gutachter bestätigt, dass keine Testwiederholungen bzw. Übungen der hier eingesetzten Testverfahren mit dem o. g. Untersuchten stattgefunden haben.

☐ Die Untersuchung hat der Unterzeichnende selbst durchgeführt.

☐ Die Untersuchung wurde durch eine/n hierfür speziell ausgebildete/n Assistentin/en durchgeführt; der Unterzeichner des Gutachtens hat die Testergebnisse selbst befundet.

Der das Gutachten zu Unterzeichnende hat auf Anforderung der Aufsichtsbehörde den entsprechenden Nachweis über die erfolgte Einweisung der/des Assistentin/en in Inhalt und Umfang der Testhandhabung zu erbringen.

____________________ ____________________

Ort, Datum

Name, Titel, Qualifikation des Untersuchenden
Stempel der Gutachtenstelle

* Erhoben mit dem Act-and-React-Testsystem ART 2020 unter Beachtung der Grundsätze des Qualitätsmanagementsystems

** Die besonderen Anforderungen gem. FeV Anlage 5, Abs. 2 gelten als erfüllt, wenn in der Mehrheit der eingesetzten Verfahren mindestens der Prozentrang 33, gemessen an der altersunabhängigen Norm, erreicht wird. In keinem der durchgeführten Testverfahren darf ein Prozentrang unter 16 registriert worden sein

Gutachten

über die Untersuchung des Leistungsvermögens gem. Anlage 5 Nr. 2 der Fahrerlaubnis-Verordnung (FeV) von Bewerbern um die Erteilung oder Verlängerung einer Fahrerlaubnis der Klassen D, D1, DE, D1E oder der Fahrerlaubnis zur Fahrgastbeförderung nach § 11 Abs. 9 und § 48 Abs. 4 Nr. 3 und Abs. 5 Nr. 1 der Fahrerlaubnis-Verordnung (FeV).

Familienname: ______________________ Vorname: ______________________

Geburtsdatum: ______________________ Geburtsort: ______________________

Wohnanschrift: ______________________

GA.-Nr.: ______________________

Die Identität der untersuchten Person wurde anhand des Personalausweises bzw. des Reisepasses überprüft.

☐ Personalausweis-Nr.:

☐ Reisepass-Nr.:

1. Untersuchungsbefund*

Geprüfte Leistungsmerkmale (Anlage 5 Nr. 2 a–e)	**Angewandte Testverfahren (normiert und validiert)**	**Ergebnis** in Rohwerten	**Ergebnis** in Prozenträngen
Belastbarkeit	Corporal alle, Leistungskennwert		
Orientierungsleistung	Corporal DualC, Leistungskennwert		
Konzentrationsleistung	Corporal INTER-Orientierung, Leistungskennwert		
Aufmerksamkeitsleistung	Corporal INTER-Lokation, Leistungskennwert		
Reaktionsleistung	Corporal DG-Lokation, Leistungskennwert		

2. Untersuchungsergebnis**

☐ Die Anforderungen wurden erfüllt | ☐ Die Anforderungen wurden **nicht** erfüllt

☐ Aufgrund der erzielten Testergebnisse ist **keine abschließende Beurteilung** möglich. Empfohlen wird eine

☐ Psychologische Fahrverhaltensbeobachtung

☐ Fahrprobe

Bemerkungen:

Der zur Durchführung der Untersuchung berechtigte Gutachter bestätigt, dass keine Testwiederholungen bzw. Übungen der hier eingesetzten Testverfahren mit dem o. g. Untersuchten stattgefunden haben.

☐ Die Untersuchung hat der Unterzeichnende selbst durchgeführt.

☐ Die Untersuchung wurde durch eine/n hierfür speziell ausgebildete/n Assistentin/en durchgeführt; der Unterzeichner des Gutachtens hat die Testergebnisse selbst befundet.

Der das Gutachten zu Unterzeichnende hat auf Anforderung der Aufsichtsbehörde den entsprechenden Nachweis über die erfolgte Einweisung der/des Assistentin/en in Inhalt und Umfang der Testhandhabung zu erbringen.

______________________ ______________________

Ort, Datum

Name, Titel, Qualifikation des Untersuchenden
Stempel und Unterschrift der Gutachtenstelle

* Erhoben mit dem Testsystem Corporal unter Beachtung der Grundsätze des geltenden QM-Systems

** Die besonderen Anforderungen gemäß FeV Anlage 5, Abs. 2 gelten als erfüllt, wenn in der Mehrheit der eingesetzten Verfahren mindestens der Prozentrang 33, gemessen an der altersunabhängigen Norm, erreicht wird. In keinem der durchgeführten Testverfahren darf ein PR unter 16 registriert werden.

3 Nachweis der Eignung

Nach § 22 Abs. 2 FeV hat die Fahrerlaubnisbehörde zu ermitteln, ob Bedenken gegen die Eignung des Bewerbers zum Führen von Kraftfahrzeugen bestehen.

3.1 Sehvermögen

Der Nachweis des Bewerbers bezüglich seiner körperlichen Eignung erfolgt bei Bewerbern um die Fahrerlaubnis der Klassen A, A1 (Zweiräder), B, BE (Pkw), M, S, L und T, also bei Klassen, die im europäischen Sinne der Gruppe 1 unterliegen, grundsätzlich nur anhand der als Antragsunterlage beigefügten Sehtestbescheinigung einer amtlich anerkannten Sehteststelle (§ 12 Abs. 2 FeV).

Der Umfang der Untersuchung beschränkt sich dabei ausschließlich auf die Feststellung der Tagessehschärfe. Die Vorlage einer Sehtestbescheinigung ist jedoch nach § 12 Abs. 4 FeV nicht erforderlich, wenn freiwillig das Zeugnis oder Gutachten eines Augenarztes vorgelegt wird, aus dem sich ergibt, dass der Bewerber die Anforderungen nach Anlage 6 Nr. 1.1 FeV, also die Anforderungen an die Tagessehschärfe, erfüllt. Reicht das festgestellte Sehvermögen des Bewerbers ausweislich des Sehtests nicht aus, hat er sich gemäß § 12 Abs. 5 FeV einer augenärztlichen Untersuchung des Sehvermögens zu unterziehen und hierüber der Fahrerlaubnisbehörde ein Zeugnis einzureichen. Nach Anlage 6 Nr. 1.2 FeV umfasst diese erweiterte Untersuchung neben der zentralen Tagessehschärfe auch andere Sehfunktionen: das Gesichtsfeld und die Beweglichkeit der Augen.

An Bewerber um eine Fahrerlaubnis der Klassen C, C1, CE, C1E (Lkw), D, D1, DE und D1E (Busse), also bei Klassen, die im europäischen Sinne der Gruppe 2 unterliegen, werden gesteigerte Anforderungen gestellt. Gleiches gilt für die Fahrerlaubnis zur Fahrgastbeförderung. Dies ist dem von den Fahrzeugen dieser Klassen ausgehenden höheren Gefährdungspotenzial bzw. der besonderen Verantwortung der Fahrzeugführer gegenüber ihren Fahrgästen geschuldet. Bewerber müssen als Nachweis ihres ausreichenden Sehvermögens eine Bescheinigung eines Arztes über die Untersuchung des Sehvermögens vorlegen. Diese kann von einem Betriebsmediziner, Arbeitsmediziner, Rechtsmediziner, Arzt eines Gesundheitsamtes, Arzt einer Begutachtungsstelle für Fahreignung, Arzt der öffentlichen Verwaltung oder Augenarzt durchgeführt werden. Nach Anlage 6 Nr. 2.1 FeV umfasst die Untersuchung neben einer Überprüfung der Tagessehschärfe auch die übrigen Sehfunktionen Farbsehen, Gesichtsfeld und Stereosehen. Ersatzweise kann der Betroffene nach § 12 Abs. 6 FeV auch das Zeugnis eines Augenarztes über die Untersuchung des Sehvermögens nach Anlage 6 Nr. 2.2 FeV vorlegen.

3.2 Körperliche und geistige Eignung

Während weitere Nachweise der körperlichen und geistigen Eignung von Bewerbern um eine Fahrerlaubnis der Klassen A, A1 (Zweiräder), B, BE (Pkw), M, S, L, und T ohne Vorliegen eines konkreten Anlasses nicht gefordert werden, müssen Bewerber um eine Fahrerlaubnis der Klassen C, C1, CE, C1E (Lkw), D, D1, DE und D1E (Busse) sowie Bewerber um eine Fahrerlaubnis zur Fahrgastbeförderung nach Anlage 5 Nr. 1 FeV untersuchen lassen, ob Erkrankungen vorliegen, die die Eignung oder die bedingte Eignung ausschließen. Dabei werden der Fahrerlaubnisbehörde nur das Ergebnis der Untersuchung, nicht jedoch die einzelnen Befunde mitgeteilt.

HINWEIS

Ist der Bewerber nur bedingt zum Führen von Kraftfahrzeugen geeignet, kann die Fahrerlaubnisbehörde nach § 23 Abs. 2 FeV die Fahrerlaubnis so weit wie notwendig beschränken oder unter den erforderlichen Auflagen erteilen.

Die *Beschränkung* kann sich insbesondere auf eine bestimmte Fahrzeugart oder ein bestimmtes Fahrzeug mit besonderen Einrichtungen erstrecken. Wer gegen eine Beschränkung verstößt, macht sich des Fahrens ohne Fahrerlaubnis strafbar.

Anders die *Auflage*. Bei ihr handelt es sich mehr um eine Verhaltensvorschrift (beim Fahren ist eine Sehhilfe zu tragen, Höchstgeschwindigkeit darf nicht überschritten werden etc.) Dies führt auch bei der rechtlichen Ahndung von Verstößen zu einer unterschiedlichen Bewertung. Verstöße gegen Auflagen werden nur als Ordnungswidrigkeit geahndet.

Beschränkungen, Auflagen und Zusatzangaben sind dabei in Form von Schlüsselzahlen, die in der Anlage 9 FeV aufgelistet sind, im Führerschein eingetragen.

Die Untersuchung kann – anders als bei von der Führerscheinstelle angeordneten Gutachten nach § 11 Abs. 2 FeV – auch durch einen den Betroffenen behandelnden Arzt vorgenommen werden.

Noch weitreichendere Regelungen gelten für Bewerber um eine Fahrerlaubnis der Klassen D, D1, DE und D1E und die Fahrerlaubnis zur Fahrgastbeförderung. Von ihnen sind bei der Untersuchung nach Anlage 5 Nr. 2 FeV die Anforderungen hinsichtlich Belastbarkeit, Orientierungsleistung, Konzentra-

	Testsysteme			Andere Testverfahren		
	Computergestützt			Computergestützt		Paper-and-Pencil-Tests
	ART 90 ART 2020*	WTS**	Corporal	Combi-Test	Andere	
Belastbarkeit	RST 3	DT	STE 1–7	Mehrfach-reaktion	WDG	
Orientierungsleistung	LL 5 TT 15	LVT TAVT	STE 5–7		LVT TAVT 2	
Konzentrationsleistung	Q 1	TAVT DT COG	STE 4	Konzen-tration	LVT	d2 nach Bricken-kamp
Aufmerksamkeits-leistung	Q 1 FAT	COG LVT TAVT	STE 3		APG nach Müller LVT TAVT 2	d2 nach Bricken-kamp
Reaktionsfähigkeit	RST 3 DR 2	DT	STE 1–2	Einfach-reaktion	WDG	

* Act-and-React-Testsystem 90, Act-and-React-Testsystem 2020
** Wiener-Test-System

Ein Test gilt als bestanden, wenn mindestens der Prozentrang 33, gemessen an der altersunabhängigen Norm, erreicht wird. In jedem Fall müssen zur Absicherung der 5 Variablen im Sinne der Mehrfachabsicherung mindestens drei Testverfahren eingesetzt werden

tionsleistung, Aufmerksamkeitsleistung und Reaktionsfähigkeit zu erfüllen. Der Nachweis der Erfüllung dieser Anforderungen ist vom Bewerber immer durch die Vorlage eines betriebs- oder arbeitsmedizinischen Gutachtens oder eines Gutachtens einer amtlich anerkannten Begutachtungsstelle für Fahreignung zu führen. Die zur Untersuchung dieser Anforderungen eingesetzten Verfahren müssen dabei nach dem Stand der Wissenschaft standardisiert und unter den Aspekten der Verkehrssicherheit validiert sein. Die obige Tabelle enthält eine zusammengefasste Auflistung der in den Bundesländern zugelassenen Testverfahren für die besonderen Anforderungen nach Anlage 5 Nr. 2 FeV [Begutachtungs-Leitlinien zur Kraftfahrereignung, Kommentar, 2. Auflage].

3.3 Charakterliche Zuverlässigkeit

Zur Überprüfung der charakterlichen Eignung werden in allen Fällen Anfragen an das Verkehrszentralregister (VZR) gerichtet. In Einzelfällen, insbesondere bei Bewerbern um eine Fahrerlaubnis der Klassen D, D1, DE oder DE und der Fahrerlaubnis zur Fahrgastbeförderung, bei denen geprüft werden muss, ob sie die Gewähr dafür bieten, dass sie der besonderen Verantwortung bei der Beförderung von Fahrgästen gerecht werden, wird darüber hinaus eine Anfrage an das Bundeszentralregister (BZR) gerichtet (§ 22 Abs. 2 FeV).

HINWEIS

Bei der Anforderung von Führungszeugnissen gilt es zwischen verschiedenen sog. Belegarten zu unterscheiden.

Für persönliche Zwecke wird ein Zeugnis nach Belegart N ausgestellt (auch als „Privatführungszeugnis" bezeichnet). Wenn im Führungszeugnis steht: „Inhalt: Keine Eintragung", dann bedeutet dies, dass man sich als nicht vorbestraft bezeichnen darf. Anderenfalls werden die wichtigsten Angaben aus der ergangenen rechtskräftigen Verurteilung, zum Beispiel das Datum der Verurteilung sowie das Gericht und das Geschäftszeichen, die Straftat und die Höhe der festgesetzten Strafe (Freiheitsstrafe oder Geldstrafe) vermerkt. Es werden aber nicht alle Verurteilungen ohne weiteres in das Führungszeugnis aufgenommen. So genannte kleinere Erstverurteilungen zu einer Geldstrafe von nicht mehr als 90 Tagessätzen oder einer Freiheitsstrafe von nicht mehr als 3 Monaten werden in der Regel nicht im Führungszeugnis aufgeführt, obwohl sie beim Bundeszentralregister eingetragen sind. Auch zur Bewährung ausgesetzte Jugendstrafen von bis zu 2 Jahren werden in der Regel überhaupt nicht ins Führungszeugnis eingetragen.

Zur Vorlage bei einer deutschen Behörde ist ein Zeugnis nach Belegart O zu beantragen (auch als „Behördenführungszeugnis" bezeichnet). In einem Behördenführungszeugnis können zusätzlich – anders als beim Privatführungszeugnis – auch bestimmte Entscheidungen von Verwaltungsbehörden, zum Beispiel der Widerruf eines Waffenscheins oder einer Gewerbeerlaubnis, enthalten sein. Auch Entscheidungen über eine mögliche Schuldunfähigkeit oder die gerichtlich angeordnete Unterbringung in einer psychiatrischen Anstalt können in einem Behördenführungszeugnis aufgeführt sein.[6]

Die Eintragungen im Verkehrszentralregister oder gegebenenfalls schon vorhandene Verwaltungsvorgänge und das in bestimmten Fällen angeforderte Führungszeugnis sind hinsichtlich eventueller Eignungsbedenken zu würdigen. Eignungsbedenken können bestehen, wenn z. B. Verstöße gegen straf- und verkehrsrechtliche Bestimmungen, die im Zusammenhang mit dem Straßenverkehr stehen oder Straftaten mit Anhaltspunkten für ein hohes Aggressionspotential vorliegen. Damit sind Zuwiderhandlungen gemeint, die eine Neigung zu Rohheit gegenüber anderen oder eine niedrige Hemmschwelle

6 Quelle: www.bundesjustizamt.de

zur Durchsetzung eigener Interessen unter Verletzung der körperlichen Unversehrtheit anderer (z. B. schwere oder fahrlässige Körperverletzung, Vergewaltigung, Raub) erkennen lassen, auch wenn sie nicht im Straßenverkehr begangen wurden.[7]

3.4 Anordnung von Gutachten

Neben diesen als Antragsunterlagen beizufügenden Unterlagen besteht für die Fahrerlaubnisbehörde ergänzend die Möglichkeit, die Beibringung eines Gutachtens eines Facharztes mit verkehrsmedizinischer Qualifikation oder Amtsarztes, einer amtlich anerkannten Begutachtungsstelle für Fahreignung oder eines amtlich anerkannten Sachverständigen oder Prüfers für den Kraftfahrzeugverkehr anzuordnen. Voraussetzung hierfür ist jedoch, dass im konkreten Einzelfall Tatsachen bekannt werden, welche die Bedenken gegen die Eignung oder die Befähigung des Bewerbers begründen. Mögliche Informationen erlangt die Behörde beispielsweise aus den Angaben der untersuchenden Ärzte im Zuge der ärztlichen Untersuchung nach Anlage 5 FeV oder aus Mitteilungen der Polizei. Diese ist nach § 2 Abs. 12 StVG verpflichtet, Tatsachen zu übermitteln, die nicht nur vorübergehende Zweifel an der Eignung begründen könnten.

Aus Gründen der Verhältnismäßigkeit wird nach den Vorschriften der FeV regelmäßig zunächst eine ärztliche Begutachtung vorgenommen, da mit dieser Maßnahme weniger stark in die Persönlichkeitsrechte der Betroffenen und ihre Rechte auf informationelle Selbstbestimmung eingegriffen wird. Dabei bestimmt die Fahrerlaubnisbehörde in der Anordnung, ob das Gutachten von einem

- für die Fragestellung (Absatz 6 Satz 1) zuständigen Facharzt mit verkehrsmedizinischer Qualifikation,
- Arzt des Gesundheitsamtes oder einem anderen Arzt der öffentlichen Verwaltung,
- Arzt mit der Gebietsbezeichnung „Arbeitsmedizin" oder der Zusatzbezeichnung „Betriebsmedizin",
- Arzt mit der Gebietsbezeichnung „Facharzt für Rechtsmedizin" oder
- Arzt in einer Begutachtungsstelle für Fahreignung, der die Anforderungen nach Anlage 14 erfüllt,

erstellt werden soll (§ 11 Abs. 2 FeV). Ferner teilt die Behörde dem Betroffenen die Gründe für die Zweifel an seiner Eignung mit und setzt für die Bei-

7 VG Neustadt, Beschluss vom 25.8.2006 – 3 L 1267/06; VGH Baden-Württemberg, Beschluss vom 25.7.2001 – 10 S 614/00, (NZV 2002, 604)

bringung eine angemessene Frist. Sie teilt ihm außerdem mit, dass er die zu übersendenden Unterlagen einsehen kann. Die Kosten der Untersuchung sind vom Betroffenen zu tragen.

Alle aufgezählten Ärzte stehen zunächst gleichberechtigt nebeneinander. Im Zuge der Anordnung des Gutachtens ist es jedoch Aufgabe der Fahrerlaubnisbehörde, die Art des Eignungsmangels zu berücksichtigen. In der Regel ist daher ein für die Fragestellung zuständiger Facharzt mit verkehrsmedizinischer Qualifikation heranzuziehen.

HINWEIS

Fragestellung

Zunächst muss sich der Gutachter an die durch die Fahrerlaubnisbehörde vorgegebene Fragestellung halten. Es versteht sich von selbst, dass Eignungszweifel nur dann ausgeräumt werden können, wenn

1. die Fahrerlaubnisbehörde durch die Fragestellung den Sachverhalt ausreichend beschreibt, die Bedenken und die damit verbundene Frage nach den konkreten Eignungszweifeln trennscharf formuliert und aus der Anordnung deutlich wird, welche Stelle – Facharzt, Begutachtungsstelle oder Sachverständiger – die Begutachtung durchführen soll;
2. das Gutachten auch unmittelbar die Frage beantwortet, welche sich auf die jeweiligen Eignungszweifel bezieht.

Ein Gutachten, welches keine eindeutige oder eine bedingte Antwort auf die jeweilige Fragestellung gibt, kann dem Anspruch nicht gerecht werden, Hilfestellung für die Fahrerlaubnisbehörde zu leisten. Die damit verbundene Forderung ausschließlich in den Kategorien positiv oder negativ sollte jedoch nicht dazu führen, dass die Ärzte zu einer Entscheidung gezwungen werden, die sie nicht verantworten können. In begründeten Einzelfällen sollte es dem Arzt möglich sein, sein Gutachten, jedoch unter ausführlicher Darlegung seiner Gründe, ergebnisoffen im Sinne der Fragestellung zu formulieren.

Bezüglich der konkreten Fragestellungen wird auf die Ausführungen in den Begutachtungsleitlinien zur Kraftfahrereignung – Kommentar verwiesen. Der dort aufgeführte Katalog ist nicht abschließend, bietet jedoch den Fahrerlaubnisbehörden die Möglichkeit, im Sinne der Einzelfallgerechtigkeit, bundesweit einheitliche Fragen zu stellen.

Hinsichtlich des nach § 11 Abs. 2 Nr. 1 FeV für die Fragestellung zuständigen Facharztes mit verkehrsmedizinischer Qualifikation wird nachfolgende Zuordnung empfohlen [Begutachtungs-Leitlinien zur Kraftfahrereignung, Kommentar, 2. Auflage]:

Mangelndes Sehvermögen	Facharzt für Augenheilkunde (§ 12 FeV beachten)
Schwerhörigkeit und Gehörlosigkeit	Facharzt für Hals-, Nasen-, Ohrenheilkunde
Bewegungsbehinderungen	Facharzt für Orthopädie Facharzt für Neurologie (Nervenheilkunde) Facharzt für Chirurgie, Schwerpunkt Unfallchirurgie Facharzt für Innere Medizin
Herz- und Gefäßkrankheiten	Facharzt für Innere Medizin, Schwerpunkt Kardiologie Facharzt für Innere Medizin Facharzt für Allgemeinmedizin
Zuckerkrankheit	Facharzt für Innere Medizin, Schwerpunkt Endokrinologie Facharzt für Innere Medizin Facharzt für Allgemeinmedizin
Krankheiten des Nervensystems	Facharzt für Neurologie (Nervenheilkunde) Facharzt für Neurologie und Psychiatrie
Psychische (geistige) Störungen	Facharzt für Psychiatrie und Psychotherapie Facharzt für Neurologie und Psychiatrie
Alkohol	Facharzt für Psychiatrie und Psychotherapie* Facharzt für Neurologie und Psychiatrie* Facharzt für Rechtsmedizin
Drogen	Facharzt für Psychiatrie und Psychotherapie Facharzt für Neurologie und Psychiatrie* Facharzt für Rechtsmedizin *Hinweis:* In „leichteren" Fällen, in denen Sucht oder missbräuchliche Einnahme von anderen psychoaktiv wirkenden Stoffen (vgl. dazu Nr. 3.12.1 der Begutachtungs-Leitlinien zur Kraftfahrereignung) nicht anzunehmen ist, kann auch ein Facharzt für Innere Medizin in Betracht kommen
Nierenerkrankungen	Facharzt für Innere Medizin, Schwerpunkt Nephrologie Facharzt für Innere Medizin Facharzt für Urologie

*) mit suchtmedizinischer Kompetenz

Die Auswahl der Person des Gutachters innerhalb des Fachbereiches trifft der Betroffene selbst. Sind die bekannt gewordenen Tatsachen, die Bedenken gegen die körperliche oder geistige Eignung begründen, allerdings so unspezifisch oder so unklar, dass sie einem Facharztgebiet nicht oder nicht eindeutig zugeordnet werden können, wird regelmäßig zunächst das Gutachten eines Arztes des Gesundheitsamtes oder eines anderen Arztes der öffentlichen Verwaltung (§ 11 Abs. 2 Satz 3 Nr. 2 FeV) oder von einem Arzt mit der Gebietsbezeichnung „Arbeitsmedizin“ oder der Zusatzbezeichnung „Betriebsmedizin“ (§ 11 Abs. 2 Satz 3 Nr. 3 FeV) verlangt. Führt dieses Gutachten nicht zu einer eindeutigen Abklärung der von der Behörde gestellten Frage, kann danach noch ein Gutachten eines Facharztes mit verkehrsmedizinischer Qualifikation oder ein medizinisch-psychologisches Gutachten verlangt werden.

3.5 Medizinisch-psychologische Begutachtung

Während der Sinn und Zweck eines ärztlichen Gutachtens in der Ermittlung der gesundheitlichen Verfassung des Betroffenen liegt, ist es Aufgabe einer medizinisch-psychologischen Untersuchung, eine Prognose über künftige Verhaltensänderungen des Betroffenen abzugeben [Gehrmann, 2003]. Daher ist es auch unter Berücksichtigung des Grundsatzes der Verhältnismäßigkeit möglich, dass sich an eine ärztliche Begutachtung eine medizinisch-psychologische Begutachtung anschließt. Einerseits gibt § 11 Abs. 3 Satz 1 Nr. 1 FeV der Fahrerlaubnisbehörde die Möglichkeit, eine derartige Anordnung zu treffen, wenn nach Würdigung des ärztlichen Gutachtens eine weiter gehende medizinisch-psychologische Begutachtung erforderlich ist. Andererseits kann die Fahrerlaubnisbehörde unmittelbar eine medizinisch-psychologische Begutachtung anordnen

- zur Vorbereitung einer Entscheidung über die Befreiung von den Vorschriften über das Mindestalter,
- bei erheblichen Auffälligkeiten, die im Rahmen einer Fahrerlaubnisprüfung nach § 18 Abs. 3 mitgeteilt worden sind,
- bei erheblichen oder wiederholten Verstößen gegen verkehrsrechtliche Vorschriften oder bei Straftaten, die im Zusammenhang mit dem Straßenverkehr oder im Zusammenhang mit der Kraftfahreignung stehen oder bei denen Anhaltspunkte für ein hohes Aggressionspotential bestehen,

oder

- bei der Neuerteilung der Fahrerlaubnis, wenn
  a) die Fahrerlaubnis wiederholt entzogen war oder
  b) der Entzug der Fahrerlaubnis auf einem Grund nach erheblicher und wiederholter Verstöße … beruhte.

Die Fahrerlaubnisbehörde hat, orientiert am Grad der Eignungsbedenken, zu entscheiden, welche Art der Begutachtung sie wählt. Neben diesen allgemeinen rechtlichen Bestimmungen ist als weiterer Orientierungspunkt die aktuelle Rechtsprechung zu berücksichtigen.

Am Beispiel der Aufklärung und Beurteilung des Konsums von Cannabis soll nachfolgend deutlich gemacht werden, unter welchen komplexen Rahmenbedingungen die Klärung von Eignungszweifeln zu erfolgen hat. Grundlage bilden dabei neben den gesetzlichen Bestimmungen insbesondere gerichtliche Entscheidungen. Im Zusammenhang mit dem Konsum von Cannabis sind diese zwar zahlreich, aber leider nicht einheitlich. Lediglich die Frage der Bewertung des Besitzes von Cannabis ist dank einer Entscheidung des Bundesverfassungsgerichts[8] vorgegeben.

3.6 Konsum von Cannabis

Nach Auffassung des Bundesverfassungsgerichts stand die bis 2002 behördliche und fachgerichtliche Praxis zur Überprüfung von Fahrerlaubnisinhabern mit dem Verfassungsrecht – insbesondere dem grundrechtlichen Schutz der allgemeinen Handlungsfreiheit und des allgemeinen Persönlichkeitsrechts sowie dem Grundsatz der Verhältnismäßigkeit – nicht in Einklang, soweit die Feststellung des unerlaubten Besitzes einer kleinen Menge Cannabis *für sich allein* bereits zum Anlass genommen worden ist, dem Betroffenen ein fachärztliches Gutachten auf der Grundlage eines Drogenscreenings abzuverlangen. Zwar stößt die Annahme, dass die Feststellung des unerlaubten Besitzes einer kleinen Menge Haschisch als deutliches Indiz für Eigenkonsum gewertet werden kann, auf keine Bedenken. Jedoch müssen zusätzliche konkrete Anhaltspunkte dafür vorliegen, dass

- ständig fahreignungsrelevante körperlich-geistige Leistungsdefizite vorhanden sind oder
- der Betroffene den Konsum von Cannabis und die aktive Teilnahme am Straßenverkehr nicht zuverlässig zu trennen vermag oder zu trennen bereit ist.

Als mögliche Anhaltspunkte nennt das Bundesverfassungsgericht hierbei beispielhaft, dass der Betroffene

- unter Drogeneinfluss ein Kraftfahrzeug im öffentlichen Straßenverkehr geführt hat oder

8 Beschluss des BVerfG vom 8.7.2002 (1 BvR 2428/95) NZV 2002, 422

- über einen längeren Zeitraum erheblichen Haschischmissbrauch geübt hat oder
- einer der besonders gefährdeten Personengruppen angehört (etwa Personen, die mit latent vorhandenen Psychosen belastet sind). Hierbei handelt es sich jedoch tendenziell um ein Ergänzungskriterium bzgl. der vorgenannten.

Insbesondere hat das Bundesverfassungsgericht im Beschluss vom 8.7.2002 betont, dass keine verfassungsrechtlichen Bedenken gegen die Anordnung eines fachärztlichen Gutachtens auf der Grundlage eines Drogenscreenings bestehen, wenn über den bloßen Besitz von Cannabis hinaus *konkrete tatsächliche Verdachtsmomente* dafür ermittelt worden sind, dass der Betroffene während der Teilnahme am Straßenverkehr Cannabis konsumiert oder sonst wie unter Cannabiseinfluss ein Fahrzeug geführt hat. Als Verdachtsmoment dafür hat es im konkreten Fall für ausreichend angesehen, dass im Fahrzeug Konsumspuren festgestellt wurden (Reste eines mit Haschisch versetzten Joints im Aschenbecher) und der Verdacht nicht entkräftet werden konnte, dass der Betroffene selbst der Konsument war. Ist der Betroffene als Dealer einzuordnen, oder handelt es sich um einen einmaligen Fehltritt ohne Wiederholungsgefahr, ist von der Anordnung eines Gutachtens abzusehen [Bouska, Laewerenz, 2004].

3.7 Anforderungen an medizinisch-toxikologische Untersuchung

Anders verhält es sich, wenn der Betroffene Cannabis nicht nur besitzt, sondern auch konsumiert. Aufgabe ist es in diesem Zusammenhang zu klären, ob der Betroffene Cannabis einmalig konsumiert hat oder gelegentlich oder regelmäßig konsumiert. Zur Klärung dieser Frage können sowohl im Rahmen des ärztlichen als auch des medizinisch-psychologischen Gutachtens medizinisch-toxikologische Untersuchungen erforderlich werden[9]. Für diese sollten ausschließlich Labore infrage kommen, die über forensisch-toxikologische Erfahrung verfügen, von einem Arzt oder Diplom-Chemiker geleitet werden, der eine entsprechende Weiterbildung nachweisen kann und die nach DIN ISO 17025 akkreditiert sind oder die Landesinstitute für Rechtsmedizin. Probengewinnung und -versand sind nach forensischen Kriterien durchzuführen (Identitätsprüfung, Urinabgabe unter Sichtkontrolle, Schutz der Proben vor dem Zugriff Unbefugter, Versand der eindeutig gekennzeichneten Proben

9 Nachfolgende Ausführungen sind zitiert aus einem unveröffentlichten Runderlass des Ministeriums für Stadtentwicklung, Wohnen und Verkehr des Landes Brandenburg vom 1.6.2005, der mit Unterstützung des Rechtsmedizinischen Insituts und der Begutachtungsstellen für Fahreignung des Landes erarbeitet wurde

in vom Labor bereitgestellten Versandbehältnissen). Im Interesse der Gleichbehandlung aller Drogenkonsumenten sind für die Blutanalyse Screening-Methoden (Immuno-Assay) nicht anzuwenden. Es soll grundsätzlich die empfindliche und spezifische GC-MS-Nachweismethode (Gaschromatographie gekoppelt mit Massenspektrometrie) eingesetzt werden. Ergänzend zur Betäubungsmittelanamnese ist nach aktuellem Konsum von Medikamenten, Hanf- und Mohnprodukten sowie Passivkonsum zu fragen. Diese Feststellung betrifft alle BtM-Fragestellungen, nicht nur die Blutanalyse bei Cannabis.

Im konkreten Verfahren werden die Betroffenen aufgefordert, ein ärztliches Gutachten unter Einbeziehung der im Einzelfall angemessenen medizinisch-toxikologischen Untersuchungen vorzulegen. Die erforderliche Probenentnahme (Blut) muss innerhalb von drei Werktagen nach Zustellung der behördlichen Aufforderung erfolgen. Für die Vorlage des Gutachtens wird von der Fahrerlaubnisbehörde eine Frist von 14 Tagen festgesetzt. Weiter wird auf die Entziehung der Fahrerlaubnis bei Nichtbefolgen hingewiesen. Für den Fall, dass nach einer fristgerechten Probenabgabe Verzögerungen auftreten, ist festgelegt, dass der begutachtende Arzt dies der Fahrerlaubnisbehörde mitteilt. In Absprache mit der Fahrerlaubnisbehörde wird dann die Frist zur Vorlage des ärztlichen Gutachtens angemessen verlängert.

Da eine Urinuntersuchung bei Cannabisprodukten wegen zu starker Schwankungen der Ergebnisse ausscheidet, bleibt als Untersuchungsverfahren die Blutanalyse. Sie ist nach wissenschaftlichen Erkenntnissen ein zuverlässiges Mittel, um Feststellungen über Konsumgewohnheiten bei Cannabisprodukten zu treffen. Dabei sind aber bestimmte Untersuchungsverfahren notwendig, die auf der Grundlage des Metabolismus bei Cannabiswirkstoffen beruhen und die daher nur durch Laborinstitute durchgeführt werden können, die über die eingangs erwähnte forensisch-toxikologische Erfahrung verfügen. Begleitend ist eine Urinuntersuchung erforderlich, um ggf. den Konsum anderer Drogen festzustellen.

Wegen der bei anderen Betäubungsmitteln sehr kurzen Nachweisbarkeit in Blut oder Urin kann bei entsprechendem Verdacht in Einzelfällen eine ergänzende Haaranalyse angezeigt sein.

Der ärztliche Gutachter wird bei seiner Beurteilung neben den Ergebnissen der aktuellen Laboranalysen auch die Konsumangaben des Untersuchten und eventuell zur Verfügung stehende Vorbefunde einbeziehen. Dies gilt insbesondere, wenn zum Zeitpunkt der Begutachtung laboranalytisch keine Betäubungsmittel nachweisbar waren, weil der Betäubungsmittelkonsum (z. B. nach einer Verkehrskontrolle aufgrund eines Verstoßes nach § 24a StVG) in der Erwartung einer Überprüfung der Fahreignung kurzfristig aufgegeben oder reduziert wurde (siehe Kommentar zu den Begutachtungs-Leitlinien zur Kraftfahrereignung, 2. Auflage, S. 188).

Die nebenstehende Tabelle zeigt die Ergebnisse der Blutuntersuchung die zu den folgenden Beurteilungen führen können.

Bei der Würdigung der erhobenen Befunde ist zu berücksichtigen, dass es sich hierbei nicht um das primäre Analyseergebnis aus einer Verkehrskontrolle, sondern um eine zweite, von der Fahrerlaubnisbehörde veranlasste Untersuchung handelt. Kann daher der Verdacht auf gelegentlichen Konsum anhand der vorliegenden Befunde nicht zweifelsfrei als erwiesen angesehen werden, kommt es auf zusätzliche Auffälligkeiten nicht an.

Neben den sich aus Befunden aufgrund von Blutuntersuchungen ergebenden Beurteilungen kann sich ein gelegentlicher Konsum von Cannabis auch durch mehrmaligen nachgewiesenen Konsum aufgrund der Vorgeschichte ergeben. In diesen Fällen sind ebenfalls die Maßnahmen bei „gelegentlichem Konsum" nach der nebenstehenden Tabelle zu ergreifen.

Wurde im Rahmen einer Nachuntersuchung erneut Cannabiskonsum festgestellt, so muss von regelmäßigem Konsum mit den sich daraus ergebenden Konsequenzen ausgegangen werden.

Ausdrücklich sei darauf hingewiesen, dass bei Blutproben, die im Rahmen von Polizeikontrollen innerhalb weniger Stunden nach dem letzten Konsum gewonnen wurden, eine abweichende Beurteilung erfolgen muss. Bei diesen Befunden kann ein regelmäßiger Konsum als gesichert angesehen werden, wenn die ermittelte THC-COOH Konzentration bei mindestens 150 ng/ml lag. In diesen Fällen kann in der Regel auf die Anordnung eines ärztlichen Gutachtens verzichtet werden und auf der Grundlage der vorliegenden Daten eine Entziehung der Fahrerlaubnis erfolgen.

Pauschaliert lassen sich die Konsummuster und die sich daraus ergebenden Maßnahmen wie folgt zusammenfassen:

- Ergeben sich aus einer ärztlichen Untersuchung keine Hinweise, dass Cannabis (zumindest) gelegentlich konsumiert wurde, kommen keine weiteren Maßnahmen in Betracht.
- Bestätigt sich der Verdacht auf gelegentlichen Konsum, ergeben sich bezüglich des weiteren Verfahrens folgende Möglichkeiten:
  - Sofern Erkenntnisse vorliegen, dass nach Nr. 9.2.2 der Anlage 4 FeV eine fehlende Trennung von Konsum und Fahren und zusätzlicher Alkoholkonsum oder anderer psychoaktiv wirkender Stoffe vorliegt oder Störungen in der Persönlichkeit oder Kontrollverlust, ist die Fahrerlaubnis ohne weitere Aufklärung zu entziehen.

Interpretation der Ergebnisse der Blutuntersuchung (maximal drei Tage nach der behördlichen Aufforderung)

Befund	Beurteilung	Zusätzliche Auffälligkeiten	Maßnahmen
THC-COOH * > Bestimmungs-grenze und < 5,0 ng/ml **	einmaliger oder Verdacht auf gelegentlichen Konsum	keine	keine
THC-COOH * > Bestimmungs-grenze und < 5,0 ng/ml ** THC positiv	gelegentlicher Konsum, Verdacht auf gelegentlichen Konsum wurde bestätigt, weil mindestens zweimaliger Cannabiskonsum nachgewiesen wurde	Kontrollverlust, da der/die Betroffene in engem zeitlichen Zusammenhang mit der Blutentnahme Cannabis konsumiert hat	Anordnung einer medizinisch-psychologischen Untersuchung
THC-COOH * ≥ 5,0 und < 75 ng/ml	es liegt mindestens gelegentlicher Konsum mit Verdacht auf regelmäßigen Konsum vor	keine	persönliches Gespräch mit Nachuntersuchung (Blutuntersuchung) unter kurzfristiger Einbestellung
THC-COOH * ≥ 5,0 und < 75 ng/ml	es liegt mindestens gelegentlicher Konsum mit Verdacht auf regelmäßigen Konsum vor	z. B. THC positiv, mehrfache Verkehrs-auffälligkeiten, Hinweise auf fehlende Trennung von Konsum und Fahren, Gebrauch von Alkohol, Beigebrauch anderer Drogen, Störung der Persönlichkeit, Kontrollverlust	Anordnung einer medizinisch-psychologischen Untersuchung
THC-COOH * ≥ 75 ng/ml	es liegt regelmäßiger Konsum von Cannabisprodukten vor	unerheblich	Versagung bzw. Entziehung der Fahr-erlaubnis, Ausnahmen siehe Ziff. 3.12.1 der Begutachtungs-Leitlinien zur Kraftfahrereignung

* Für die Unterscheidung eines einmaligen, gelegentlichen oder regelmäßigen Konsums wird nicht die THC-Konzentration herangezogen, sondern die Konzentration des sich nur langsam abbauenden wirkungsfreien Metaboliten THC-COOH

** 5 ng/ml = 0,005 mg/l

Quelle: Gutachten „Cannabis im Straßenverkehr“ von Prof. Dr. Th. Daldrup – BASt-Schriftenreihe M 92, S. 272

  - Fehlen diesbezügliche Anhaltspunkte, kommen trotz des gelegentlichen Konsums mangels weiterer Tatsachen keine weiteren Maßnahmen in Betracht.
  - Liegen über dem festgestellten gelegentlichen Konsum hinaus weitere Tatsachen vor, die nicht unter die in Nummer 9.2.2 der Anlage 4 FeV aufgeführten Verhaltens- und Persönlichkeitsmerkmale fallen, aber Zweifel an der Eignung begründen, so kann nach § 14 Abs. 1 Satz FeV eine medizinisch-psychologische Untersuchung angeordnet werden.
- Liegt bei festgestelltem Konsum von Cannabisprodukten Abhängigkeit vor (§ 14 Abs. 1 Satz 1 Nr. 1 FeV), die bei einem festgestellten regelmäßigen Konsum noch nicht gegeben sein muss, so sind die entsprechenden Eignungskonsequenzen nach Ziffer 9.3 der Anlage 4 FeV zu ziehen. Ein medizinisch-psychologisches Gutachten ist nach § 14 Abs. 2 FeV vor Neuerteilung der Fahrerlaubnis oder zur Klärung anzuordnen, ob der Betroffene noch abhängig ist.

3.8 Einnahme von Betäubungsmitteln außer Cannabis

Im Falle von bestehenden Eignungszweifeln vor dem Hintergrund der begründeten Vermutung der Einnahme von Betäubungsmitteln nach dem BtMG reicht es für die Anordnung eines ärztlichen Gutachtens aus, dass Tatsachen die Annahme eines einmaligen Konsums begründen. Anhaltspunkte für einen regelmäßigen oder zumindest wiederholten Betäubungsmittelkonsum sind hierfür nicht erforderlich. Aufgabe des Gutachtens ist es in diesen Fällen zu klären, ob die Einnahmevermutung begründet ist.

HINWEIS

Im Beschluss OVG Brandenburg vom 22. Juli 2004 (Az.: 4 B 37/04), dem die einmalige Einnahme von Amphetamin zugrunde lag, wird ausgeführt, dass die normative Wertung von Ziffer 9.1 der Anlage 4 FeV seine strikte Bindungswirkung nur so lange entfaltet, wie keine Umstände vorliegen, die im Einzelfall ausnahmsweise eine andere Beurteilung rechtfertigen. Dabei ist es Aufgabe des jeweiligen Drogenkonsumenten, die normative Regelvermutung zu entkräften.

Daher wäre ein Abweichen vom bisherigen stringenten Verfahren und die Ausübung pflichtgemäßen Ermessens bezogen auf jeden Einzelfall – zumindest bei einmaliger Einnahme von Amphetamin – zu überlegen. In der Regel könnte, bei entsprechendem Vortrag des Drogenkonsumenten, eine medizinisch-psychologische Untersuchung angebracht sein.

Bei Bestätigung eines objektiv auch nach der Aktenlage einmaligen Konsums führte dies nach der bisherigen Rechtsprechung zur Feststellung der Nichteignung und in der Folge ohne weitere Maßnahmen zur Entziehung der Fahrerlaubnis nach § 46 Abs. 1 i.V.m. Ziffer 9.1 der Anlage 4 FeV. Weiterhin setzte die Neuerteilung nach Ziffer 9.5 der Anlage 4 FeV regelmäßig eine einjährige Abstinenz nach Entgiftung und Entwöhnung als Nachweis der Wiedererlangung der Fahreignung voraus.

3.9 Eignungsüberprüfung bei Verlängerung

Auf Antrag des Inhabers erfolgt die Verlängerung der Fahrerlaubnis wie auch der Fahrerlaubnis zur Fahrgastbeförderung um längstens weitere fünf Jahre, wenn dieser erneut

- seine Eignung nach Maßgabe der Anlage 5 FeV durch Vorlage der Bescheinigung über die ärztliche Untersuchung nachweist,
- die Erfüllung der Anforderungen an das Sehvermögen nach Maßgabe der Anlage 6 FeV nachweist und
- keine Tatsachen vorliegen, die die Annahme rechtfertigen, dass eine der sonstigen aus den §§ 7 bis 19 FeV ersichtlichen Voraussetzungen für die Erteilung der Fahrerlaubnis fehlt.

Nach § 11 Abs. 1 FeV darf der Bewerber nicht erheblich oder nicht wiederholt gegen verkehrsrechtliche Vorschriften oder Strafgesetze verstoßen haben, so dass dadurch die Eignung ausgeschlossen wird. Zur Prüfung dieser Voraussetzung ist es deshalb auch im Rahmen eines Antragsverfahrens auf Verlängerung der Fahrerlaubnis notwendig, vom Antragsteller einen Auszug aus dem Verkehrszentralregister zu fordern.

Sollte der Antragsteller im Besitz einer Fahrerlaubnis der Klassen D1, D1E, D oder DE bzw. einer Fahrerlaubnis zur Fahrgastbeförderung sein, muss er darüber hinaus die Gewähr dafür bieten, dass er der besonderen Verantwortung bei der Beförderung von Fahrgästen gerecht wird. Zusätzlich zum Auszug aus dem Verkehrszentralregister ist deshalb bei diesen Antragstellern die Vorlage eines Auszuges aus dem Bundeszentralregister (BZR) zu fordern.

Sollten sich aus diesen Unterlagen oder aus den Untersuchungsergebnissen der Gutachten nach den Anlagen 5 und 6 FeV Tatsachen ergeben, die Bedenken gegen die körperliche und geistige Eignung begründen, kann die Fahrerlaubnisbehörde zur Vorbereitung der Entscheidung über die Verlängerung auch die Vorlage ergänzender ärztlicher Gutachten durch den Bewerber anordnen. Das dabei gewählte Verfahren entspricht dem bei der Erteilung.

C

Maßnahmesysteme des Fahrerlaubnisrechts

KAPITEL

1 Das System der Fahrerlaubnis auf Probe

1.1 Allgemeine Grundsätze

Am 1. November 1986 wurde die Fahrerlaubnis auf Probe als Maßnahme zur Bekämpfung des überproportional hohen Unfallrisikos von Fahranfängern eingeführt. Allgemein gilt, dass sich dieser Maßnahmeansatz bewährt hat. Die Fahrerlaubnis auf Probe hat für den Rückgang der Auffälligkeits- und Rückfallzahlen im Straßenverkehr für diese Zielgruppe einen wichtigen Beitrag geleistet [Bericht BASt, 1992]. Dass es sich um eine zielgruppenspezifische Maßnahme handelt, wird deutlich, wenn man sich vor Augen führt, dass laut KBA nur ca. 10 % der Inhaber einer Fahrerlaubnis auf Probe über 26 Jahre alt sind.

Von den insgesamt im Register gespeicherten Inhabern einer Fahrerlaubnis auf Probe hatten 1 615 367 (777 440 Männer und 837 927 Frauen) eine Fahrerlaubnis der Klasse B.

Für die rechtliche Einordnung von Interesse ist, dass es sich bei der Probezeit um keine Befristung der Fahrerlaubnis oder eine bedingte Fahrerlaubnis handelt, sondern um einen gesetzlich geregelten Bewährungszeitraum. Die Fahrerlaubnis – auch die auf Probe – erlischt nur durch Entziehung oder den Verzicht.

Mit Ausnahme der Klassen M, S, L und T wird allen Bewerbern um eine Fahrerlaubnis diese für einen Zeitraum von zwei Jahren zunächst auf Probe

Bestand an Personen mit Fahrerlaubnis auf Probe nach Alter und Geschlecht am 1.1.2006[10]

Alter (in Jahren)*	Männer	Frauen	Insgesamt
unter 18	80 711	24 802	105 513
18	207 618	214 754	422 372
19	283 688	298 817	582 505
20	129 507	109 912	239 419
21	78 972	52 758	131 730
22	41 675	29 253	70 928
23	24 543	20 273	44 816
24	17 165	15 528	32 693
25	12 009	11 894	23 903
Insgesamt*	**962 214**	**885 845**	**1 848 059**

* einschließlich ohne Angabe

erteilt. Die genaue Berechnung der Probezeit richtet sich dabei nach den Regelungen, die bereits im Bürgerlichen Gesetzbuch (BGB) ihre Anwendung finden (§ 187 Abs. 1). Danach wird, wenn für den Anfang einer Frist ein Ereignis oder ein in den Lauf des Tages fallender Zeitpunkt maßgebend ist, bei der Berechnung der Frist der Tag nicht mitgezählt, in welchen das Ereignis fällt. Damit wird vermieden, dass Bruchteile von Tagen für die Fristberechnung berücksichtigt werden müssen. Diese Regelung erscheint zweckmäßig, da das Gesetz für den Anfang der Probezeit nicht den Anfang des Tages der Erteilung, sondern den Zeitpunkt der Erteilung bestimmt. Dieser fällt unzweifelhaft immer in den Lauf des Tages.

BEISPIEL

Wurde die Fahrerlaubnis der Klasse B am 11. Februar 2001 erteilt, endet die Probezeit auch am 11. Februar 2003.

Die Probezeit verlängert sich auf vier Jahre, wenn die Anordnung zu einem Aufbauseminar erfolgt (§ 2a Abs. 2a StVG). Dies gilt auch, wenn die Probezeit zwischenzeitlich abgelaufen war und die Anordnung zum Aufbauseminar erst danach erfolgen kann.

10 Quelle: www.kba.de

BEISPIEL

Die Probezeit einer am 27. März 2002 erteilten Fahrerlaubnis endet am 27. März 2004. Der Inhaber begeht am 17. Februar 2004 eine schwer wiegende Zuwiderhandlung. Die Rechtskraft der Verurteilung tritt am 17. Mai 2004 ein; die Mitteilung über diesen Verstoß erhält die Fahrerlaubnisbehörde am 31. Mai 2004. Mit der Anordnung zu einem Aufbauseminar vom 10. Juni 2004 verlängert sich die Probezeit auf vier Jahre. Sie endet jetzt am 27. März 2006.

Auch der Verzicht auf die Fahrerlaubnis, der in Kenntnis der drohenden Anordnung als möglicher Ausweg angesehen wird, nützt dem Fahranfänger nichts. Die Probezeit verlängert sich auch um zwei Jahre, wenn die Anordnung nur deshalb nicht erfolgen konnte, weil die Fahrerlaubnis entzogen worden ist oder auf sie zwischenzeitlich verzichtet wurde.

Sollte ein Bewerber zuerst die Klassen M, S, L und T erwerben, die nicht den Regelungen der Probezeit unterliegen, beginnt die Probezeit erst bei der Erweiterung der Fahrerlaubnis auf eine andere als die genannten Klassen. Der Zeitpunkt des Anfangs der Probezeit ist dabei immer die Erteilung der Fahrerlaubnis – also die Aushändigung des Führerscheins durch den amtlich anerkannten Prüfer oder die Fahrerlaubnisbehörde. Gleiches gilt für den Fall, dass nur eine „befristete Prüfungsbescheinigung" nach § 22 Abs. 4 FeV ausgehändigt werden kann. Auch wenn das konkrete Datum des Ablaufs der Probezeit nicht direkt auf dem Führerschein ablesbar ist (diese Möglichkeit fiel mit der Einführung des europäisch normierten Kartenführerscheins weg), ist es für den Betroffenen dennoch errechenbar: Zumindest bei der erstmaligen Erteilung einer der Probezeit unterliegenden Fahrerlaubnisklasse ist auf dem Führerschein in Feld 14 das Aushändigungs- und somit das Erteilungsdatum vermerkt.

Für die Fahrerlaubnisbehörden ist die Dauer der Probezeit jederzeit abrufbar, da im Zentralen Fahrerlaubnisregister beim Kraftfahrt-Bundesamt ein sog. Fahranfängerregister eingerichtet wurde. Die dort vorhandenen Daten werden für die Dauer der Probezeit zuzüglich eines Jahres gespeichert. Diese sog. Überliegefrist ist erforderlich, da zwischen dem Zeitpunkt des Begehens der Tat und der Eintragung der rechtskräftigen Verstöße im Verkehrszentralregister bis zu einem Jahr vergehen kann. Entscheidend für die Frage, ob eine Maßnahme nach dem System der Fahrerlaubnis auf Probe ergriffen werden kann, ist jedoch allein der Tattag des Begehens des Verstoßes. Anders als im Punktsystem wurde im System der Fahrerlaubnis auf Probe eine eindeutige gesetzliche Regelung geschaffen, die keinen Spielraum für andere Auslegungen bietet. Mithilfe der Überliegefrist können somit auch Verstöße zur Anordnung von Maßnahmen führen, deren Begehung *vor* dem Ablauf der Probezeit liegt, deren Rechtskraft jedoch *nach* dem Ablauf der Probezeit eintritt.

Hemmung der Probezeit

Sollte es infolge eines Verstoßes bereits zu einer Beschlagnahme, Sicherstellung oder Verwahrung des Führerscheins nach § 94 StPO, einer vorläufigen Entziehung der Fahrerlaubnis nach § 111a StPO oder Anordnung der sofortigen Vollziehung der Fahrerlaubnis durch eine Behörde nach § 80 Abs. 2 Nr. 4 VwGO kommen, ist der weitere Ablauf der Probezeit gehemmt (§ 2a Abs. 1 StVG). Die Probezeit ist unterbrochen, da sich der Fahranfänger während dieser Zeit nicht bewähren kann. Sollte es sogar zum Entzug der Fahrerlaubnis kommen oder der Fahranfänger auf seine Fahrerlaubnis verzichten, endet die Probezeit. Im Falle einer Neuerteilung der Fahrerlaubnis wird von der Behörde die Restprobezeit berechnet. Dabei findet nur die Zeit bis zur vorläufigen Maßnahme, also bis zur Beschlagnahme, Sicherstellung oder Verwahrung, einer vorläufigen Entziehung etc. Berücksichtigung. Wird die Neuerteilung von der Teilnahme an einem Aufbauseminar abhängig gemacht, verlängert sich die Probezeit um zwei Jahre.

BEISPIEL

Die Probezeit einer am 23.8.2002 erteilten Fahrerlaubnis endet am 23.8.2004. Am 14.2.2003 begeht der Inhaber eine Zuwiderhandlung, die zunächst zu einer Beschlagnahme des Führerscheins und in der Folge zu einer vorläufigen Entziehung der Fahrerlaubnis nach § 111a StPO führt. Die rechtskräftige Entziehung nach § 69 Abs. 2 Nr. 1 StGB erfolgt am 17.5.2003. Mit Neuerteilung der Fahrerlaubnis am 14.1.2004 beginnt die Restprobezeit zu laufen. Sie endet am 23.7.2005.

Dem Ergebnis liegt folgende Berechnung zugrunde:

Erteilungsdatum 23.8.2002	=	Beginn der Probezeit 23.8.2002
	=	eigentliches Ende der Probezeit 23.8.2004
§ 111a Beschluss 14.2.2003	=	absolvierte Probezeit bis dahin 5 Monate und 21 Tage
	=	verbleibende Restprobezeit 18 Monate und 9 Tage (bei Berechnung 30 Tage pro Monat)
Neuerteilung 14.1.2004	=	Ende der Probezeit: 23.7.2005

Da es sich bei Verstößen, die nach § 69 Abs. 2 Nr. 1 StGB (Gefährdung des Straßenverkehrs nach § 315c StGB) um einen Verstoß nach A handelt, muss vor der Neuerteilung der Fahrerlaubnis der Nachweis der Teilnahme an einem Aufbauseminar erbracht sein. In der Folge verlängert sich die Probezeit um zwei Jahre. Der tatsächliche Ablauf der Probezeit ist also der 23.7.2007 um 24.00 Uhr.

Freiwillige Fortbildung (Zweite Phase der Fahrausbildung)

Seit Inkrafttreten der Verordnung über die freiwillige Fortbildung von Inhabern einer Fahrerlaubnis auf Probe (Fahranfängerfortbildungsverordnung – FreiwFortbV) am 24. Mai 2003 (BGBl I, S. 709) – der so genannten Zweiten Phase der Fahrausbildung – ist es Inhabern einer Fahrerlaubnis der Klasse B (Pkw) oder BE (Pkw mit Anhänger) grundsätzlich möglich, ihre Probezeit durch die Teilnahme an einem Seminar um ein Jahr zu verkürzen. Da die Beteiligung der Bundesländer an diesem Modellversuch freiwillig ist, ist es für die Möglichkeit der Teilnahme entscheidend, dass die Inhaber der Fahrerlaubnis ihren ordentlichen Wohnsitz in einem Bundesland haben, das auch teilnimmt.[11]

Zur Teilnahme sind Inhaber einer Fahrerlaubnis auf Probe berechtigt, deren Probezeit noch nicht abgelaufen ist und die am Tag des Beginns des Seminars mindestens sechs Monate im Besitz der Klasse B oder BE sind. Die Fortbildungsseminare bestehen aus drei Gruppensitzungen bei einem Fahrlehrer zu je 90 Minuten, einer Übungs- und Beobachtungsfahrt durch den Fahrlehrer mit jeweils zwei oder drei Teilnehmern und einer Fahrzeit von 60 Minuten je Teilnehmer und praktischen Sicherheitsübungen für Fahranfänger von 240 Minuten („halber Tag") auf einem Verkehrsübungsplatz.

Seminarleiter

Die Gruppensitzungen sowie Übungs- und Beobachtungsfahrten dürfen nur von Fahrlehrern,

- die Inhaber einer Seminarerlaubnis nach § 31 Abs. 1 FahrlG für Seminare nach § 2a StVG sind und
- an einem mindestens zweitägigen Einweisungslehrgang zur Durchführung des Fortbildungsseminars für Inhaber der Fahrerlaubnis auf Probe teilgenommen haben,

durchgeführt werden. Bei Erfüllung dieser Voraussetzungen gilt der Fahrlehrer als amtlich anerkannt. Einer formellen Anerkennung bedarf es nicht.

Die praktischen Sicherheitsübungen dürfen nur von Moderatoren durchgeführt werden, die

- über entsprechende Erfahrungen in der Durchführung von Pkw-Verkehrssicherheitstrainings verfügen,

11 Derzeit ist die Teilnahme in 13 Bundesländern – mit Ausnahme von Niedersachsen, Mecklenburg-Vorpommern und Schleswig-Holstein – möglich

- einem nach der Norm DIN EN ISO 9001:2000-12 zertifizierten Qualitätsmanagementsystem unterliegen,
- an einem eintägigen, besonderen Einweisungslehrgang in die praktischen Sicherheitsübungen teilgenommen haben.

Gruppensitzungen

In den Gruppensitzungen sollen die Erfahrungen, Probleme und Schwierigkeiten von Fahranfängern bei der Teilnahme am Straßenverkehr erörtert und die Erfahrungen aus den praktischen Kursteilen aufgearbeitet werden, um das Risikobewusstsein der Teilnehmer zu fördern und die Fähigkeit zur Gefahrenerkennung und -vermeidung zu verbessern. Dazu sollen insbesondere

- Berichte über Fahrerlebnisse,
- typische sowie fahranfängerspezifische Gefahrensituationen, Unfallursachen und Unfallfolgen,
- vorausschauendes Fahren, und die Vorhersehbarkeit des Verhaltens anderer Verkehrsteilnehmer,
- Auswirkungen von Emotionen und Umwelteinflüssen auf das Fahren,
- Beeinflussung des Fahrverhaltens durch Alkohol und Drogen,
- Beeinflussung des Fahrverhaltens durch Mitfahrer,
- Erlebnisse sowie Ergebnisse der Übungs- und Beobachtungsfahrten sowie der praktischen Sicherheitsübungen,
- der Umgang mit Verkehrsregeln,
- Strategien zu dauerhaftem sicheren Fahren,
- die Notwendigkeit von Sicherheitsreserven bei Geschwindigkeit und Abstand sowie weitere Übungs- und Trainingsangebote besprochen werden.

Übungs- und Beobachtungsfahrt

In der Übungs- und Beobachtungsfahrt sollen die Teilnehmer durch den Vergleich verschiedener Fahrstile, durch Rückmeldung der Beobachtungen ihres Fahrverhaltens durch die mitfahrenden Teilnehmer und den Fahrlehrer sowie durch die Möglichkeit des Übens von Situationen, die sie für besonders schwierig halten, sicheres und verantwortungsvolles Fahrverhalten üben und die diesbezüglichen Kenntnisse vertiefen.

In den praktischen Sicherheitsübungen sollen die Teilnehmer außerhalb des Straßenverkehrs

- praktische Erfahrungen mit problematischen Fahrsituationen machen,
- erleben, wie insbesondere geringfügige oder schwer erkennbare Veränderungen einzelner Fahrbedingungen erheblichen Einfluss auf die Beherrschung des Fahrzeugs haben,

- ihre Selbsteinschätzung sowie ihre Einschätzung zu den Einflüssen verschiedener Fahrbahnzustände und Fahrzeugausstattungen sowie verschiedener Zusatzbelastungen, insbesondere laute Musik und Gespräche, auf das Fahrverhalten kritisch überprüfen,
- Unterschiede im Fahrverhalten der Teilnehmer und deren Fahrzeuge erkennen und
- die Bedeutung und Grenzen der korrekten Handhabung der Bedienelemente unter verschiedenen Bedingungen erfahren.

Praktische Sicherheitsübungen

Die praktischen Sicherheitsübungen müssen den Zusammenhang zwischen Sitzposition und Bremsen sowie Sitzposition und Kurvenfahren darstellen. Während der praktischen Sicherheitsübungen müssen Bremsübungen aus verschiedenen Geschwindigkeiten bei griffiger und glatter Fahrbahn, auf Geraden, nach Möglichkeit auch in Kurven und möglichst mit und ohne Antiblockiersystem durchgeführt werden. Dabei ist das Einschätzen von Bremswegen und Bremszeitpunkt, das Erkennen von Restgeschwindigkeiten, Einfluss von Reifenzustand, Stoßdämpfern und elektronischen Fahrhilfen, Einfluss von Fahrzeugbesetzung und -beladung zu üben. Bremsübungen sollen sowohl bei einer Besetzung nur mit dem Fahrzeugführer allein als auch bei einer Besetzung mit weiteren Mitfahrern erfolgen. Die praktischen Sicherheitsübungen sollen zusätzlich Kurven- und Kreisfahrten vorsehen.

1.2 Maßnahmekatalog der Fahrerlaubnisbehörden bei Zuwiderhandlungen

In seiner Bewährungszeit unterliegt der Fahranfänger besonderen Maßnahmen, die in einem gestuften Verfahren von der Anordnung eines Aufbauseminars bis zur Entziehung der Fahrerlaubnis durch die Fahrerlaubnisbehörde reichen. Sie sind in § 2a StVG geregelt. Erwartet wird, dass der Fahranfänger während seiner Bewährung keine im Verkehrszentralregister eintragungspflichtigen Verstöße – also Verstöße ab 40 Euro – begeht. Tut er dies dennoch und liegen somit rechtskräftige Eintragungen im Verkehrszentralregister vor, werden die Daten mit dem Fahranfängerregister abgeglichen. Liegt ein Verstoß vor, der zur Anordnung von Maßnahmen nach § 2a StVG führen kann, übersendet das Kraftfahrt-Bundesamt (KBA) eine Mitteilung aus dem Verkehrszentralregister an die für den Wohnort des Inhabers der Fahrerlaubnis auf Probe örtlich zuständige Fahrerlaubnisbehörde (§ 2c StVG), die dann die notwendige Maßnahme anordnet.

HINWEIS

Für die Einordnung der Fahrerlaubnis auf Probe in das Fahrerlaubnisrecht ist ferner von Bedeutung, dass auch während der laufenden Probezeit dem Inhaber die Fahrerlaubnis – außerhalb des Systems der Fahrerlaubnis auf Probe – entzogen werden kann, wenn er sich als ungeeignet erweist. Als Grundlage dienen dabei Zuwiderhandlungen, die diese Annahme rechtfertigen. Regelmäßig wird die Fahrerlaubnisbehörde in diesen Fällen jedoch zunächst die Beibringung eines medizinisch-psychologischen Gutachtens anordnen, um die bestehenden Zweifel an der Eignung zu klären.

Bei der Bewertung der Straftaten und Ordnungswidrigkeiten im Rahmen der Fahrerlaubnis auf Probe gilt es zunächst, zwischen schwer wiegenden und weniger schwer wiegenden Verstößen zu unterschieden. Sie sind in der Anlage 12 zu § 34 FeV katalogisiert.

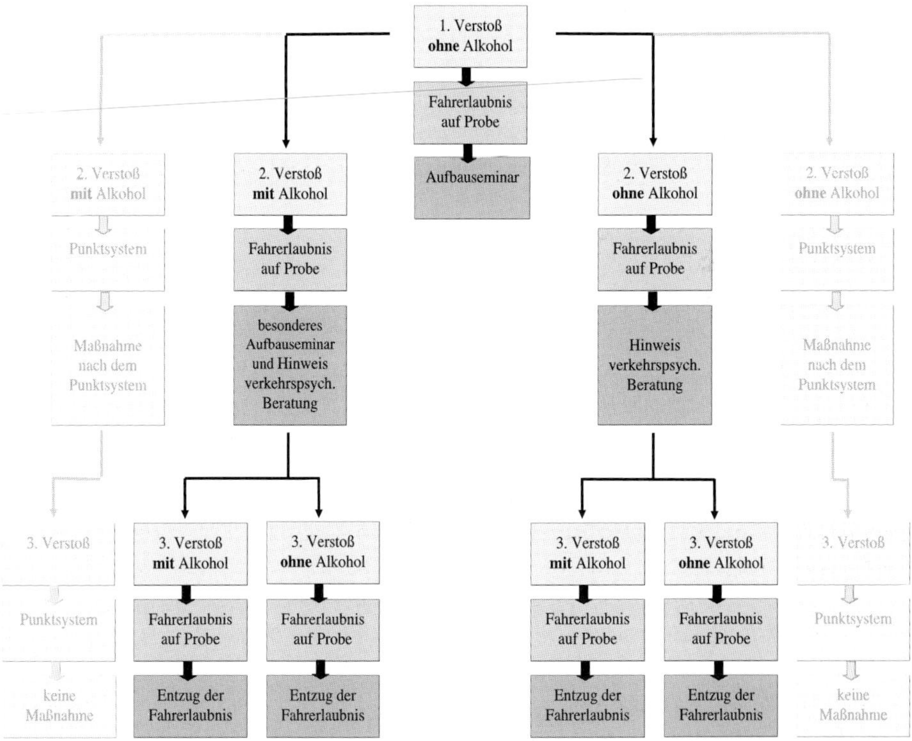

Maßnahmenfolge Fahrerlaubnis auf Probe → erster Verstoß ohne Alkohol

Stufe 1: Anordnung eines Aufbauseminars

Ist gegen den Inhaber einer Fahrerlaubnis wegen einer innerhalb der Probezeit begangenen Straftat oder Ordnungswidrigkeit eine rechtskräftige Entscheidung ergangen, wird diese in das Verkehrszentralregister eingetragen. Hiervon wird die Fahrerlaubnisbehörde unterrichtet. Auch wenn die Probezeit zwischenzeitlich abgelaufen ist, wird als erste Stufe, bei einer schwer wiegenden Auffälligkeit oder zwei weniger schwer wiegenden Auffälligkeiten, die Teilnahme an einem Aufbauseminar nach § 2a Abs. 2 Nr.1 StVG angeordnet. Auch wenn der Wortlaut nur den Begriff „Aufbauseminar" verwendet, ist doch zwischen einem Aufbauseminar und einem „besonderen" Aufbauseminar zu unterscheiden (§ 2b Abs. 2 StVG). Während sich das Aufbauseminar an Fahranfänger richtet, die allgemein gegen verkehrs- oder strafrechtliche Bestimmungen verstoßen haben, richtet sich das „besondere" Aufbauseminar an Fahranfänger, die, auch wenn sie noch andere Verkehrszuwiderhandlungen begangen haben, *einen* Verstoß unter Einfluss von Alkohol oder

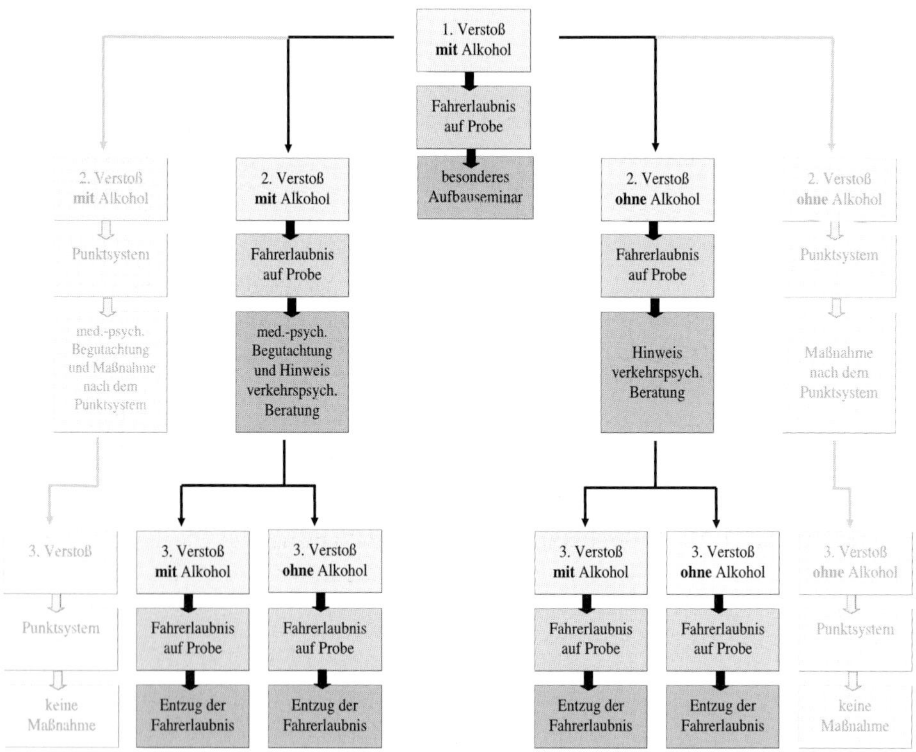

Maßnahmenfolge Fahrerlaubnis auf Probe → erster Verstoß mit Alkohol

HINWEIS

Alkoholverbot für Fahranfänger

Mit der am 1. August 2007 in Kraft getretenen Änderung kommt es erstmals zu einem Alkoholverbot für Fahranfänger. Ergebnisse des EU-Projekts SARTRE hatten gezeigt, dass ein solches Signal durch ein Alkoholverbot für Fahranfänger und Fahranfängerinnen auf hohe Akzeptanz stößt [G. M. Sardi & C. Evers, 2004]. Fahranfänger und Fahranfängerinnen brauchen das klare und verständliche Signal, dass „Fahren und Trinken" nicht zu vereinbaren sind.

Durch die Einfügung des § 24c Abs. 1 StVG wird ein besonderes Alkoholverbot für Fahranfänger und Fahranfängerinnen eingeführt. Dieses gilt für die Dauer der Probezeit bzw. bis zur *Vollendung des 21. Lebenjahres.* Ziel ist es, dass sie ein Kraftfahrzeug nur in nicht alkoholisiertem Zustand führen. § 24c StVG untersagt den Alkoholgenuss während des Führens eines Kraftfahrzeugs absolut. Auch wer vor der Fahrt Alkohol getrunken hat, darf die Fahrt nicht antreten, wenn er noch unter der Wirkung von alkoholischen Getränken steht. Auf die Frage, ob im Einzelfall die Fahrsicherheit des Betroffenen beeinträchtigt war, kommt es dabei nicht an.[12]

Da diese Regelung auf den Konsum „alkoholischer Getränke" abstellt, ist die Einnahme alkoholhaltiger Medikamente oder Lebensmittel von dem Verbot ausgenommen. Die Einnahme von Arzneimitteln (Hustensäften, Tinkturen und ähnlichen Mitteln) und der Genuss alkoholhaltiger Süßwaren (z. B. Weinbrandbohnen) erfüllt folglich den Tatbestand nicht.

Verstöße gegen das Alkoholverbot werden mit einem Bußgeld von in der Regel 125 Euro, zwei Punkten im Verkehrszentralregister und einer Verpflichtung zur Teilnahme an einem besonderen Aufbauseminar geahndet, da sie nach Anlage 12 zu § 34 FeV als Verstoß nach A bewertet wird. Außerdem verlängert sich die Probezeit um weitere zwei Jahre.

anderen berauschenden Mitteln begangen haben. Nachfolgende Zuwiderhandlungen führen zur Anordnung eines besonderen Aufbauseminars nach § 2b Abs. 2 StVG i. V. m. § 36 FeV:

1. § 315c Abs. 1 Nr. 1 Buchstabe a StGB (Gefährdung des Straßenverkehrs, infolge des Genusses von Alkohol oder anderer berauschender Mittel)
2. § 316 StGB (Trunkenheit im Straßenverkehr)
3. § 323a StGB (Vollrausch)
4. § 24a StVG (0,5 Promille/Einfluss berauschender Mittel)
5. § 24c StVG (Alkoholverbot für Fahranfänger).

12 BR-Drs 124/07

Grundlage für die Fahrerlaubnisbehörden bilden dabei ausschließlich rechtskräftige Entscheidungen, an die sie gebunden sind. Sie haben kein Ermessen.

Unabhängig von der Art des Aufbauseminars werden bereits im Rahmen der schriftlichen Anordnung die dem Betroffenen zur Last gelegten Auffälligkeiten angegeben. Die Aufforderung zur Vorlage der Teilnahmebescheinigung erfolgt unter Setzung einer angemessenen Frist. Die Erfahrungen der letzten Jahre haben gezeigt, dass für die Vorlage bei der Fahrerlaubnisbehörde zwei Monate als ausreichend anzusehen sind. Gleichzeitig wird der Betroffene darauf hingewiesen, dass die Verpflichtung zur rechtzeitigen Teilnahme ihm obliegt. Die Anmeldung bei einer Fahrschule oder, im Falle eines besonderen Aufbauseminars, beim Seminaranbieter ohne Wissen um den Beginn des Aufbauseminars reicht als Grund für eine Fristverlängerung nicht aus.

HINWEIS

Fahrprobe während Fahrverbot

Problematisch scheint bezüglich der Fristsetzung die Situation für Inhaber einer Fahrerlaubnis, bei denen im Zusammenhang mit ihrem Verstoß ein Fahrverbot verhängt wurde. In den meisten Fällen weiß die anordnende Fahrerlaubnisbehörde nicht, ob das Fahrverbot bereits angetreten wurde oder nicht. Gleichwohl ist der Betroffene verpflichtet, im Rahmen des Aufbauseminars zwischen der ersten und der zweiten Sitzung an einer Fahrprobe teilzunehmen (§ 35 Abs. 1 FeV). Fällt nun in diesen Zeitraum der Vollzug des Fahrverbotes, so ist es ihm nicht möglich, das Fahrzeug selbst zu führen. Auch § 2 Abs. 15 StVG, nach dem der Fahrlehrer als Führer des Fahrzeugs gilt, greift nicht, da es sich um eine Fahrprobe und nicht um eine Fahrt zur Begutachtung der Eignung handelt. Eine § 2b Abs. 3 StVG vergleichbare Regelung, nach der sogar Teilnehmer an einem Aufbauseminar teilnehmen können, die nicht Inhaber einer Fahrerlaubnis sind – denen also die Fahrerlaubnis entzogen wurde – fehlt hier. Diese Rechtsfolge ist mit der Intention des Gesetzgebers nur schwer vereinbar. In seinen allgemeinen Ausführungen zum StVG[13] vertritt der Gesetzgeber die Auffassung, dass es im öffentlichen Interesse liegt, dass Fahranfänger, die durch Verkehrsverstöße auffällig geworden sind, alsbald nach einem Verkehrsverstoß korrigiert werden. Ein möglichst enger zeitlicher Zusammenhang zwischen Verkehrsverstoß und Aufbauseminar ist deshalb von erheblicher Bedeutung für die Wirksamkeit des Seminars. Eine Auffassung, der aus psychologischer Sicht zuzustimmen ist. Deshalb erscheint eine diesbezügliche Ergänzung von § 2 Abs. 15 StVG geboten.

13 BR-Drs 821/96

Ferner werden in der Anordnung die Folgen für den Fortbestand der Fahrerlaubnis aufgezeigt, wenn die Teilnahme nicht rechtzeitig nachgewiesen wird.

Kommt der Inhaber der Fahrerlaubnis einer vollziehbaren Anordnung durch Vorlage der Teilnahmebescheinigung in der festgesetzten Frist nicht nach, ist die Fahrerlaubnis nach § 2a Abs. 3 StVG zu entziehen.

Stufe 2: Schriftliche Verwarnung und Empfehlung der Teilnahme an einer verkehrspsychologischen Beratung

Wird vom Inhaber einer Fahrerlaubnis, der ja bereits an einem (besonderen) Aufbauseminar teilgenommen hat, während der nunmehr infolge der Anordnung des Aufbauseminars vierjährigen Probezeit eine weitere schwer wiegende Auffälligkeit oder zwei weitere weniger schwer wiegende Auffälligkeiten nach Anlage 12 zur FeV begangen, erfolgt als zweite Stufe eine schriftliche gebührenpflichtige Verwarnung und die gesetzlich geregelte Empfehlung, innerhalb von zwei Monaten an einer verkehrspsychologischen Beratung teilzunehmen (§ 2a Abs. 2 Nr. 2 StVG in Verbindung mit § 41 Abs. 3 FeV).

Voraussetzung ist auch in diesem Fall zunächst die Übersendung einer Mitteilung aus dem Verkehrszentralregister an die für den Wohnort des Inhabers der Fahrerlaubnis auf Probe örtlich zuständige Fahrerlaubnisbehörde (§ 2c StVG). Auch hier bilden ausschließlich rechtskräftige Entscheidungen die Grundlage für die notwendige Maßnahme. An sie ist die Fahrerlaubnisbehörde gebunden, sie hat kein Ermessen.

HINWEIS

Sollte es sich bei der erneuten Zuwiderhandlung um einen Verstoß unter Einfluss von Alkohol oder berauschender Mittel handeln, hat die Fahrerlaubnisbehörde auch nach bereits erfolgter Teilnahme an einem Aufbauseminar für Fahranfänger die Teilnahme an einem besonderen Aufbauseminar anzuordnen. Dies ergibt sich aus der in § 4 Abs. 1 Satz 3 StVG gewählten Formulierung. Auch wenn in diesem Paragraphen eigentlich das Punktsystem geregelt wird, beschreibt er doch auch das Nebeneinander der beiden Systeme. Es ist vom Gesetzgeber gerade beabsichtigt, dass Fahranfängern infolge ihrer besonderen Situation beide Seminare zugute kommen.

Einziger Wehrmutstropfen für den Betroffenen bleibt, dass sein Punktestand nicht reduziert wird. Diese Möglichkeit besteht nur bei der freiwilligen Teilnahme an Maßnahmen.

HINWEIS

Nimmt der Betroffene innerhalb der ihm gesetzten Frist an der verkehrspsychologischen Beratung teil und legt er die Teilnahmebescheinigung innerhalb von drei Monaten vor, werden zwei Punkte abgezogen (§ 4 Abs. 4 Satz 2 StVG). Wird die Bescheinigung nicht innerhalb von drei Monaten nach Beendigung vorgelegt, erfolgt kein Punktabzug.

Stufe 3: Die Entziehung der Fahrerlaubnis

Voraussetzung ist auch in diesem Fall zunächst die Übersendung einer Mitteilung aus dem Verkehrszentralregister an die für den Wohnort des Inhabers der Fahrerlaubnis auf Probe örtlich zuständige Fahrerlaubnisbehörde (§ 2c StVG). Sofern diese Mitteilung erneut eine weitere schwer wiegende Auffälligkeit oder zwei weitere weniger schwer wiegende Auffälligkeiten nach Anlage 12 FeV beinhaltet, ist die Fahrerlaubnis zu entziehen. Auch hier bilden die Grundlage für die Entscheidung der Fahrerlaubnisbehörde ausschließlich rechtskräftige Entscheidungen, an die sie gebunden ist. Sie hat kein Ermessen. Die Sperrfrist für die Neuerteilung der Fahrerlaubnis beträgt drei Monate. Die Frist beginnt mit der Ablieferung des Führerscheins. Widerspruch und Anfechtungsklage gegen den Entzug der Fahrerlaubnis haben keine aufschiebende Wirkung (§ 2a Abs. 6 StVG).

1.3 Neuerteilung der Fahrerlaubnis und Maßnahmen bei Begehen weiterer Verstöße

Ist eine Fahrerlaubnis entzogen worden, weil einer Anordnung zur Teilnahme an einem Aufbauseminar nicht nachgekommen wurde, darf eine neue Fahrerlaubnis unbeschadet der übrigen Voraussetzungen nur erteilt werden, wenn der Antragsteller nachweist, dass er an einem Aufbauseminar teilgenommen hat.

Gleiches gilt, wenn die Fahrerlaubnis wegen einer Vielzahl von innerhalb der Probezeit begangener Verstöße nach § 2a Abs. 2 Nr. 3 StVG durch eine Fahrerlaubnisbehörde oder wegen eines Verstoßes nach § 69 oder § 69b des StGB durch ein Strafgericht entzogen wurde.

Maßnahmen nach Neuerteilung

Begeht der Inhaber einer Fahrerlaubnis auf Probe nach der Neuerteilung der Fahrerlaubnis erneut eine weitere schwer wiegende Auffälligkeit oder zwei weitere weniger schwer wiegende Auffälligkeiten nach Anlage 12 FeV, finden die bisherigen Stufen des Systems der Fahrerlaubnis auf Probe keine weitere Anwendung. Vielmehr muss die Fahrerlaubnisbehörde Zweifel an der Eignung zum Führen von Kraftfahrzeugen hegen und wird den Betroffenen in der Regel zur Beibringung eines medizinisch-psychologischen Gutachtens auffordern.

2 Das Punktsystem

2.1 Allgemeine Grundsätze

Das derzeitige Punktsystem findet seinen Ursprung in einer seit dem 1. Mai 1974 geltenden Allgemeinen Verwaltungsvorschrift zum damaligen § 15b StVZO. Es hatte das Ziel einer einheitlicheren Behandlung von Verkehrsteilnehmern, die mehrfach gegen die geltenden verkehrsrechtlichen Bestimmungen verstoßen haben. Deshalb war und ist es heute noch vielen unter dem Begriff „Mehrfachtäterpunktsystem" bekannt. Die Gleichbehandlung der Betroffenen sollte durch eine einheitliche Bepunktung der Verkehrszuwiderhandlungen sowie durch einen einheitlichen Maßnahmenkatalog gewährleistet werden. Es sollte außerdem durch general- und spezialpräventive Wirkung zu einer Verbesserung der Verkehrssicherheit beitragen.[14]

Die neue Systematik des Punktsystems unterscheidet sich erheblich von den bis zum 31. Dezember 1998 gültigen Maßnahmen des Mehrfachtäterpunktsystems. Sie ist getragen von der seit 1974 gewonnen Erkenntnis, dass bei vielen Mehrfachpunktetätern die Ursache ihres häufigen Fehlverhaltens und der überdurchschnittlichen Unfallbelastung weniger in der mangelnden Kenntnis der Verkehrsvorschriften und/oder unzureichenden Beherrschung des Fahrzeugs zu suchen ist.[15]

Die Gründe liegen vielmehr in einer falschen Einstellung zum Straßenverkehr, einer fehlerhaften Selbsteinschätzung und einer erhöhten Risikobereitschaft. Vor diesem Hintergrund wurden aufeinander aufbauend verkehrserzieherische Hilfestellungen, wie das Aufbauseminar, gepaart mit psychoedukativen Maßnahmen, wie der verkehrspsychologischen Beratung, eingeführt. Ergänzend wurde ein Bonussystem entwickelt, das durch die Teilnahme an diesen Maßnahmen seine Wirkung entfaltet. Auch wenn es nach Auffassung ver-

14 BR-Drs 821/96
15 BR-Drs 821/96

schiedener Gruppen Berufs- und Vielfahrer benachteiligen soll und als teilweise unausgewogen angesehen wird, hat es sich sowohl in der Verwaltungspraxis als auch im Bewusstsein der Kraftfahrer zu einem wichtigen Instrument der Verkehrssicherheitsarbeit entwickelt.

Diese präventive Wirkung wird auch durch einen Blick in die Statistik deutlich: Von geschätzten 50 Millionen Inhabern einer Fahrerlaubnis in der Bundesrepublik Deutschland waren zum 1.1.2006 nur rund 78 000 Personen oder 0,16 % mit mehr als 14 Punkten im Verkehrszentralregister beim Kraftfahrt-Bundesamt registriert, davon hatten ca. 10 000 Personen 17 Punkte. Etwa 6 Mio. der etwas über 8 Mio. im Bestand befindlichen Personen hatten 1 bis 4 Punkte.[16]

HINWEIS

Das Ordnungswidrigkeiten- und Strafverfahren verfolgt einen anderen Zweck der Sanktion. Daher darf aus der Einstellung des Straf- oder Ordnungswidrigkeitenverfahrens nicht geschlossen werden, dass der Betroffene geeignet ist. Es erfolgt lediglich ein Verzicht auf den staatlichen Strafanspruch. Die Bindungswirkung nach § 3 Abs. 4 Satz 1 StVG setzt voraus, dass das Strafgericht ausdrücklich die Ungeeignetheit des Betroffenen zum Führen von Kraftfahrzeugen verneint hat [Zwerger, 2005].

Das Punktsystem wird quasi umringt von den Regelungen der Fahrerlaubnis auf Probe und denen bezüglich der Entziehung der Fahrerlaubnis. Es ist daher für die rechtliche Einordnung von Bedeutung, wenn der Gesetzgeber regelt, dass das Punktsystem keine Anwendung findet, wenn sich die Notwendigkeit früherer oder anderer Maßnahmen, insbesondere der Entziehung der Fahrerlaubnis, ergibt. Erweist sich folglich jemand als ungeeignet oder als nicht befähigt zum Führen von Kraftfahrzeugen, ist ihm die Fahrerlaubnis zu entziehen, ohne dass es von Belang ist, welche Maßnahme nach dem Punktsystem gerade ergriffen werden müsste. Der Entzug ist in vollem Umfang durch Gerichte prüfbar. Der Führerscheinentzug wegen fehlender charakterlicher Zuverlässigkeit hat ordnungsrechtlichen Charakter und dient der (vorbeugenden) Abwehr von Gefahren für die öffentliche Sicherheit und Ordnung.

16 Quelle: www.kba.de

Verkehrszentralregister

Im Verkehrszentralregister werden nur solche Zuwiderhandlungen erfasst, die mit Punkten bewertet wurden (§ 28 Abs. 3 Nr. 1 bis 3 StVG). Dabei handelt es sich u. a. um unanfechtbare oder sofort vollziehbare Entscheidungen der Verwaltung, Ordnungswidrigkeiten sowie rechtskräftige Entscheidungen von Gerichten. Die so im Verkehrszentralregister zu erfassenden Straftaten und Ordnungswidrigkeiten werden nach Art und Schwere gewichtet, nach bestimmten Fristen gelöscht und nach Anlage 13 zu § 40 FeV mit 1 bis 7 Punkten bewertet. Ferner werden bestimmte Maßnahmen im Bereich des Punktsystems und der Fahrerlaubnis auf Probe, wie etwa die Teilnahme am Aufbauseminar oder der verkehrspsychologischen Beratung, gespeichert.

Aufgabe des Kraftfahrt-Bundesamtes ist es, das Verkehrszentralregister zu führen. Informationen über den Punktestand erhält die Fahrerlaubnisbehörde erstmals bei Erreichen eines Punktestandes von 8 Punkten. Unabhängig von dem sich anschließenden behördlichen Verfahren steht es natürlich jedem Betroffenen frei, sich persönlich über seinen aktuellen Punktestand zu informieren. Hierzu kann er eine Anfrage schriftlich an das Kraftfahrt-Bundesamt, 24932 Flensburg richten.

Nach einem Urteil des Bundesverwaltungsgerichts aus dem Jahr 1987[17], das nach wie vor Gültigkeit besitzt, hat das Kraftfahrt-Bundesamt aufgrund der erfassten Entscheidungen den Punktestand eines Kraftfahrzeugführers zu ermitteln und von bestimmten Schwellenwerten an die Fahrerlaubnisbehörden zu unterrichten. Erst diese entscheiden, ob und ggf. welche Maßnahmen gegen den Fahrerlaubnisinhaber zu ergreifen sind; dabei müssen sie auch die Richtigkeit der Punktewertung eigenständig überprüfen.

Tateinheit/Tatmehrheit

Von weiterer grundlegender Bedeutung für die Anwendung des Punktsystems sind die Regelungen zur Frage des Umgangs mit Zuwiderhandlungen, die in „Tateinheit" oder „Tatmehrheit" begangen wurden. Nach § 4 Abs. 2 Satz 2 StVG wird, wenn durch *eine* Handlung mehrere Zuwiderhandlungen begangen wurden, nur die mit der höchsten Punktzahl berücksichtigt. Bei dieser in Tateinheit begangenen Zuwiderhandlung werden die einzelnen Zuwiderhandlungen also nicht addiert. Es ergeht nur ein Bußgeldbescheid. Sollten sich jedoch innerhalb eines Tages mehrere Verstöße ereignen, die jeweils mit einem eigenen Bußgeldbescheid geahndet werden, werden diese

17 Urteil BVerwG vom 20.5.1987; Az.: 7 C 83.84

durch die Bußgeldbehörde als Tatmehrheit gewertet. Damit fließt jeder einzelne Verstoß mit seiner Punktbewertung in das Punktsystem ein.

Freiwillige Maßnahmen

Jeder Betroffene hat auch die Möglichkeit, bereits vor Erreichen der Punktschwelle von 8 Punkten und somit vor dem Eingreifen der Fahrerlaubnisbehörde freiwillig an einem Aufbauseminar teilzunehmen. Gleiches gilt für die Teilnahme an einem besonderen Aufbauseminar, sofern der Betroffene eine Zuwiderhandlung nach den §§ 315c Abs.1 Nr.1 Buchstabe a, 316, 323a des StGB oder §§ 24a, 24c StVG begangen hat. Auch über die freiwillige Teilnahme an einem (besonderen) Aufbauseminar erhält der Betroffene eine Teilnahmebescheinigung, die er innerhalb von drei Monaten nach Beendigung des Seminars bei der Fahrerlaubnisbehörde einreichen sollte. Nur auf der Grundlage der Teilnahmebescheinigung erhält er bei Vorlage bei der Fahrerlaubnisbehörde einen Abzug von 4 Punkten (§ 4 Abs. 4 StVG). Sollte er noch keine 4 Punkte erreicht haben, ist eine Gutschrift nicht möglich. Der Abzug erfolgt nur bis auf null Punkte.

Auch die Teilnahme an einer verkehrspsychologischen Beratung ist grundsätzlich freiwillig und somit bereits vor dem Hinweis der Fahrerlaubnisbehörde bei Erreichen der Punktschwelle von 14 Punkten möglich. Die Einräumung eines Punktrabattes von 2 Punkten erfolgt jedoch nur, sofern die Teilnahme *nach* der Teilnahme an einem (besonderen) Aufbauseminar und *nach* dem Erreichen von 14 Punkten erfolgt ist (§ 4 Abs. 4 StVG).

2.2 Maßnahmekatalog der Fahrerlaubnisbehörden bei Zuwiderhandlungen

Grundlage für die Berechnung des Punktestandes bilden alle Zuwiderhandlungen des Betroffenen, bezüglich derer eine rechtskräftige Entscheidung im Verkehrszentralregister erfasst (§ 4 Abs. 2 Satz 1 i.V.m. § 28 Abs. 3 Nr. 1 bis 3 StVG) und noch keine Tilgungsreife eingetreten ist. Ausdrücklich sei an dieser Stelle erwähnt, dass die Fahrerlaubnisbehörde dabei an die rechtskräftigen Entscheidungen über die Straftat oder die Ordnungswidrigkeit gebunden ist. Entscheidend für die zu ergreifende Maßnahme ist die Frage, wann eine bestimmte Punktzahl erreicht oder überschritten ist. In der Umsetzung durch die Fahrerlaubnisbehörden gibt es jedoch, nicht zuletzt durch eine unterschiedliche Rechtsprechung der obersten Verwaltungsgerichte in den Bundesländern, eine divergierende Anwendung. Dies ist eine Situation, mit der nicht nur die Betroffenen, sondern auch die Fahrerlaubnisbehörden in hohem

Maße unzufrieden sind. Ihren Ursprung finden die Auslegungen in den für eine einheitliche Umsetzung offenbar zu unbestimmten Rechtsbegriffen der Regelungen des Punktsystems.

An dieser Stelle soll auf einige dieser unbestimmten Formulierungen eingegangen und ihre Folgen für die Berechnung des Punktestandes deutlich gemacht werden.

Berechnung des Punktestandes

Mit der Fassung des StVG seit dem 1. Januar 1999 wurde vom Gesetzgeber grundsätzlich bezweckt, dass die Betroffenen die abgestuften Maßnahmen lückenlos durchlaufen können. Für den Fahrerlaubnisinhaber bedeutet dies, dass er bei Verkehrsverstößen mit einer schwer wiegenderen Maßnahme erst dann konfrontiert werden darf, wenn er zuvor mit der vom Gesetz vorgesehenen milderen Maßnahme gewarnt worden ist. Missachtet er diese Warnung, indem er weitere Verkehrszuwiderhandlungen begeht, werden weitergehende Anordnungen erforderlich. Trotz dieses klar beschriebenen Willens des Gesetzgebers hat sich in der Rechtsprechung der obersten Verwaltungsgerichte eine unterschiedliche Auslegung ergeben, die in einigen Bundesländern bei der Berechnung des Punktestandes zur Anwendung des Tattagsprinzips, in anderen Bundesländern zur Anwendung des Rechtskraftprinzips führt.

Tattagsprinzip

In der Argumentation für die Anwendung des Tattagsprinzips wird, um mit dem Gesetzeszweck übereinzustimmen, der Wortlaut des § 4 Abs. 5 Satz 2 StVG dahingehend ausgelegt, dass die jeweiligen Punkteschwellen nicht erst mit Eintragung in das Verkehrszentralregister, sondern bereits am Tattag desjenigen Verstoßes „erreicht" sind, der in der Folgezeit im Verkehrszentralregister zu einer entsprechenden Gesamtpunktzahl führt.[18] Eine Warnfunktion kann sich jedoch nur entfalten, wenn der Betroffene Gelegenheit erhält, sich im Anschluss an die zunächst getroffene Maßnahme zu bewähren. Weitere Verstöße dürfen also erst dann die nächste Stufe auslösen, wenn zumindest einer von ihnen in Kenntnis der vorangegangenen Maßnahme begangen wurde. Nur so ist sichergestellt, dass der Fahrerlaubnisinhaber zeitlich noch vor dem entscheidenden Verkehrsverstoß im gesetzlich vorgesehenen Sinne gewarnt war und sein Verhalten daran ausrichten konnte. Käme es hingegen darauf an, wann der Verstoß im Verkehrszentralregister eingetragen oder gar

18 OVG Weimar Beschluss vom 12.3.2003, (2 EO 688/02), OVG Brandenburg vom 16.7.2003, (4 B 145/03), VGH Bayern vom 20.9.2004 (11 CS 04.2277)

wann die Fahrerlaubnisbehörde davon unterrichtet wurde, könnten mehrere Maßnahmen aufeinanderfolgen, ohne dass der Betroffene in der Lage wäre, dies durch sein Verhalten zu beeinflussen. Denn der Geschehensablauf resultierte nur aus der Dauer des Ordnungswidrigkeitsverfahrens und der weiteren Verzögerungen, die infolge der Eintragung in das Verkehrszentralregister und der Unterrichtung der Straßenverkehrsbehörde eintreten.

Rechtskraftprinzip

Für eine Anwendung des Rechtskraftprinzips spricht, dass das Punktsystem insgesamt auf eine Vereinheitlichung der Behandlung von Mehrfachtätern angelegt ist. Deshalb erfolgt die Anwendung des Punktsystems auf der

BEISPIEL

Der Inhaber einer Fahrerlaubnis legt eine Teilnahmebescheinigung über den in der Zeit vom 22.11.2003 bis 12.12.2003 erfolgten Besuch eines Aufbauseminars bei der Fahrerlaubnisbehörde fristgemäß vor. Welche Höhe des Punkterabattes kann gewährt werden?[19]

Nr.	Datum Zuwiderhandlung	Entscheidung	Rechtskraft	Punkte
1	19.1.2001	28.1.2001	20.3.2001	3
2	22.8.2002	25.10.2002	23.11.2002	3
3	1.9.2003	18.9.2003	9.10.2003	1
4	13.9.2003	15.4.2004	28.4.2004	3

Berechnung nach dem Rechtskraftprinzip

Die Zeitpunkte des Begehens der Zuwiderhandlungen liegen alle vor der Teilnahme am Aufbauseminar. Die Rechtskraft der Zuwiderhandlung der Nummer 4 liegt jedoch *nach* der Teilnahme am Aufbauseminar. Da nur der zum Zeitpunkt der Vorlage der Teilnahmebescheinigung erreichte Punktestand die Grundlage für den Rabatt bildet, hat der Betroffene danach einen Punktestand von 7 Punkten erreicht.

Er erhält einen Rabatt von 4 Punkten und hat folglich einen Punktestand von 3 Punkten, zuzüglich der Punkte aus Nummer 4 also insgesamt 6 Punkte.

Berechnung nach dem Tattagsprinzip

Die Zeitpunkte des Begehens der Zuwiderhandlungen liegen alle vor der Teilnahme am Aufbauseminar. Er hat somit zum Zeitpunkt der Vorlage Zuwiderhandlungen begangen, die mit einer Punktzahl von insgesamt 10 Punkten zu bewerten sind. Er erhält folglich einen Rabatt von 2 Punkten und hat einen Punktestand von 8 Punkten.

Grundlage der im Verkehrszentralregister zu erfassenden Straftaten und Ordnungswidrigkeiten nach der Schwere der Zuwiderhandlungen und ihren Folgen. Dabei setzt die Erfassung im Verkehrszentralregister wiederum die Rechtskraft der strafgerichtlichen Entscheidungen bzw. Bußgeldbescheide voraus. Entsprechend ordnet das Straßenverkehrsgesetz in § 4 Abs. 3 Satz 2 ausdrücklich an, dass die Fahrerlaubnisbehörde bei der Verhängung der vorgesehenen abgestuften Maßnahmen an die jeweils rechtskräftige Entscheidung über die Straftat oder die Ordnungswidrigkeit gebunden ist. Dieser Bezug des Punktsystems auf die Rechtskraft der jeweils zu Grunde liegenden strafgerichtlichen oder ordnungsbehördlichen Maßnahmen bildet eine Grundlage, die nicht zuletzt dem Schutz der Betroffenen dient. Dies gilt auch, obwohl sie in Einzelfällen dazu führt, dass eine der Fahrerlaubnisentziehung bei Erreichen von 18 oder mehr Punkten vorgeschaltete Maßnahme (Aufbauseminar und/oder verkehrspsychologische Beratung) ihre Wirkungskraft nicht voll entfalten kann. Denn durch die Einlegung von Rechtsbehelfen kann die Aufhebung der strafgerichtlichen bzw. ordnungsbehördlichen Entscheidungen erreicht bzw. auf den Zeitpunkt des Eintritts der Rechtskraft erheblich Einfluss genommen werden. Dies ist im Hinblick auf den Vereinheitlichungszweck des Punktsystems hinzunehmen.[20]

Ohne die jeweilige Rechtsprechung bewerten zu wollen, ergeben sich für die praktische Umsetzung in den Fahrerlaubnisbehörden und somit auch für die Betroffenen höchst unterschiedliche Ergebnisse bei der Berechnung des Punktestandes. Das nachfolgende Beispiel soll dies verdeutlichen.

Ergreifen der Maßnahme

Neben der Frage, wann die Fahrerlaubnisbehörde eine Maßnahme ergreifen darf, erfolgt auch eine unterschiedliche Bewertung des Zeitpunkts, ab dem eine durch die Fahrerlaubnisbehörde angeordnete Maßnahme als ergriffen gilt. Sie ist vor dem Hintergrund der Regelung in § 4 Abs. 5 StVG von Bedeutung, da das Ergreifen von Maßnahmen der nächsten Stufe nur möglich wird, wenn die Fahrerlaubnisbehörde bereits die Maßnahmen der vorherigen Stufe ergriffen hat. So gilt es beispielsweise gesetzlich zu regeln, dass die Maßnahme der Verwarnung erst mit der Zustellung des Bescheides und nicht bereits mit der Versendung durch die Fahrerlaubnisbehörde als ergriffen gilt. Ferner sollte geregelt werden, dass die Teilnahme am Aufbauseminar erst mit Ablauf des Tages der letzten Kurssitzung erfolgt ist.

---

19 Entnommen aus einem Urteil des VG Stuttgart vom 23.3.2006 (10 K 712/05), DAR 9/2006

20 OVG Lüneburg vom 21.1.2003 (12 ME 810/02), NJW 2003, 1472, auch OVG Sachsen-Anhalt vom 23.8.2004 (1 M 76/04), OVG Schleswig-Holstein vom 6.12.2005 (4 MB 107/05)

Vergleichbare Lücken und somit Raum für rechtliche Interpretation lässt die Formulierung in § 4 Abs. 4 StVG, nach der ein bestimmter Punkteabzug bei „Erreichen von …“ erfolgt. Es gilt zu klären, ob bei der Gewährung eines Punkteabzuges bei freiwilliger Teilnahme an einem Aufbauseminar oder einer verkehrspsychologischen Beratung bezüglich des maßgeblichen Punktestandes der Tag der Ausstellung der Teilnahmebescheinigung bzw. Tag der letzten Sitzung des Seminars auf den Tattag oder die Rechtskraft anzusehen ist.

Seltener, aber gleichwohl in der Umsetzung höchst unterschiedlich, ist die rechtliche Bewertung in Fällen, in denen es zu einer Reduzierung des Punktestandes nach § 4 Abs. 5 StVG gekommen ist und anschließend eine Tilgung von Eintragungen wegen Erreichens der Tilgungsfrist erfolgt. Die derzeitige Rechtsprechung kommt dabei zu unterschiedlichen Ergebnissen.

So führt die Tilgung von Eintragungen im Anschluss an eine bereits nach § 4 Abs. 5 StVG erfolgte Reduktion des Punktestandes in einem Fall zu einer weiteren Reduzierung des Punktestandes in Höhe der Punktebewertung der

BEISPIEL

Der Inhaber einer Fahrerlaubnis hat einen Stand von 16 Punkten erreicht, ohne dass die Fahrerlaubnisbehörde eine Maßnahme ergreifen konnte. Nunmehr erhält sie Kenntnis vom aktuellen Punktestand. Mit Schreiben vom 27.2.2006 informiert sie den Betroffenen über die nach § 4 Abs. 5 erfolgte Reduzierung seines Punktestandes auf 13 Punkte, verwarnt ihn und weist ihn auf die Möglichkeit der Teilnahme an einem Aufbauseminar hin.

Mit Datum vom 30.4.2006 wird eine Eintragung im Verkehrszentralregister getilgt, die mit 3 Punkten bewertet war. Ferner legt der Betroffene eine am 27.5.2006 ausgestellte Teilnahmebescheinigung über die Absolvierung eines Aufbauseminars vor.

	Subtraktionsmethode	**Neuberechnungsmethode**
Punktestand	16	16
Punktestand am 27.2.2006	13	13
Tilgung	3	3
Zwischensumme	**10**	**13**
Aufbauseminar	2	2
Summe	**8**	**11**

zu tilgenden Zuwiderhandlung (Subtraktionsmethode). In einem anderen Fall können Tilgungen im Verkehrszentralregister den Punktestand nach einer fiktiven Rückrechnung gemäß § 4 Abs. 5 StVG erst dann weiter absinken lassen, wenn die zu tilgenden Eintragungen den zuvor eingeräumten Punkterabatt übersteigen (Neuberechnungsmethode).

Die Anwendung der sog. „Subtraktionsmethode" bzw. der „Neuberechnungsmethode" führt also zu unterschiedlichen Punkteständen für den Betroffenen.

Unabhängig von dieser unterschiedlichen Bewertung der Rechtslage durch die Rechtsprechung und einer in den einzelnen Bundesländern unterschiedlichen Handhabung im Umgang mit dem Punktsystem, sind zumindest die sich aus dem Punktestand ergebenden Maßnahmen für die Fahrerlaubnisbehörden eindeutig und einheitlich, da sie im StVG festgeschrieben sind. Im Einzelnen werden je nach Punktestand folgende Maßnahmen ergriffen:

8–13 Punkte

Bei Erreichen von 8, aber nicht mehr als 13 Punkten wird der Betroffene schriftlich durch die Fahrerlaubnisbehörde über seinen Punktestand unterrichtet und verwarnt. Grundlage bilden dabei ausschließlich rechtskräftige Entscheidungen, an die die Fahrerlaubnisbehörde gebunden ist. Sie hat kein Ermessen. Gleichzeitig wird der Betroffene auf die Möglichkeit der Teilnahme an einem (besonderen) Aufbauseminar hingewiesen. Die Teilnahme an einem Aufbauseminar erfolgt in dieser Phase noch auf freiwilliger Basis.

Wie bei der Fahrerlaubnis auf Probe gilt es auch im Maßnahmekatalog des Punktsystems zwischen einem Aufbauseminar und einem „besonderen" Aufbauseminar zu unterscheiden (§ 4 Abs. 8 StVG). Während sich das Aufbauseminar an Betroffene richtet, die allgemein gegen verkehrs- oder strafrechtliche Bestimmungen verstoßen haben, richtet sich das „besondere" Aufbauseminar an Betroffene, die, auch wenn sie noch andere Verkehrszuwiderhandlungen begangen haben, *einen* Verstoß unter Einfluss von Alkohol oder anderen berauschenden Mitteln begangen haben.

Unabhängig von der Art des Aufbauseminars ist das Verfahren durch die Fahrerlaubnisbehörden mit dem bei der Fahrerlaubnis auf Probe vergleichbar. Auch im Rahmen des Punktsystems werden bereits bei der schriftlichen Anordnung die dem Betroffenen zur Last gelegten Auffälligkeiten angegeben.

Die Teilnehmer erhalten eine Teilnahmebescheinigung (§§ 37, 44 FeV), die innerhalb von drei Monaten nach Beendigung des Seminars der Fahrerlaubnisbehörde vorzulegen ist (§ 4 Abs. 4 StVG). Eine gesetzlich geregelte Frist

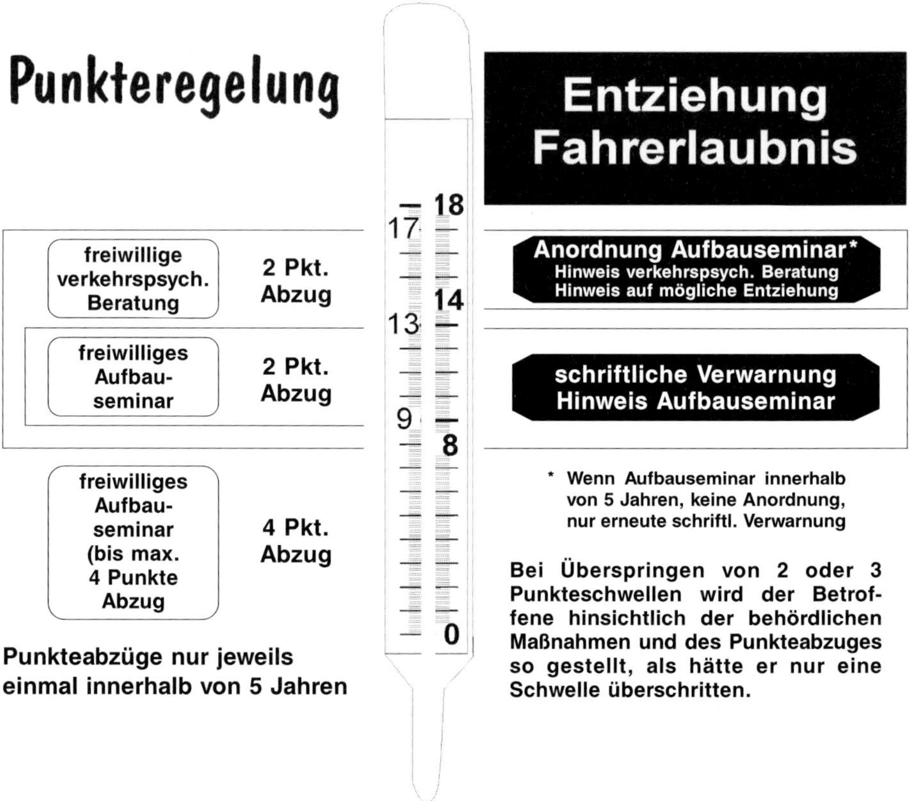

zur Vorlage der Teilnahmebescheinigung besteht, anders als bei angeordneten Maßnahmen, nicht.

Der Betroffene erhält auf der Grundlage des zum Zeitpunkt der Ausstellung bestehenden Punktestandes (§ 4 Abs. 4 StVG) unter den oben genannten Voraussetzungen einen Punkterabatt. Dieser beträgt 4 Punkte, sofern die Grenze von 8 Punkten noch nicht überschritten ist und nur noch 2 Punkte, sofern sich ein Punktestand zwischen 9 und 13 Punkten ergibt.

HINWEIS

Die Teilnahme an einem Einzelseminar ist bei diesem Punktestand vom Gesetzgeber ausgeschlossen worden, da nur die „anordnende Behörde“ Ausnahmen zulassen kann. Die Teilnahme am Aufbauseminar erfolgt jedoch bei diesem Punktestand freiwillig.

14–17 Punkte

Wird ein Punktestand von 14, aber nicht mehr als 17 Punkten erreicht, ordnet die Fahrerlaubnisbehörde die Teilnahme an einem (besonderen) Aufbauseminar an. Hierfür wird eine angemessene Frist gesetzt. Die Erfahrungen der letzten Jahre haben gezeigt, dass als angemessene Frist für die Vorlage der Teilnahmebescheinigung bei der Fahrerlaubnisbehörde zwei Monate anzusehen sind. Gleichzeitig wird der Betroffene darauf hingewiesen, dass die Verpflichtung zur rechtzeitigen Teilnahme ihm obliegt. Die Anmeldung bei einer Fahrschule oder die Teilnahme an einem besonderen Aufbauseminar bei dem Seminaranbieter ohne Wissen um den Beginn reicht als Grund für eine Fristverlängerung nicht aus. Die schriftliche Anordnung ist bei der Anmeldung zu einem Aufbauseminar dem Kursleiter vorzulegen (§ 4 Abs. 3 Nr. 2 StVG, § 41 FeV). In der Anordnung wird ferner auf die Folgen für den Fortbestand der Fahrerlaubnis hingewiesen, sofern die Vorlage der Teilnahmebescheinigung nicht rechtzeitig erfolgt. Für die Teilnahme an dem angeordneten (besonderen) Aufbauseminar erfolgt keine Reduzierung der Punkte. Erfolgt innerhalb der Frist keine Vorlage der Teilnahmebescheinigung, ist die Fahrerlaubnis zu entziehen.

Neben der Anordnung zur Teilnahme am (besonderen) Aufbauseminar wird auf die Möglichkeit einer verkehrspsychologischen Beratung hingewiesen. Anders als im System der Fahrerlaubnis auf Probe wird dem Betroffenen jedoch keine Frist für die Teilnahme gesetzt. Es besteht lediglich die gesetzliche Verpflichtung, innerhalb einer Frist von drei Monaten nach Beendigung eine Teilnahmebescheinigung bei der Fahrerlaubnisbehörde vorzulegen. Kommt er dieser Verpflichtung nach, erhält der Betroffene auf der Grundlage des zum Zeitpunkt der Ausstellung der Teilnahmebescheinigung bestehenden Punktestandes (§ 4 Abs. 4 StVG) einen Punkterabatt von 2 Punkten.

Unabhängig von der Frage, bei welchem sich unter Anwendung des Rechtskraft- oder Tattagsprinzips ergebenden tatsächlichen Punktestand der im Verkehrszentralregister gespeicherten Zuwiderhandlungen der Betroffene 14, aber nicht mehr als 17 Punkte erreicht, gilt es zunächst zu prüfen, ob bereits die Maßnahmen nach § 4 Abs. 3 Satz 1 Nr. 1 StVG (Verwarnung, freiwilliges Aufbauseminar) angeordnet werden konnten. Denn erreicht oder überschreitet der Betroffene 14 Punkte, ohne dass die Fahrerlaubnisbehörde diese Maßnahmen ergriffen hat, wird sein Punktestand auf 13 Punkte reduziert.

18 und mehr Punkte

Bei Erreichen von 18 oder mehr Punkten wird die Fahrerlaubnis entzogen, da der Betroffene ungeeignet zum Führen von Kraftfahrzeugen ist (§ 4 Abs. 3, 4

StVG, § 41 FeV). Auch bei der Anordnung dieser Maßnahme gilt es darauf zu achten, dass bereits die Maßnahmen nach § 4 Abs. 3 Satz 1 Nr. 2 StVG (Anordnung eines Aufbauseminars, Hinweis auf freiwillige verkehrspsychologische Beratung) ergriffen wurden. Denn erreicht oder überschreitet der Betroffene 18 Punkte, ohne dass die Fahrerlaubnisbehörde diese Maßnahmen ergriffen hat, wird sein Punktestand auf 17 Punkte reduziert. In der Begründung des Gesetzgebers wird hierzu ausgeführt, dass diese entgegenkommende Regel getroffen wurde, damit auch Betroffene das Bonussystem oder die Möglichkeiten des Aufbauseminars oder der verkehrspsychologischen Beratung nutzen können, die auf atypische Weise, also auf einen Schlag, ihren Punktestand erworben haben, ohne vorher informiert worden zu sein.

Löschung von Punkten

In der überwiegenden Zahl der Fälle fallen die Tilgung der Eintragung und somit auch die Löschung der mit dieser Eintragung verbundenen Punkte zusammen. Es sind jedoch auch Fallkonstellationen möglich, in denen dieses Zusammenfallen nicht erfolgt. Für den Punktestand sind daher die Gründe für die Entziehung der Fahrerlaubnis von erheblicher Bedeutung.

Bei einer Entziehung wegen Nichtteilnahme an einem Aufbauseminar erfolgt keine Löschung der Punkte (§ 4 Abs. 2 Satz 4 StVG). Der Betroffene behält also seinen alten Punktestand auch nach der möglichen Neuerteilung der Fahrerlaubnis. Verzichtet der Inhaber auf seine Fahrerlaubnis, ggf. auch um einer in Aussicht stehenden Entziehung zu begegnen, führt dies ebenfalls nicht zu einer Löschung der Punkte. Insofern steht der Verzicht auf die Fahrerlaubnis der Entziehung nicht gleich. Sowohl die eingetragenen Zuwiderhandlungen als auch der sich daraus ergebende Punktestand können damit auch in einem erneuten Entziehungsverfahren berücksichtigt werden.

Anders verhält es sich bei einer rechtskräftigen Entziehung der Fahrerlaubnis durch Gerichte oder die Fahrerlaubnisbehörde. Diese führt, auch wenn sie außerhalb des Punktsystems erfolgt, zur Löschung aller Punkte (§ 4 Abs. 2 Satz 3 StVG). Dies gilt auch für die Punkte der Tat, die den Anlass zum Entzug der Fahrerlaubnis bildete. Die der Entziehung zugrunde liegenden Eintragungen bleiben jedoch im VZR bis zum Eintritt ihrer Tilgungsreife gespeichert. Sie können daher auch in späteren Verfahren weiterhin berücksichtigt werden.

2.3 Neuerteilung der Fahrerlaubnis nach Entzug

Wurde die Fahrerlaubnis entzogen, weil der Inhaber einer vollziehbaren Anordnung zur Teilnahme an einem (besonderen) Aufbauseminar (§ 4 Abs. 3 Satz 1 Nr. 2 StVG) in der festgesetzten Frist nicht nachkam, so darf eine neue Fahrerlaubnis unbeschadet der übrigen Voraussetzungen nur erteilt werden, wenn der Antragsteller nachweist, dass er an einem (besonderen) Aufbauseminar teilgenommen hat. Das gilt auch, wenn der Betroffene vor einer beabsichtigten Anordnung zum Aufbauseminar auf die Fahrerlaubnis verzichtet hat. Gegen die Teilnahme an einer Fahrprobe im Rahmen des Aufbauseminars bestehen keine Bedenken, da die Seminarteilnahme dieser Bewerber um eine Fahrerlaubnis im weitesten Sinne als „Ausbildung" anzusehen ist. Sollten vom Betroffenen vor der Neuerteilung weitere Verkehrszuwiderhandlungen begangen worden sein, die Eignungszweifel begründen, kann es ergänzend, neben der Teilnahme am Aufbauseminar gemäß § 4 Abs. 1 Satz 3 StVG, auch zur Anordnung einer medizinisch-psychologischen Begutachtung kommen. Die Fahrerlaubnis kann in diesen Fällen ohne Einhaltung einer Frist neu erteilt werden (§ 4 Abs. 11 StVG).

Ist die Neuerteilung der Fahrerlaubnis Folge eines vorangegangenen Verzichtes auf die Fahrerlaubnis, erfolgt in der Rechtsfolge, anders als beim Entzug der Fahrerlaubnis, keine Löschung der Punkte. Sie und die zugrunde liegenden Eintragungen bilden die Grundlage für die Anordnung der medizinisch-psychologischen Untersuchung. Der Punktestand besteht folglich in diesen Fällen nach der Neuerteilung weiter, mit der Folge, dass die Fahrerlaubnisbehörde über jede weitere Eintragung sofort durch das Kraftfahrt-Bundesamt informiert wird. Sofern nunmehr eine weitere Tat hinzukommt, muss die Fahrerlaubnis in der Regel entzogen werden, da sich damit der Punktsstand weiter erhöht hat und sich die positive Prognose des Gutachtens nicht bestätigt hat.

Hat die Fahrerlaubnisbehörde die Fahrerlaubnis entzogen, weil sich für den Betroffenen 18 oder mehr Punkte ergeben hatten, darf eine neue Fahrerlaubnis frühestens sechs Monate nach Wirksamkeit der Entziehung erteilt werden. Die Frist beginnt mit Abgabe des Führerscheins, einschließlich des eventuell ausgestellten internationalen Führerscheins. Unbeachtet der Erfüllung der sonstigen Voraussetzungen für die Erteilung der Fahrerlaubnis hat die Fahrerlaubnisbehörde zum Nachweis der Eignung zum Führen eines Kraftfahrzeuges in der Regel die Beibringung eines Gutachtens einer amtlich anerkannten Begutachtungsstelle für Fahreignung anzuordnen (§ 4 Abs. 10 StVG). Infolge der erfolgten Löschung der Punkte erhält die Fahrerlaubnisbehörde erst bei Erreichen von 8 Punkten eine Information vom Kraftfahrt-Bundesamt.

3 Nebeneinander von Fahrerlaubnis auf Probe und Punktsystem

Fahrerlaubnis auf Probe und Punktsystem wie auch die Entziehung der Fahrerlaubnis sind Maßnahmen gegenüber dem Inhaber einer Fahrerlaubnis, deren Anwendungskriterien eng aufeinander abgestimmt sein müssen. Vor diesem Hintergrund ist es nicht verwunderlich, dass vom Gesetzgeber an exponierter Stelle in § 4 Abs. 1 Satz 3 StVG der Hinweis erfolgt, dass Punktsystem und Fahrerlaubnis auf Probe nebeneinander Anwendung finden.

Dennoch gilt, dass die Maßnahmen im Rahmen der Fahrerlaubnis auf Probe (Aufbauseminar/ggf. besonderes Aufbauseminar, verkehrspsychologische Beratung und Entzug der Fahrerlaubnis) früher und bevorzugt Anwendung finden sollen. Um zu verhindern, dass Betroffene möglicherweise in enger zeitlicher Folge vergleichbare Maßnahmen durchlaufen, wurden hinsichtlich der Teilnahme an einem Aufbauseminar Ausnahmen vorgesehen. Die Definition der Maßgaben, unter denen dies erfolgt, kann als sprachlich missglückt bezeichnet werden und bedarf daher einer näheren Erläuterung.

Folgende Grundsätze gelten:

1. Auch die während der Dauer der Probezeit begangenen Zuwiderhandlungen werden im Verkehrszentralregister gespeichert und führen zu Belastungen des Punktekontos des Fahranfängers. Folglich lösen sie nicht nur Maßnahmen im Rahmen des Systems der Fahrerlaubnis auf Probe aus, sondern müssen auch im Rahmen des Punktsystems einer Bewertung unterzogen werden.
2. Da in beiden Systemen das Aufbauseminar als erste Maßnahme verankert ist, scheint es daher nur sinnvoll, wenn diese Maßnahme nur einmal innerhalb von fünf Jahren absolviert werden darf. Hat der Betroffene folglich an einem angeordneten Aufbauseminar im Rahmen der Fahrerlaubnis auf Probe teilgenommen, ist ihm die Teilnahme an einem Aufbauseminar im Rahmen des Punktsystems für fünf Jahre verwehrt. Eine Reduzierung seiner Punkte durch eine freiwillige Teilnahme am Aufbauseminar ist nicht möglich. Gleiches gilt, wenn der Inhaber einer Fahrerlaubnis auf Probe als erste Maßnahme an einem „besonderen" Aufbauseminar teilgenommen hat. Auch diese Teilnahme sperrt die Teilnahme an einem Aufbauseminar im Rahmen des Punktsystems für die folgenden fünf Jahre.
   Für die Berechnung der Fünfjahresfrist ist jeweils das Ausstellungsdatum der Teilnahmebescheinigung maßgeblich.

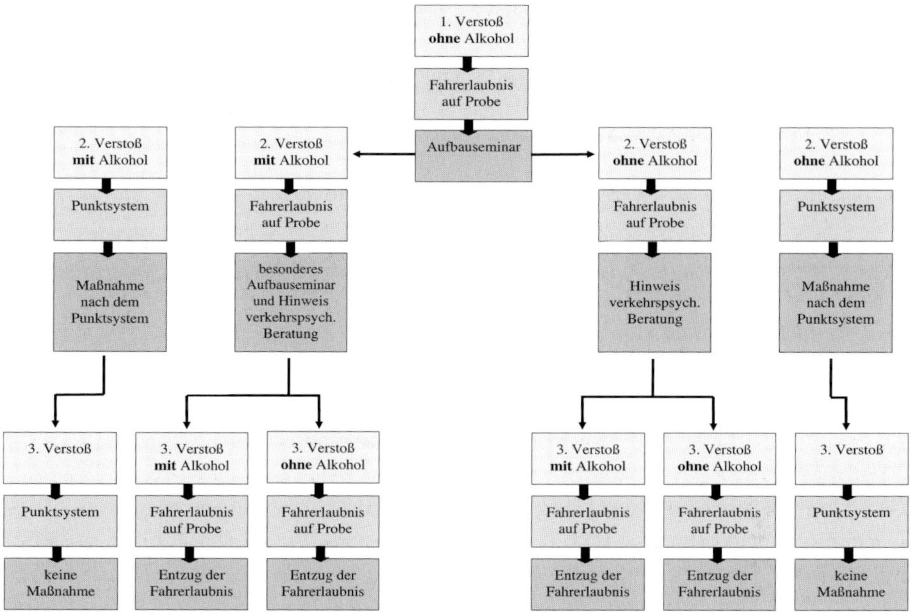

Maßnahmenfolge im Rahmen der Fahrerlaubnis auf Probe bzw. Punktsystem → erster Verstoß ohne Alkohol

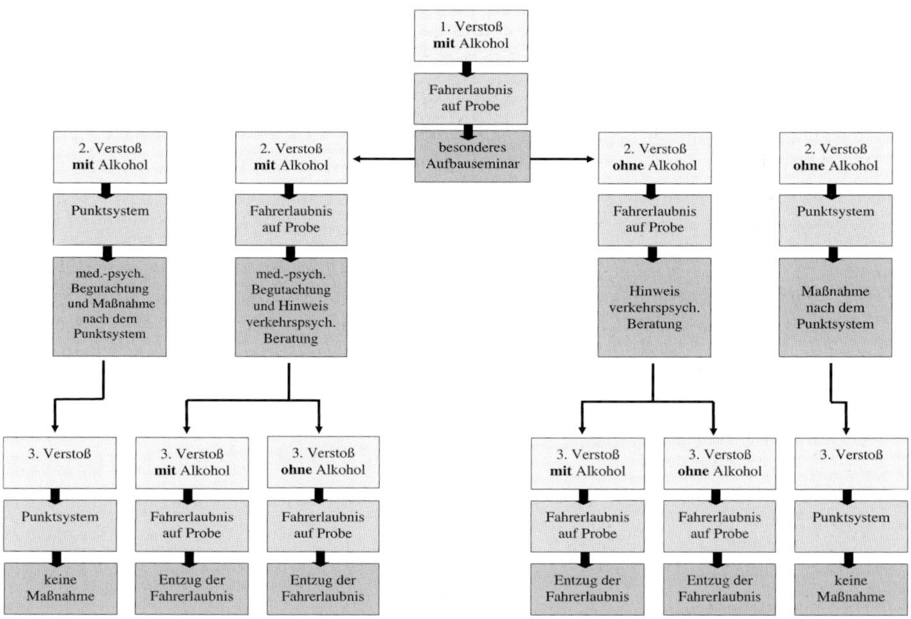

Maßnahmenfolge im Rahmen der Fahrerlaubnis auf Probe bzw. Punktsystem → erster Verstoß mit Alkohol

3. Ein Abweichen von dieser Regel – nur ein Aufbauseminar innerhalb von fünf Jahren – ist nur bei folgenden Fallgestaltungen gesetzlich erlaubt:
   - Sollte es sich bei der erneuten Zuwiderhandlung um einen Verstoß unter Einfluss von Alkohol oder berauschender Mittel handeln, hat die Fahrerlaubnisbehörde auch nach bereits erfolgter Teilnahme an einem Aufbauseminar für Fahranfänger die Teilnahme an einem besonderen Aufbauseminar anzuordnen. Dies ergibt sich aus der in § 4 Abs. 1 Satz 3 StVG gewählten Formulierung. Es ist vom Gesetzgeber gerade beabsichtigt, dass Fahranfängern infolge ihrer besonderen Situation beide Seminare zugute kommen. Einziger Wehrmutstropfen für den Betroffenen bleibt, dass sein Punktestand nicht reduziert wird. Diese Möglichkeit besteht nur bei der freiwilligen Teilnahme an Maßnahmen.
   - Anders verhält es sich nur bei Betroffenen, die zunächst – freiwillig oder angeordnet – Maßnahmen im Rahmen des Punktsystems ergreifen konnten. Dies ist etwa in Fällen möglich, in denen eine Fahrerlaubnis in einer Klasse erworben wurde, die nicht den Regelungen der Fahrerlaubnis auf Probe unterliegt (Klassen M, S, L und T). Führen Verstöße in dieser Zeit – also vor der Probezeit – zur Teilnahme an einem Aufbauseminar für Punktetäter, so führt der erste schwerwiegende Verstoß in der Probezeit dessen ungeachtet zur Anordnung der Teilnahme an einem Aufbauseminar für Fahranfänger.

Die Darstellung auf Seite 79, soll, ausgehend von einem ersten Verstoß ohne bzw. mit Alkohol, die möglichen Maßnahmen sowohl im Rahmen der Fahrerlaubnis auf Probe als parallel dazu im Punktsystem verdeutlichen.

D

Inhaltliche Ausgestaltung der Maßnahmen

KAPITEL

1 Das Aufbauseminar für Fahranfänger

In § 2b Abs. 2 StVG gilt es zwischen „Aufbauseminaren" und „besonderen Aufbauseminaren", die durchzuführen sind, wenn der Inhaber einer Fahrerlaubnis auf Probe unter dem Einfluss von Alkohol oder anderer berauschender Mittel am Straßenverkehr teilgenommen hat, zu unterscheiden. Zur besseren Unterscheidung wird in der Folge textlich zwischen „allgemeinen" und „besonderen" Aufbauseminaren unterschieden, in dem Wissen, dass der Begriff des „allgemeinen Aufbauseminars" rechtlich nicht verankert ist.

In den allgemeinen Aufbauseminaren sind die Verkehrszuwiderhandlungen, die zur Anordnung der Teilnahme an dem Aufbauseminar geführt haben, und die Ursachen dafür zu diskutieren. Daraus abgeleitet sind allgemein die Probleme und Schwierigkeiten von Fahranfängern zu erörtern. Durch Gruppengespräche, Verhaltensbeobachtung in einer Fahrprobe, Analyse problematischer Verkehrssituationen und durch weitere Informationsvermittlung soll ein sicheres und rücksichtsvolles Fahrverhalten erreicht werden (§ 35 Abs. 2 FeV). Dabei soll insbesondere die Einstellung zum Verhalten im Straßenverkehr geändert, das Risikobewusstsein gefördert und die Gefahrenerkennung verbessert werden. Aber nicht nur die Zielsetzung und Inhalte der Seminare wurden, was für eine Verordnung eher ungewöhnlich ist, sehr detailliert beschrieben, auch die Eckwerte und die Dauer des Seminars sind vom Gesetzgeber festgelegt worden.

Anforderungen an Aufbauseminare

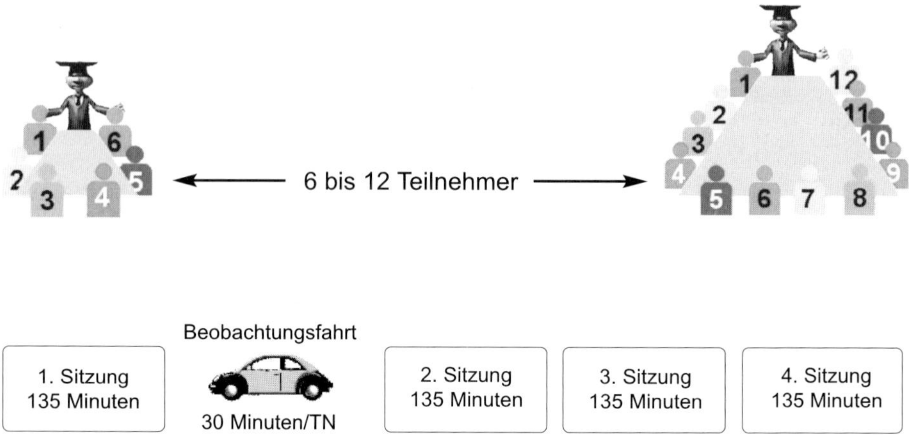

Teilnehmerzahl

Die Teilnehmerzahl beträgt mindestens sechs und höchstens zwölf Personen. Damit ist zum einen gewährleistet, dass ein Erfahrungsaustausch unter den Teilnehmern möglich ist, zum anderen kann auch noch jeder Einzelne ausreichend zu Wort kommen. Das Aufbauseminar dauert von der ersten bis zur vierten Sitzung zwei Wochen (gemeint ist mindestens 14 Tage) und höchstens vier Wochen. Die Dauer jeder Sitzung beträgt 135 Minuten. Die reine Fahrzeit bei der Fahrprobe darf pro Teilnehmer 30 Minuten nicht unterschreiten. An einem Tag darf immer nur eine Sitzung stattfinden (§ 35 Abs. 1 FeV).

HINWEIS

Aufbauseminare für Fahranfänger können im Wege der Ausnahme auch als Einzelseminar durchgeführt werden (§ 2b Abs. 1 StVG). Sie sollen jedoch nur zugelassen werden, wenn wegen der Besonderheiten des Einzelfalles die Mitwirkung bei den Gruppengesprächen nicht zielführend ist. Dies scheint regelmäßig bei Persönlichkeiten des öffentlichen Lebens (Schauspieler, Sportler etc.) geboten. In allen anderen Fällen, z. B. wegen sprachlicher Schwierigkeiten (Spätaussiedler, Migranten), körperlicher Probleme (Taubstumme) oder beruflicher Gründe (Bundeswehreinsatz oder Arbeit auf Schiffen o. ä.), wird die Zustimmungspraxis in den einzelnen Bundesländern unterschiedlich gehandhabt. Die Gespräche werden in diesen Fällen in drei Sitzungen zu je 90 Minuten durchgeführt (§ 36 Abs. 5 FeV).

Seminarleiter

Die Durchführung der allgemeinen Aufbauseminare erfolgt bundesweit nach einheitlichen Standards, da sich alle Seminarleiter nach dem Programm „Aufbauseminare für Fahranfänger" (ASF) des Deutschen Verkehrssicherheitsrates e.V. (DVR) richten müssen. Der Deutsche Verkehrssicherheitsrat hat das Programm von Verkehrswissenschaftlern unter Beteiligung erfahrener Seminarleiter entwickeln lassen und aktualisiert es kontinuierlich.

Die allgemeinen Aufbauseminare dürfen nur von Fahrlehrern durchgeführt werden, die Inhaber einer entsprechenden Erlaubnis nach § 31 Abs. 1 FahrlG sind. Die sog. Seminarerlaubnis nach § 2a StVG wird auf Antrag erteilt, wenn der Fahrlehrer die Fahrlehrerlaubnis der Klassen A und BE besitzt, innerhalb der letzten fünf Jahre drei Jahre lang hauptberuflich Fahrschüler für die Klassen A und B theoretisch und praktisch ausgebildet hat und mit Erfolg an einem Einweisungslehrgang teilgenommen hat. Der Einweisungslehrgang besteht, entsprechend einer gesetzlichen Regelung des Fahrlehrergesetzes, aus einem viertägigen Grundkurs (Einweisung in gruppenorientierte Lehrmethoden) und einem ebenfalls viertägigen programmspezifischen Kurs. Wer Aufbauseminare durchführen will, muss entweder Fahrschulinhaber sein oder ein eingetragenes Beschäftigungsverhältnis mit dem Inhaber einer Fahrschule haben, der ebenfalls eine Seminarerlaubnis besitzt.

Im Seminar selbst sollte der Seminarleiter den Teilnehmern die Gelegenheit geben, von ihren Erlebnissen zu berichten und gemeinsam mit ihnen nach Möglichkeiten suchen, zukünftig Unfälle und Verkehrsverstöße zu vermeiden. Wichtig hierfür ist die aktive Beteiligung in Partner- oder Kleingruppenarbeit, bei moderierten Gruppengesprächen und in Diskussionen.

Zur Unterstützung der Seminararbeit dient das Teilnehmer-Begleitheft, das alle Teilnehmer bei der ersten Sitzung erhalten. Das Teilnehmer-Begleitheft enthält Informationen zu den Inhalten der einzelnen Sitzungen und die Arbeitsunterlagen, die im Verlauf des Seminars benötigt werden.

Erste Sitzung

Die erste Sitzung dient dem Kennenlernen der Teilnehmer. Sie machen sich miteinander bekannt, schildern ihre Zuweisungsdelikte und äußern ihre Erwartungen. Der Seminarleiter beschreibt die Ziele des Seminars und die Bedingungen für die erfolgreiche Teilnahme. Eigenschaften und Verhaltensweisen eines „guten Fahrers" bzw. einer „guten Fahrerin" werden mit den Teilnehmern erarbeitet. Außerdem werden die nächsten Seminareinheiten (Beobachtungsfahrt und zweite Sitzung) vorbereitet.

Beobachtungsfahrt

Bei der Beobachtungsfahrt, bei der die reine Fahrzeit jedes Teilnehmers 30 Minuten nicht unterschreiten darf, fahren die Teilnehmer in eigener Verantwortung. Dabei sollen die Teilnehmer möglichst mit einem Fahrzeug der Klasse fahren, mit dem sie das Zuweisungsdelikt begangen haben. Da die Fahrten in Gruppen mit drei Teilnehmern stattfinden, muss für jeden Teilnehmer gewährleistet sein, dass nur mit einem technisch einwandfreien Fahrzeug gefahren wird und der Seminarleiter im Notfall zum Schutz der Mitfahrer eingreifen kann. Für Beobachtungsfahrten mit motorisierten Zweirädern dürfen auch Teilnehmerfahrzeuge verwendet werden, wenn sie die Bedingungen für ein Ausbildungsfahrzeug der jeweiligen Fahrerlaubnisklasse erfüllen.

Während der Beobachtungsfahrt sollen die Fahranfänger zeigen, wie sich ihre Fahrweise seit der Fahrprüfung weiterentwickelt hat. Dabei wird deutlich, welche Situationen sie angemessen und sicher bewältigen können und womit sie noch Schwierigkeiten haben. Die Mitfahrer haben jeweils die Aufgabe, den Fahrer zu beobachten, um ihm im anschließenden Auswertungsgespräch mitzuteilen, was ihnen aufgefallen ist. Mitfahrer und Seminarleiter beschreiben dabei, wie sicher sie sich gefühlt haben und welche Hinweise und Tipps sie dem Fahrer zu seiner Fahrweise geben können.

Zweite Sitzung

Zunächst berichten die Teilnehmer der verschiedenen Fahrgruppen sich gegenseitig von den Erlebnissen und Ergebnissen ihrer Beobachtungsfahrten. Vom Seminarleiter werden Hinweise zu häufig beobachteten Fehlern gegeben. Anschließend schildern die Teilnehmer, welche gefährlichen Situationen sie als Kraftfahrer im Straßenverkehr bereits erlebt haben. Mindestens eines dieser Erlebnisse wird dann ganz genau untersucht. Die Teilnehmer überlegen gemeinsam, was der Fahrer in der geschilderten Situation falsch gemacht hat und erarbeiten Vorschläge, wie man sich künftig in ähnlichen Situationen sicherer verhalten kann.

Dritte Sitzung

In Gruppen werden weitere, von den Teilnehmern erlebte Situationen besprochen, und aus den erkannten Fehlern werden Hinweise für sicheres Verhalten abgeleitet. Dann werden mögliche Ursachen „nächtlicher Freizeitunfälle" (Discounfälle) gesammelt. Die Gefahren werden besprochen und Lösungsvorschläge diskutiert. Anschließend überlegen die Teilnehmer, warum von Kraftfahrern gegen Verkehrsregeln wie z. B. Geschwindigkeitsbegrenzungen oder Überholverbote verstoßen wird. Sie beschreiben, wie es ihnen gelingen kann, solche Regeln besser zu beachten.

Vierte Sitzung

Zu Beginn der vierten Sitzung untersuchen die Teilnehmer, welche Motive zu gefährlichem Fahrverhalten führen und was sie bei sich selbst dagegen tun können. Der Seminarleiter erläutert, welche Folgen weitere Auffälligkeiten während der Probezeit und danach haben können. Nach einem Rückblick auf den Verlauf des Seminars und die besprochenen Einzelthemen überlegt jeder Teilnehmer, welche Erkenntnisse er daraus gewonnen hat.

Jeder beschreibt, inwieweit er sein Verhalten ändern muss und will, um in Zukunft möglichst unfallfrei und ohne Verkehrsverstöße zu bleiben. Zum Schluss können die Teilnehmer dem Seminarleiter eine Rückmeldung geben, wie ihnen das Aufbauseminar insgesamt gefallen hat.

Teilnahmebescheinigung

Die Teilnahmebescheinigung kann nur erhalten, wer vollständig an allen Teilen des Aufbauseminars teilnimmt, immer pünktlich ist, nicht alkoholisiert oder unter Einfluss von Drogen zum Seminar kommt und den Ablauf des Seminars nicht stört. Wer diese Voraussetzungen nicht erfüllt, darf keine Teilnahmebescheinigung erhalten. Er muss dann an einem neuen Aufbauseminar vollständig teilnehmen.

HINWEIS

Bei nachweislich unverschuldetem Versäumen der vierten Gruppensitzung wird es allgemein für unverhältnismäßig angesehen, das gesamte Seminar erneut besuchen zu müssen. Im Wege der *Einzelausnahme* sollte dem Betroffenen die Möglichkeit eingeräumt werden, den versäumten vierten Seminarteil im Rahmen eines Einzelseminars nachzuholen. Die Regelungen der Bundesländer können diesbezüglich unterschiedlich sein.

Entsprechende Anträge müssen vom Betroffenen an die zuständige Fahrerlaubnisbehörde gerichtet werden.

2 Das Aufbauseminar im Punktsystem

Hinsichtlich der Zielsetzung, des Inhalts, der Dauer und der Gestaltung des Seminars sind die Regelungen, wie sie vom Gesetzgeber für Aufbauseminare im Rahmen der Fahrerlaubnis auf Probe festgelegt wurden, entsprechend anzuwenden (§ 42 FeV). Es gilt also hinsichtlich der Eckwerte: Teilnehmerzahl mindestens sechs und höchstens zwölf Personen. Dauer von der ersten bis zur vierten Sitzung zwei Wochen (gemeint ist mindestens 14 Tage) und höchstens vier Wochen. Dauer jeder Sitzung 135 Minuten, die reine Fahrzeit je Teilnehmer bei der Fahrprobe darf 30 Minuten nicht unterschreiten. An einem Tag darf immer nur eine Sitzung stattfinden (§ 35 Abs. 1 FeV).

Auch die inhaltliche Ausgestaltung wurde vom Gesetzgeber beschrieben. In diesen Seminaren sind folglich die Verkehrszuwiderhandlungen, die für den Teilnehmer zur freiwilligen Teilnahme (0–13 Punkte) oder zur Anordnung der Teilnahme (14–17 Punkte) an dem Aufbauseminar geführt haben und die Ursachen dafür zu diskutieren und daraus ableitend allgemein die Probleme und Schwierigkeiten zu erörtern. Durch Gruppengespräche, Verhaltensbeobachtung in einer Fahrprobe, Analyse problematischer Verkehrssituationen und durch weitere Informationsvermittlung soll ein sicheres und rücksichtsvolles Fahrverhalten erreicht werden (§ 35 Abs. 2 FeV). Dabei soll insbesondere die Einstellung zum Verhalten im Straßenverkehr geändert, das Risikobewusstsein gefördert und die Gefahrenerkennung verbessert werden.

Auch wenn Zielsetzung, Inhalt, Dauer und Gestaltung des Seminars vom Gesetzgeber einheitlich festgelegt wurden, erfordert die heterogene Zusammensetzung der Teilnehmer des Seminars ein auf diese Zielgruppe angepasstes Seminarkonzept. Der Deutsche Verkehrssicherheitsrat e.V. (DVR) hat vor diesem Hintergrund das Programm „Aufbauseminare für Punkteauffällige (ASP) von Verkehrswissenschaftlern unter Beteiligung erfahrener Seminarleiter entwickeln lassen und aktualisiert es kontinuierlich.[21] Auch die Durchführung dieser allgemeinen Aufbauseminare erfolgt bundesweit nach einheitlichen Standards, da sich alle Seminarleiter nach dem Programm richten müssen.

Seminarleiter

Diese allgemeinen Aufbauseminare dürfen ebenso nur von Fahrlehrern durchgeführt werden, die Inhaber einer entsprechenden Erlaubnis nach § 31 Abs. 1 FahrlG sind. Die sog. Seminarerlaubnis nach § 4 StVG wird auf Antrag

21 Quelle: www.dvr.de

erteilt, wenn der Fahrlehrer die Fahrlehrerlaubnis der Klassen A und BE besitzt, innerhalb der letzten fünf Jahre drei Jahre lang hauptberuflich Fahrschüler für die Klassen A und B theoretisch und praktisch ausgebildet hat und mit Erfolg an einem Einweisungslehrgang teilgenommen hat. Der Einweisungslehrgang besteht entsprechend einer gesetzlichen Regelung des Fahrlehrergesetzes aus einem viertägigen Grundkurs (Einweisung in gruppenorientierte Lehrmethoden) und einem ebenfalls viertägigen programmspezifischen Kurs. Wer Aufbauseminare durchführen will, muss entweder Fahrschulinhaber sein oder ein eingetragenes Beschäftigungsverhältnis mit dem Inhaber einer Fahrschule haben, der ebenfalls eine Seminarerlaubnis besitzt.

Im Seminar selbst sollte der Seminarleiter den Teilnehmern die Gelegenheit geben, von ihren Erlebnissen zu berichten und gemeinsam mit ihnen nach Möglichkeiten suchen, zukünftig Unfälle und Verkehrsverstöße zu vermeiden. Wichtig hierfür ist die aktive Beteiligung in Partner- oder Kleingruppenarbeit, bei moderierten Gruppengesprächen und in Diskussionen.

Zur Unterstützung der Seminararbeit dient das Teilnehmer-Begleitheft, das alle Teilnehmer bei der ersten Sitzung erhalten. Das Teilnehmer-Begleitheft enthält Informationen zu den Inhalten der einzelnen Sitzungen und die Arbeitsunterlagen, die im Verlauf des Seminars benötigt werden.

Erste Sitzung

Die erste Sitzung dient dem Kennenlernen der Teilnehmer. Sie machen sich miteinander bekannt, schildern ihre Zuweisungsdelikte und äußern ihre Erwartungen. Der Seminarleiter beschreibt die Ziele des Seminars und die Bedingungen für die erfolgreiche Teilnahme. Eigenschaften und Verhaltensweisen eines „guten Fahrers" bzw. einer „guten Fahrerin" werden mit den Teilnehmern erarbeitet. Außerdem werden die nächsten Seminareinheiten (Beobachtungsfahrt und zweite Sitzung) vorbereitet.

Beobachtungsfahrt

Bei der Beobachtungsfahrt, bei der die reine Fahrzeit jedes Teilnehmers 30 Minuten nicht unterschreiten darf, fahren die Teilnehmer in eigener Verantwortung. Da die Fahrten in Gruppen mit drei Teilnehmern stattfinden, muss für jeden Teilnehmer gewährleistet sein, dass nur mit einem technisch einwandfreien Fahrzeug gefahren wird und der Seminarleiter im Notfall zum Schutz der Mitfahrer eingreifen kann. Für Beobachtungsfahrten mit motorisierten Zweirädern dürfen auch Teilnehmerfahrzeuge verwendet werden, wenn sie die Bedingungen für ein Ausbildungsfahrzeug der jeweiligen Fahrerlaubnisklasse erfüllen.

Während der Beobachtungsfahrt sollen die Teilnehmer zeigen, wie sie sich normalerweise im Straßenverkehr verhalten. Dabei wird deutlich, welche Situationen sie angemessen und sicher bewältigen und welche eventuell gefährlichen Fehler sie sich angewöhnt haben. Die Mitfahrer haben jeweils die Aufgabe, den Fahrer zu beobachten, um ihm im anschließenden Auswertungsgespräch mitzuteilen, was ihnen aufgefallen ist. Mitfahrer und Seminarleiter beschreiben dabei, wie sicher sie sich während der Fahrt gefühlt haben.

Zweite Sitzung

In der zweiten Sitzung berichten sich die Teilnehmer der verschiedenen Fahrgruppen zunächst gegenseitig von den Erlebnissen und Ergebnissen ihrer Beobachtungsfahrten. Vom Seminarleiter werden Hinweise zu häufig beobachteten Fehlern gegeben. Anschließend werden anhand der vorbereiteten Aufzeichnungen einzelner Teilnehmer Fahrerbiografien untersucht, um herauszufinden, wodurch die Häufung von Auffälligkeiten verursacht wurde und wie sich dies für die Zukunft vermeiden lässt.

Dritte Sitzung

In der dritten Sitzung beschreiben die Teilnehmer, auf welche Weise Gefühle das Verhalten als Kraftfahrer beeinflussen. Anhand eigener Erlebnisse werden die Gefahren gefühlsgesteuerten Handelns und mögliche Gegenmaßnahmen erarbeitet. Verschiedene Fahrerrollen werden miteinander verglichen und das Leitbild des nüchtern-vernünftigen Fahrers besprochen. Dann werden weitere Faktoren, die zur Entstehung gefährlicher Situationen beitragen können, erörtert. Auch zur nächsten Sitzung erhalten die Teilnehmer einen Vorbereitungsauftrag.

Vierte Sitzung

Zu Beginn der vierten Sitzung wird über die Zusammenhänge zwischen Verkehrsverstößen und Unfallgefahren und die Verantwortung als Kraftfahrer diskutiert. Der Seminarleiter gibt dann grundsätzliche Hinweise zum Punktsystem und erläutert, welche Folgen weitere Auffälligkeiten haben könnten. Die Teilnehmer denken über die persönlichen Konsequenzen eines Fahrerlaubnisentzuges nach. Nach einem Rückblick auf den Verlauf des Seminars und die besprochenen Einzelthemen überlegt jeder Teilnehmer, inwieweit er sein Verhalten ändern muss und will, um in Zukunft möglichst keine weiteren Verkehrsverstöße zu begehen. Zum Schluss können die Teilnehmer dem Seminarleiter eine Rückmeldung geben, wie ihnen das Aufbauseminar insgesamt gefallen hat. Bei vollständiger Teilnahme erhalten sie dann die Teilnahmebescheinigung.

Teilnahmebescheinigung

Die Teilnahmebescheinigung kann nur erhalten, wer vollständig an allen Teilen des Aufbauseminars teilnimmt, immer pünktlich ist, nicht alkoholisiert oder unter Einfluss von Drogen zum Seminar kommt und den Ablauf des Seminars nicht stört. Wer diese Voraussetzungen nicht erfüllt, darf keine Teilnahmebescheinigung erhalten. Er muss dann an einem neuen Aufbauseminar vollständig teilnehmen.

HINWEIS

Bei nachweislich unverschuldetem Versäumen der vierten Gruppensitzung wird es allgemein für unverhältnismäßig angesehen, das gesamte Seminar erneut besuchen zu müssen. Im Wege der *Einzelausnahme* sollte dem Betroffenen die Möglichkeit eingeräumt werden, den versäumten vierten Seminarteil im Rahmen eines Einzelseminars nachzuholen.

Entsprechende Anträge müssen vom Betroffenen an die zuständige Fahrerlaubnisbehörde gerichtet werden.

3 Das besondere Aufbauseminar

Allgemeines

Besondere Aufbauseminare richten sich nach § 2b Abs. 2 StVG an Inhaber einer Fahrerlaubnis auf Probe bzw. nach § 4 Abs. 8 StVG an Inhaber einer Fahrerlaubnis, die unter Einfluss von Alkohol oder anderer berauschender Mittel am Straßenverkehr teilgenommen haben. In diesen sind die Ursachen, die bei den Teilnehmern zur Anordnung der Teilnahme geführt haben, zu diskutieren und Möglichkeiten für ihre Beseitigung zu erörtern. Wissenslücken der Kursteilnehmer über die Wirkung des Alkohols und anderer berauschender

HINWEIS

Nach § 153a Abs. 1 StPO kann die Staatsanwaltschaft vorläufig, unter Erteilung von Auflagen oder Weisungen, von der Erhebung einer öffentlichen Klage absehen, wenn diese geeignet sind, das öffentliche Interesse an der Strafverfolgung gegenüber dem Betroffenen zu beseitigen. Dabei steht der Staatsanwaltschaft nach Abs. 1 Nr. 6 als Auflage auch die Teilnahme an einem besonderen Aufbauseminar nach dem StVG zur Verfügung.

Anforderungen an besondere Aufbauseminare

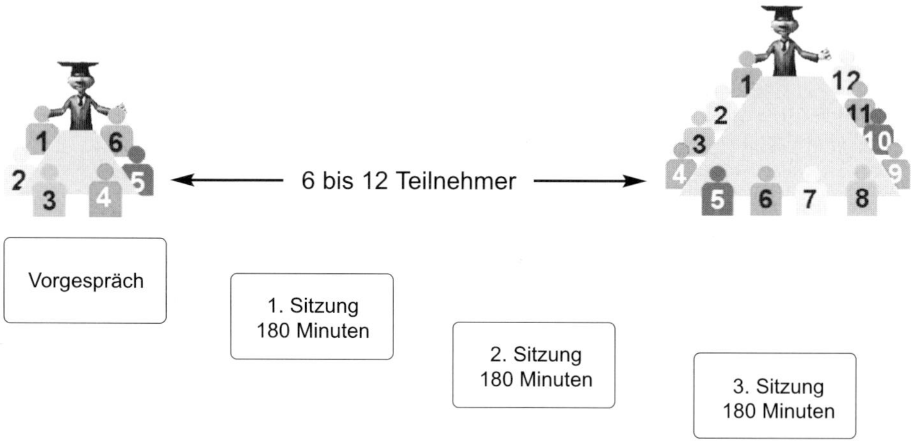

Mittel auf die Verkehrsteilnehmer sollen geschlossen und individuell angepasste Verhaltensweisen entwickelt und erprobt werden, um insbesondere Trinkgewohnheiten zu ändern sowie Trinken und Fahren künftig zuverlässig zu trennen. Durch die Entwicklung geeigneter Verhaltensmuster sollen die Kursteilnehmer in die Lage versetzt werden, einen Rückfall und weitere Verkehrszuwiderhandlungen unter Alkoholeinfluss oder dem Einfluss anderer berauschender Mittel zu vermeiden. Zusätzlich ist auf die Problematik der wiederholten Verkehrszuwiderhandlungen einzugehen (§ 36 Abs. 4 FeV).

Wie bei den „allgemeinen" Aufbauseminaren wurden aber nicht nur die Zielsetzung und Inhalte sehr detailliert beschrieben, auch die Eckwerte und die Dauer sind vom Gesetzgeber festgelegt worden. Somit wurden auch in diesem Bereich soweit als möglich und nötig Standards gesetzt.

Teilnehmerzahl

Das besondere Aufbauseminar ist in Gruppen mit mindestens sechs und höchstens zwölf Teilnehmern durchzuführen. Es besteht aus einem Kurs mit einem Vorgespräch und drei Sitzungen von jeweils 180 Minuten Dauer in einem Zeitraum von zwei Wochen (gemeint ist 14 Tage) bis vier Wochen sowie der Anfertigung von Kursaufgaben zwischen den Sitzungen (§ 36 Abs. 3 FeV).

Seminarleiter

Die Durchführung der „besonderen" Aufbauseminare beruht jedoch nicht auf einheitlichen Seminarkonzepten, wie dies von den „allgemeinen" Aufbau-

HINWEIS

Auch besondere Aufbauseminare können im Wege der Ausnahme auch als Einzelseminar durchgeführt werden (§§ 2b Abs. 1, 4 Abs. 8 StVG). Sie sollen jedoch nur zugelassen werden, wenn wegen der Besonderheiten des Einzelfalles die Mitwirkung bei den Gruppengesprächen nicht zielführend ist. Dies scheint regelmäßig bei Persönlichkeiten des öffentlichen Lebens (Schauspieler, Sportler etc.) geboten. In allen anderen Fällen, z. B. wegen sprachlicher Schwierigkeiten (Spätaussiedler, Migranten), körperlicher Probleme (Taubstumme) oder beruflicher Gründe (Bundeswehreinsatz oder Arbeit auf Schiffen o. ä.) wird die Zustimmungspraxis in den einzelnen Bundesländern unterschiedlich gehandhabt. Die Gespräche werden in diesen Fällen in drei Sitzungen zu je 90 Minuten durchgeführt (§ 36 Abs. 5 FeV).

seminaren bekannt ist. Hintergrund hierfür dürfte u. a. sein, dass nach §§ 2b Abs. 1, 4 Abs. 8 StVG i.V.m. §§ 36 Abs. 6, 43 FeV besondere Aufbauseminare nur von amtlich anerkannten Kursleitern durchgeführt werden dürfen, die folgende Voraussetzungen erfüllen:

1. Abschluss eines Hochschulstudiums als Diplom-Psychologe
2. Nachweis einer verkehrspsychologischen Ausbildung an einer Universität oder gleichgestellten Hochschule oder bei einer Stelle, die sich mit der Begutachtung oder Wiederherstellung der Kraftfahreignung befasst
3. Kenntnisse und Erfahrungen in der Untersuchung und Begutachtung der Eignung von Kraftfahrern, die Zuwiderhandlungen gegen Vorschriften über das Führen von Kraftfahrzeugen unter Einfluss von Alkohol oder anderen berauschenden Mitteln begangen haben
4. Ausbildung und Erfahrung als Kursleiter in Kursen für Kraftfahrer, die Zuwiderhandlungen gegen Vorschriften über das Führen von Kraftfahrzeugen unter Einfluss von Alkohol oder anderen berauschenden Mitteln begangen haben
5. Vorlage eines sachgerechten, auf wissenschaftlicher Grundlage entwickelten Seminarkonzeptes und

HINWEIS

Um den zuständigen Anerkennungsbehörden eine Bewertung des unter Nummer 5 geforderten „sachgerechten, auf wissenschaftlicher Grundlage entwickelten Seminarkonzeptes“ zu erleichtern, wird in verschiedenen Bundesländern ein diesen Sachverhalt bestätigendes unabhängiges Gutachten erbeten.

6. Nachweis geeigneter Räumlichkeiten sowie einer sachgerechten Ausstattung.

Außerdem dürfen keine Tatsachen vorliegen, die Bedenken gegen die Zuverlässigkeit des Kursleiters begründen.

Seminarkonzept

Entscheidendes Kriterium ist allein eine Zuwiderhandlung unter dem Einfluss von Alkohol und/oder anderen berauschenden Mitteln innerhalb der Probezeit. Folglich schwankt in der Praxis die Blutalkoholkonzentration bei den Teilnehmern zwischen 0,3 Promille und mehr als 3,0 Promille. Sowohl bei besonderen Aufbauseminaren nach § 2a StVG als auch nach § 4 StVG erfolgt vor der freiwilligen Teilnahme oder der Anordnung der Maßnahme durch die Fahrerlaubnisbehörde keine diagnostische Abklärung des bestehenden Umfangs der Problematik, d. h. die Teilnehmer sind unselektiert. Vergleichbares gilt für Teilnehmer mit Zuwiderhandlungen unter dem Einfluss berauschender Mittel. Auch hier ist zwischen alleinigem Konsum von Cannabis als Probierkonsum bis zu einer regelmäßigen politoxikomanen Einnahme von unterschiedlichen Drogen und Alkohol jedes Konsummuster vertreten.

Die höchst unterschiedlichen persönlichen Fallkonstellationen der Teilnehmer erweisen sich im Seminargeschehen als durchaus konstruktiv, begünstigt durch ein hohes Maß an Authentizität. In den besonderen Aufbauseminaren besteht eine geringere Tendenz einer Teilnahme im Sinne der „sozialen Erwünschtheit". Dies zeigt sich u. a. darin, dass die Teilnehmer weniger verharmlosen, kaschieren und verdecken als z. B. Teilnehmer in § 70 FeV Kursen. Die Konsumkarriere ist zeitlich deutlich kürzer, allerdings in Bezug auf die konsumierten Mengen und Stoffe z. T. bereits deutlich problematisch. Ferner zeigen die Erfahrungen, dass das abweichende Verhalten – zumindest bei den Fahranfängern – in dem lebensgeschichtlichen Kontext der Adoleszenz steht und geprägt ist von der Ablösung vom Elternhaus sowie beruflicher, gesellschaftlicher und persönlicher Selbstfindung. Der Stellenwert und damit Einfluss der Peer-Groups ist höher als der der Herkunftsfamilie. Das delinquente alkohol- und/oder drogenauffällige Verhalten ist geprägt durch Unwissenheit, Unachtsamkeit, Ausprobieren, Mutproben, jugendlichen Leichtsinn und Gruppenanpassung (-druck). Insgesamt zeigt sich, dass die Zusammensetzung des Teilnehmerkreises, bezogen auf die intellektuelle, soziale und sprachliche Kompetenz, heterogener ist.

Eine überwiegend altershomogene Gruppe in den besonderen Aufbauseminaren kann die Sozialisationsinstanz Peer-Group, die auch in Bezug auf die Entwicklung devianter Karrieren als Instanz sekundärer Sozialisation als entscheidend bezeichnet werden kann (Akzeptanz und positive Sanktion regelverletzenden Verhaltens), in positiver Weise spiegeln. Es werden in einer von Seminarzielen und -setting her anders gelagerten Gleichaltrigengruppe Begegnungen ermöglicht, die zu einer Relativierung und Neubewertung von Einstellungen, Überzeugungen und Verhalten beitragen können. Um dies in einem notwendigen Maße zu ermöglichen, ist in der Seminardurchführung auf hohe Anteile konkreten Erlebens mit anschließender Erfahrungsauswertung zu achten – allein ein „Reden über“ wäre kontraproduktiv.

Alle hier bekannten Seminarkonzepte, wie ALFA (Besonderes Aufbauseminar für alkohol- und drogenauffällige Fahranfänger), NAFA Plus (Nachschulung für alkoholauffällige Fahranfänger), IFT-Probe (Institut für Therapieforschung), IVS (Individualpsychologisches Verkehrsseminar) und DEKRA-Mobil, legen einen Focus auf Wissenszuwachs bezüglich Alkohol, Drogen und Verkehrszuwiderhandlungen. Bezüglich der Seminarmethoden stehen dem Kursleiter Elemente zur Verfügung, die jeweils auf den individuellen Seminarverlauf bezogen eingesetzt werden können.

Die nachfolgenden Ausführungen erfolgen am Beispiel des Seminarkonzepts IFT-P (Institut für Therapieforschung – Probezeit), das auf lerntheoretischer und verhaltenstherapeutischer Basis konzipiert ist. Von besonderer Bedeutung sind bei diesem Konzept u. a., je nach individueller Problemlage, die Elemente Entspannungstraining und Gedankenstop.

1. Verhaltenstherapeutischer Ansatz
   - Aufbau tragfähiger Arbeitsbeziehungen/Motivation
   - Persönliche Trinkkurve/Erhebung der aktuellen Trink- (Konsum-)gewohnheiten
   - Einführung in die Gesetzmäßigkeiten des Verhaltens und Lernens (Gewohnheitsbildung, Selbstverständlichkeiten, Verhaltensketten)
   - Verhaltensanalyse (Deliktanalyse) inkl. Trink- (Konsum-)motive
   - Deliktfolgen
   - Verhaltensplanung (Vermeidungsstrategien)
   - Selbstmanagement, z. B. auch Entspannungstechniken (incl. CD)
   - Rückfallprävention, individuelle Konzepte für den Umgang mit Alkohol (Argumentationsliste als motivierende Verfahren, Trink- (Konsum-)regeln, Vorwegnahme unangenehmer Folgen)
   - Wissensvermittlung
2. Begleitende Wissensvermittlung
   - Gesetzliche Promille-Grenzwerte und Sanktionen/Drogenkonsum und Sanktionen
   - Schätzformel BAK/Restalkohol

- Gesellschaftliche Bedeutung von Alkohol/Drogen
- Wirkungen von Suchtmitteln im Straßenverkehr/Unfallrisiko
- Bio-psycho-soziale Folgeschäden von Suchtmittelgebrauch/-missbrauch
- Suchtmittelmissbrauch/Suchtmittelabhängigkeit
- Wirkungen von Alkohol und Drogen
- Unfallrisiko/Fahrphysik
- Verwaltungsrechtliche Maßnahmen/Medizinisch-psychologische Begutachtung.

Seminarmaterialen

Zur Umsetzung des Seminarkonzeptes stehen dem Kursleiter für die Arbeit in den Sitzungen sowie in der häuslichen Erarbeitung der Seminarinhalte unterstützende Seminarmaterialen zur Verfügung. Diese berücksichtigen folgende Themenstellungen:

1. Rechtlicher Rahmen: Informationen zum Punktsystem, zur Fahrerlaubnis auf Probe, zum § 24a StVG, zu den Promillegrenzen in Europa
2. Unfallrisiko: bei Fahranfängern und bei Fahren unter Alkoholeinfluss, Beeinträchtigungen durch Alkohol und Drogen, Rolle des Beifahrers
3. Promille: Promilleberechnung mit der Schätzformel (Auf- und Abbau), Alkoholgehalt alkoholischer Getränke
4. Risiko erneuter Verkehrsauffälligkeit: Schätzung der Rückfallwahrscheinlichkeit, Handlungsmöglichkeiten bei erneuter Fahrt unter Alkohol-/Drogeneinfluss
5. Erfahrungen mit Alkohol: persönliche Trinkkurve unter Einbeziehung der Trinkmengen und biographischen Erfahrungen, Vorsätze für künftiges Trinkverhalten, Besprechung mit einer nahestehenden Person
6. Erfahrungen mit Alkohol und anderen Drogen: Bedeutung von Alkohol/Drogen im Leben, positive Erlebnisse mit Alkohol-/Drogenkonsum, Motive zum Alkohol-/Drogenkonsum, Ziele für die nächsten fünf bis zehn Jahre, besserer Umgang mit Ärger/Unzufriedenheit, bereits geänderter Umgang mit Alkohol/Drogen, eigene Erfahrungen mit Drogen bezüglich Verwendung, Wirkung, akuten Gefahren des Missbrauchs, Langzeitfolgen
7. Sonstige Folgen/Schäden: finanzielle Folgen, weitere Folgen wie Ärger, Behinderungen etc., Alkohol-/Drogenkonsum und Folgen für die Gesellschaft
8. Missbrauch/Abhängigkeit: medizinische und psychologische Informationen zur Alkohol- und Drogenabhängigkeit und der Entwicklung dahin, unter besonderer Berücksichtigung von Kindern/Jugendlichen
9. Vermeidung erneuter Auffälligkeiten: Fallgeschichte einer erneuten Auffälligkeit nach Teilnahme an einem besonderen Aufbauseminar und

medizinisch-psychologischer Begutachtung, mit Aufgaben zum künftigen Trennen von Suchtmittelkonsum und Fahren sowie zu Überlegungen und Verhaltensregeln für einen kontrolliert-bewussten Konsum bzw. für eine suchtmittelabstinente Lebensweise (Konzept, Vermeidungsstrategien, schwierige Situationen, Alternativen, Alarmzeichen)
10. Weiterführende Literatur
11. Trink-/Konsumprotokolle
12. Auswertung der Trinkprotokolle: zur täglichen Dokumentation von Anlass, Art und Menge der alkoholfreien und der alkoholischen Getränke sowie der konsumierten illegalen Drogen, Auswertung der Trink-/Konsumprotokolle
13. Ablehnungstraining: Übungen zum wirkungsvollen Ablehnen von Angeboten zum Alkohol-/Drogenkonsum bzw. zum Autofahren unter Alkohol-/Drogeneinfluss (Rollenspiel) mit Übungsblättern „Situationen zum Ablehnen der Fahrt unter Alkoholeinfluss bzw. unter Drogeneinfluss"
14. Fahrtenbuch: Wahrnehmungsschulung als Verkehrsteilnehmer durch Beschreibung der Verkehrssituationen, eigener Handlungen und Gefühle, von Reaktionen und Gedanken sowie dem Verhalten anderer Verkehrsteilnehmer
15. Punkte in Flensburg: Informationen zum Verkehrszentralregister sowie Auszug aus dem Strafgesetzbuch/Bußgeldkatalog.

Seminardurchführung

Vorgespräch

Von erheblicher Bedeutung für das Gelingen des Seminars - auch im Interesse des Teilnehmers - ist es, dass erst nach einem Vorgespräch und verständlicher Erläuterung der Vertragsbedingungen der Seminarvertrag geschlossen wird. Im Vertrag verpflichten sich die Teilnehmer, die Kursregeln zu beachten:

- pünktliche und vollständige Teilnahme, wobei pünktlich bedeutet, spätestens zur vereinbarten Anfangszeit im Seminarraum anwesend zu sein
- aktive Mitarbeit einschließlich der Bearbeitung der Schulungsaufgaben
- nicht alkoholisiert oder unter dem Einfluss anderer berauschender Mittel erscheinen
- Mobiltelefone ausschalten
- vertrauliche Behandlung der persönlichen Angaben anderer Teilnehmer.

Teilnehmern, die der deutschen Sprache nicht oder nur wenig mächtig sind, werden die Regelungen mit Unterstützung der Sprachkompetenzen anderer Teilnehmer - soweit möglich - individuell nahe gebracht. Sollte sich der Teilnehmer dennoch gruppenwidrig verhalten, die Arbeit der Gruppe erheblich stören oder gar unter dem Einfluss legaler und/oder illegaler berauschender Mittel teilnehmen, was in Verdachtsfällen mit Zustimmung des Teilnehmers mittels Atemalkoholtest oder Drogenschnelltest vor Ort überprüft wird, wird er von der weiteren Teilnahme ausgeschlossen. Gleiches gilt bei Versäumen einer oder mehrerer Sitzungen.

HINWEIS

Bei nachweislich unverschuldetem Versäumen der vierten Gruppensitzung wird es allgemein für unverhältnismäßig angesehen, das gesamte Seminar erneut besuchen zu müssen. Im Wege der *Einzelausnahme* sollte dem Betroffenen die Möglichkeit eingeräumt werden, den versäumten vierten Seminarteil im Rahmen eines Einzelseminars nachzuholen. Die Regelungen der Bundesländer können diesbezüglich unterschiedlich sein.

Entsprechende Anträge müssen vom Betroffenen an die zuständige Fahrerlaubnisbehörde gerichtet werden.

Nach Prüfung der Identität der Teilnehmer anhand eines Lichtbildausweises (Personalausweis/Pass) wird der Seminarvertrag verbindlich geschlossen (Unterschrift Teilnehmer und Seminarleiter).

Vorstellungsrunde

Die inhaltliche Seminararbeit beginnt zunächst mit einer Vorstellungsrunde, die zum Kennenlernen dient. Dabei befragen sich die Teilnehmer und der Seminarleiter untereinander in Zweier-Gruppen. Die Aufgabe wird so gestellt, dass der Befragende später jeweils sein Gegenüber vorstellen muss. Diese Übung trägt zur Sensibilisierung für die anderen Seminarteilnehmer bei, schult im genauen Zuhören und aktiviert alle Teilnehmer. Nachfolgend werden, illustriert mit kleinen Beispielen aus der Erfahrungswelt der Teilnehmer bezüglich Alkohol-/Drogenkonsum, die drei Gesetzmäßigkeiten, nach denen Verhaltensweisen gelernt werden, als „Auslöser – Verhalten – Folgen“ Ketten vorgestellt:

- Lernen durch die Folgen (angenehme und unangenehme) des Verhaltens
- Lernen durch Ereignisse, die dem Verhalten vorausgehen
- Lernen durch Beobachtung und Nachahmung.

Im Weiteren wird modellhaft vorgestellt, dass die Folgen eines Verhaltens wiederum als Auslöser für ein weiteres Verhalten wirken. Die Teilnehmer werden darauf hingewiesen, dass es entscheidend ist, den Punkt am Anfang einer Verhaltenskette zu erkennen, an dem es noch möglich ist, sich anders zu verhalten und damit zufriedenstellende und unproblematische Folgen zu erreichen.

Als Hausaufgaben werden im Seminarmaterial die Einheiten „Erhebung der aktuellen Trink-/Konsumgewohnheiten", „Deliktanalyse/-folgen", „Promilleberechnung und Promillegrenzwerte" einführend erläutert und in ihrer Bedeutung als Grundlage für die Arbeit in der ersten Seminarsitzung nachhaltig vermittelt. Das Seminarmaterial ist zu jeder Sitzung mitzubringen, da sich in ihr die sachgerechte Bearbeitung der Arbeitsaufträge zwischen den Sitzungen dokumentiert.

Erste Sitzung

In der ersten Sitzung wird zu Beginn als Aufwärmphase von jedem Teilnehmer ein kurzes Statement zu seiner aktuellen körperlichen und seelischen Befindlichkeit abgegeben. Im Anschluss werden die Hausaufgaben besprochen. Die Erhebung der aktuellen Trink-/Konsumgewohnheiten ist eine Selbstkontrollmaßnahme. Die Entwicklung der Fähigkeit zur Selbstkontrolle setzt voraus, dass Kompetenzen zur Selbstwahrnehmung vorliegen. Ziel ist es, die auslösenden, verstärkenden und hemmenden Bedingungen für problematische und für angemessene Verhaltensmuster zu nennen. Insofern ist Selbstbeobachtung eine grundlegende Bedingung für Einstellungs- und Verhaltensänderungen und damit eine Voraussetzung zur Erreichung des übergeordneten Lernzieles, Verantwortung für das eigene Handeln zu übernehmen. Nachfolgend wird das Delikt/die Auffälligkeit, die Anlass für die Seminarteilnahme ist, thematisiert. Gleichzeitig gilt es erneute Delikte gleicher Art künftig sicher auszuschließen.

Alle Teilnehmer berichten, vorbereitet durch die häusliche Bearbeitung der Einheiten „Deliktanalyse" und „Promilleberechnung" in den Seminarmaterialien, offen und detailgetreu über ihr Delikt unter Berücksichtigung folgender Kategorien:

- Anlass für den Alkohol-/Drogenkonsum
- Blutalkoholkonzentration/Drogenkonzentration im Blut
- Menge der Konsumeinheiten
- Motiv(e), ein Kraftfahrzeug zu führen
- Bedenken vor Fahrtantritt
- Subjektive Einschätzung der Fahrtüchtigkeit
- Art des Auffälligwerdens
- Objektive und subjektive Möglichkeiten der Vermeidung der Fahrt
- Rückblickend: Kernursache des Auffälligwerdens.

In der Art und Weise, wie das Delikt zustande gekommen ist, zeigen sich alle nicht angemessenen Einstellungen und Verhaltensweisen, die im Rahmen des Kurses bearbeitet werden müssen. Eine sorgfältige Deliktanalyse trägt einerseits zu einem funktionalen Bedingungsmodell des Suchtmittelkonsums bei und liefert andererseits notwendige Hinweise zum Vermeiden zukünftiger Fahrten unter Suchtmitteleinfluss.

Zum Abschluss des ersten Seminartages werden als Hausaufgaben

- die Fortführung der Erhebung der aktuellen Trink-/Konsumgewohnheiten sowie
- die Erarbeitung der Einheit „Persönliche Trinkkurve"

aufgegeben.

Zweite Sitzung

Auch in der zweiten Sitzung wird zu Beginn als Aufwärmphase von jedem Teilnehmer ein kurzes Statement zur aktuellen körperlichen und seelischen Befindlichkeit abgegeben. Im Anschluss werden die Hausaufgaben aus der ersten Sitzung besprochen. Thema dieser Sitzung ist dann zuerst die Bewusstmachung der eigenen Konsumgewohnheiten im Lebensverlauf. Die Teilnehmer erstellen ihre persönliche Trink- (Konsum-)kurve unter Berücksichtigung durchschnittlicher Konsummengen, Konsumspitzen sowie biographischer Erfahrungen. Wichtig ist es, die eigenen Konsumgewohnheiten zu erkennen und diese offen benennen zu können, nach dem Motto: Selbsterkennen als entscheidender Schritt zur Verhaltensänderung.

Im Weiteren werden individuell die Auslöser für den Konsum von Suchtmitteln ermittelt, wobei sich in der Teilnehmergruppe oftmals vergleichbare Auslöser für den Suchtmittelkonsum ergeben, da der Suchtmittelkonsum im Wesentlichen im Gruppenzusammenhang stattfindet. Darauf aufbauend werden anschließend die Motive für den Konsum z. B. in Kleingruppen erarbeitet. Neben den wesentlichen Konsummotiven, Gruppenanpassung gepaart mit Selbstunsicherheit, sind es auch die erlebten Wirkungen der Suchtmittel, die vordergründig als positiv erlebt werden. Typisch für die Altersgruppe ist es dabei Grenzerfahrungen zu suchen. Zudem gibt es auch immer wieder individuelle Motive.

Parallel dazu beschäftigen sich die punktebelasteten Teilnehmer mit der Frage nach den Gründen für ihr regelmissachtendes Verhalten im Straßenverkehr.

Weiterhin werden in der Sitzung Wissensdefizite zu den Themen Alkohol und Drogen (im Straßenverkehr) und Verkehrsauffälligkeiten geklärt und zur Vertiefung als Hausaufgabe aufgegeben. Zudem sollen die Teilnehmer sich überlegen und konkret festlegen, wie sie künftig mit Suchtmitteln umgehen werden bzw. wie sie künftig ohne erneute Auffälligkeiten am Straßenverkehr teilnehmen wollen und wie sie ihre Ziele auch sicher erreichen können. In diese Überlegungen sollen explizit sog. Glatteisstellen und Risikosituationen einbezogen werden.

Zum Abschluss des zweiten Seminartages werden als Hausaufgaben die Fortführung der Erhebung der aktuellen Trink-/Konsumgewohnheiten sowie die Erarbeitung der Einheit „Vorwegnahme unangenehmer Folgen" aufgegeben.

Dritte Sitzung

Auch in der dritten Sitzung wird zu Beginn in gewohnter Form als Aufwärmphase von jedem Teilnehmer ein kurzes Statement zur aktuellen körperlichen und seelischen Befindlichkeit abgegeben. Im Anschluss werden die Hausaufgaben aus der zweiten Sitzung besprochen.

Das spezifische Ziel des Seminars ist die bewusste Übernahme von Verantwortung für das eigene Handeln, also auch für den künftigen Umgang mit Suchtmitteln. Um dieses Ziel zu erreichen, sind in dieser letzten Sitzung tragfähige Konzepte für den zukünftigen Umgang mit Suchtmitteln zu entwickeln. Dazu sind als Ersatz für den Suchtmittelkonsum alternative, als befriedigend erlebte Verhaltensweisen, abgeleitet aus dem bisherigen Lebenskontext, zu entwickeln bzw. zu reaktivieren.

Um einen Rückfall in frühere Konsumgewohnheiten zu vermeiden, gilt es entsprechende Techniken zu vermitteln und einzuüben, z. B. durch die Übungen „Vorwegnahme unangenehmer Folgen", „Gedankenstopp" oder durch das „Ablehnungstraining im Rollenspiel". Zudem können gemeinsam Regeln zum kontrollierten Konsum erarbeitet werden. Entsprechend sind Konzepte für eine künftig regelachtende Verkehrsteilnahme zu entwickeln, und – bezogen auf die individuelle Problematik – konkret-situativ zu verankern. Auch diesbezüglich bietet sich die Technik der „Vermeidung unangenehmer Folgen" an.

Zum Abschluss wird für eine weitere Auseinandersetzung mit der Seminarthematik, auch über die Sitzungen hinaus, geworben und die Umsetzung der je individuellen Zielsetzung für einen künftig vernünftigen, d. h. weder gesundheitlich noch sozial auffälligen, Suchtmittelkonsum, forciert. Insofern können auch einzelne Aufträge mitgegeben werden, mit dem Angebot sich nach einer bestimmten Zeit zur Erfahrungsauswertung zu melden.

Schweigepflicht

Die Seminarleiter unterliegen der Schweigepflicht gemäß § 203 StGB. D. h., es werden keine Tatsachen aus dem Seminar an Dritte weitergegeben bzw. in anderen Zusammenhängen mit der Fahrerlaubnis, z. B. im Rahmen einer medizinisch-psychologischen Begutachtung verwendet. Dies ist auch insofern auszuschließen, als nach Anlage 15 Nummer 4 zu § 11 Abs. 5 FeV jemand, der eine Person in einem Kurs zur Wiederherstellung der Kraftfahreignung oder in einem Aufbauseminar betreut, betreut hat oder voraussichtlich betreuen wird, diese Person nicht untersuchen oder begutachten darf.

Vergleichbares gilt für den Seminarteilnehmer. Auch er verpflichtet sich in dem Vertrag, der im Vorgespräch nach ausführlicher Erläuterung geschlossen wird, alle zum persönlichen Lebensbereich anderer Teilnehmer zählenden Tatsachen, die ihm/ihr im Rahmen des Seminars bekannt werden, vertraulich zu behandeln.

Dokumentation

Unabhängig vom inhaltlichen Ablauf des Seminars gibt es – von einigen wahrscheinlich als bürokratisch empfundene – verwaltungstechnische Aufgaben zu beachten, die jedoch einen wichtigen Beitrag zur Sicherung der Qualität leisten. So sind Ablauf und Inhalt der Seminarsitzungen in einem Protokoll zu dokumentieren. Für die Richtigkeit der Angaben unterschreibt der Seminarleiter nach jeder Sitzung unter Angabe des Datums. Ferner wird in einer Teilnehmerliste die Anwesenheit der Teilnehmer an den einzelnen Sitzungen durch Unterschrift und Datumsangabe dokumentiert. Außerdem wird auf dieser die Überprüfung der Personenidentität durch Vergleich mit einem Lichtbildausweis (Nummer wird notiert) festgehalten.

Hat der Teilnehmer an allen Sitzungen aktiv teilgenommen und alle sich aus dem Vertrag ergebenden Verpflichtungen erfüllt, wird durch den Seminarleiter am Ende der letzten Seminarsitzung eine Teilnahmebescheinigung ausgegeben. Die Teilnahmebescheinigung sollte fälschungserschwerend gestaltet sein.

Wirksamkeit

Anders als bei den Kursen zur Wiederherstellung der Kraftfahreignung nach § 70 FeV müssen die besonderen Aufbauseminare ihre Wirksamkeit nicht in einem nach dem Stand der Wissenschaft durchgeführten Bewertungsverfahren, kurz: Evaluation, nachgewiesen haben. Dennoch finden sich, allerdings bis heute nicht näher definierte Ansätze in der FeV. Nach § 37 Abs. 3 sind die erhobenen personenbezogenen Daten grundsätzlich sechs Monate nach Abschluss des jeweiligen Seminars zu löschen. Ausnahmen bilden die Daten, welche für Maßnahmen der Qualitätssicherung oder Aufsicht erforderlich sind. Wie genau diese Maßnahmen aussehen, lässt der Gesetzgeber offen.

Im Rahmen einer freiwilligen Selbstverpflichtung haben Kursanbieter dennoch die Wirksamkeit der Seminare untersucht. So wurde in einer Wirksamkeitsstudie von Jacobshagen die Rückfallrate von 1 211 Teilnehmern an dem früher in Anwendung befindlichen Seminarkonzept „Nachschulung für alkoholauffällige Fahranfänger" (NAFA) mit den Ergebnissen einer „unbehandelten" Referenzgruppe verglichen. Nach 36 Monaten waren 14,4 % der Seminarteilnehmer erneut mit Alkohol im Straßenverkehr auffällig geworden, im Gegensatz zu 31,6 % Wiederauffälligen ohne Seminarteilnahme. Dies bedeutet eine Senkung der Rückfallwahrscheinlichkeit durch eine NAFA – Seminarteilnahme um 54 % [Bartl et al. 2002].

Aufsicht

Aber nicht nur die Regelungen hinsichtlich der Evaluation der Kurse lassen Optimierungspotential erkennen. Gleiches gilt für die Ausübung der Aufsicht durch die anerkennenden Behörden, denn die Überwachung wird höchst unterschiedlich gehandhabt. Grundlage hierfür bildet die bewusst offen gehaltene Formulierung in § 36 Abs. 6 FeV. Danach kann die Anerkennung der Kursleiter – nicht etwa der Kurse oder der Kursanbieter – mit Auflagen insbesondere hinsichtlich der Aufsicht über die Durchführung sowie der Teilnahme an Fortbildungsmaßnahmen verbunden werden.

Im Ergebnis der Umsetzung erhalten alle Anerkennungsbehörden Jahresberichte, in denen neben umfangreichen statistischen Auswertungen über die Teilnehmerzahl und -struktur und die Anzahl der durchgeführten Seminare pro Seminarleiter auch eine zusammenfassende Bewertung erwartet wird. Andere Anerkennungsbehörden fordern einen regelmäßig zu erbringenden Nachweis über das weitere Vorliegen der Voraussetzungen auf Seiten der Seminarleiter (Fortbildungen, persönliche Zuverlässigkeit). Auch werden Berichte über jedes einzelne besondere Aufbauseminar erbeten, d. h. die Mitteilung über die geplanten Seminartermine bzw. den Abschluss des Seminars und/oder ergänzend eine detaillierte, anonymisierte Auflistung des Teilnehmerkreises nach Alter, Delikt, Geschlecht etc.

In wenigen Fällen kommt es sogar zur persönlichen Teilnahme durch Vertreter der Erlaubnisbehörde an einem besonderen Aufbauseminar, entweder an einer oder an mehreren Sitzungen, mit Überprüfung der Anerkennungsbescheidkonformen Durchführung vor Ort.

4 Die verkehrspsychologische Beratung

Allgemeines

Diese Maßnahme ersetzt seit 1999 die bis dahin als zweite Stufe vorgesehene Wiederholung der Fahrerlaubnisprüfung. In seiner Begründung[22] hat der Gesetzgeber dazu ausgeführt, dass nur unter einem Prozent der Teilnehmer diese Prüfung auch nach einmaliger Wiederholung nicht bestanden haben. Dies legt den Schluss nahe, dass die Ursache für die erneute Zuwiderhandlung weniger in der mangelnden Kenntnis der straßenverkehrsrechtlichen Bestimmungen oder in der fehlenden Fahrzeugbeherrschung als vielmehr in der falschen Einstellung zum Straßenverkehr zu suchen ist.

Vor dem Hintergrund der bisherigen Erfahrungen kann festgestellt werden, dass nur ein geringer Prozentsatz des in Frage kommenden Personenkreises von der Möglichkeit der verkehrspsychologischen Beratung Gebrauch macht. Im Jahr 2005 haben laut KBA-Statistik 100 000 Kraftfahrer an Aufbauseminaren bzw. besonderen Aufbauseminaren im Rahmen des Punktsystems teilgenommen, und 10 000 Fahranfänger wurden nach Teilnahme an einem Aufbauseminar/besonderen Aufbauseminar und erneuter Auffälligkeit verwarnt. Allerdings sind nur ca. 5 000 Teilnehmer an einer verkehrspsychologischen Beratung im Verkehrszentralregister vermerkt. Ein möglicher Grund hierfür mag in der Tatsache liegen, dass eine Teilnahme vor Erreichen von 14 Punkten zwar grundsätzlich möglich ist, aber zu keinem Punkterabatt führt. Die meisten Interessenten nehmen spätestens nach dieser Information Abstand von einer Teilnahme. Bei Nichtteilnahme erfolgen auch keinerlei Sanktionen, da die Teilnahme sowohl im Rahmen der Fahrerlaubnis auf Probe als auch im Rahmen des Punktsystems freiwillig ist. Allerdings ist im Falle einer zu einem späteren Zeitpunkt möglicherweise erforderlichen medizinisch-psychologischen Begutachtung die Entscheidung, von dem Angebot keinen Gebrauch gemacht zu machen, vom Betroffenen zu begründen.

Wurden noch bei den „allgemeinen“ und den „besonderen“ Aufbauseminaren vom Gesetzgeber nicht nur die Zielsetzung, sondern auch die Eckwerte und die Dauer des Seminars festgelegt, reduziert sich die Vorschriftentiefe bei der verkehrspsychologischen Beratung allein auf die Zielsetzung. Nach der Intention des Gesetzgebers soll in der verkehrspsychologischen Beratung der Inhaber der Fahrerlaubnis veranlasst werden, Mängel in seiner Einstellung zum Straßenverkehr und im verkehrssicheren Verhalten zu erkennen und die Bereitschaft entwickeln, diese Mängel abzubauen.

22 BR-Drs 821/96

Verkehrspsychologische Berater

Aber nicht nur die zurückhaltende Einflussnahme hinsichtlich der Vorgaben bei den Eckwerten ist bemerkenswert. Einführung, Organisation, Qualitätssicherung und Evaluation der verkehrspsychologischen Beratung wurden erstmals im Fahrerlaubnisrecht einem Berufsverband anvertraut. In § 71 Abs. 1 FeV wurde festgelegt, dass für die Durchführung der verkehrspsychologischen Beratung nach § 4 Abs. 9 des Straßenverkehrsgesetzes die Personen im Sinne dieser Vorschrift als amtlich anerkannt gelten, die eine Bestätigung der Sektion Verkehrspsychologie im Berufsverband Deutscher Psychologinnen und Psychologen e.V. besitzen. Die Sektion Verkehrspsychologie im Berufsverband Deutscher Psychologinnen und Psychologen e.V. hat nach § 71 Abs. 2 FeV diese Bestätigung auszustellen, wenn der Berater folgende Voraussetzungen nachweist:

1. Abschluss eines Hochschulstudiums als Diplom-Psychologe,
2. eine verkehrspsychologische Ausbildung an einer Universität oder gleichgestellten Hochschule oder einer Stelle, die sich mit der Begutachtung oder Wiederherstellung der Kraftfahreignung befasst, oder an einem Ausbildungsseminar, das vom Berufsverband Deutscher Psychologinnen und Psychologen e.V. veranstaltet wird,
3. Erfahrungen in der Verkehrspsychologie
   - durch mindestens dreijährige Begutachtung von Kraftfahrern an einer Begutachtungsstelle für Fahreignung oder mindestens dreijährige Durchführung von Aufbauseminaren oder von Kursen zur Wiederherstellung der Kraftfahreignung oder
   - im Rahmen einer mindestens fünfjährigen freiberuflichen verkehrspsychologischen Tätigkeit, welche durch Bestätigungen von Behörden oder Begutachtungsstellen für Fahreignung oder durch die Dokumentation von zehn Therapiemaßnahmen für verkehrsauffällige Kraftfahrer, die mit einer positiven Begutachtung abgeschlossen wurden, erbracht werden kann oder
   - im Rahmen einer dreijährigen freiberuflichen verkehrspsychologischen Tätigkeit mit Zertifizierung als klinischer Psychologe/Psychotherapeut entsprechend den Richtlinien des Berufsverbandes Deutscher Psychologinnen und Psychologen e.V. oder durch eine vergleichbare psychotherapeutische Tätigkeit und
4. Teilnahme an einem vom Berufsverband Deutscher Psychologinnen und Psychologen e.V. anerkannten Qualitätssicherungssystem, soweit der Berater nicht bereits in ein anderes, vergleichbares Qualitätssicherungssystem einbezogen ist. Erforderlich sind mindestens:

- Nachweis einer Teilnahme an einem Einführungsseminar über Verkehrsrecht von mindestens 16 Stunden,
- regelmäßiges Führen einer standardisierten Beratungsdokumentation über jede Beratungssitzung,
- regelmäßige Kontrollen und Auswertung der Beratungsdokumente und
- Nachweis der Teilnahme an einer Fortbildungsveranstaltung oder Praxisberatung von mindestens 16 Stunden innerhalb jeweils von zwei Jahren.

Weiterhin muss der Berater gemäß § 4 Abs. 9 Nr. 1 StVG seine persönliche Zuverlässigkeit nachweisen.

Nach den gesetzlichen Bestimmungen gilt im Rahmen der verkehrspsychologischen Beratung folglich die Person des Beraters als amtlich anerkannt.

Qualitätssicherung

Seitens des Gesetz- und Verordnungsgebers wurden mit Einführung der Fahrerlaubnis-Verordnung im Jahr 1999 verschiedene Möglichkeiten der Sicherung der Qualität von verschiedenen Maßnahmen gewählt. So müssen beispielsweise die Träger von Begutachtungsstellen für Fahreignung nicht nur von den zuständigen Behörden amtlich anerkannt werden, sondern sie müssen auch akkreditiert sein. Gleiches gilt für die Stellen, die Kurse zur Wiederherstellung der Kraftfahreignung nach § 70 FeV durchführen (§ 72 FeV). Ein anderes, die öffentliche Verwaltung entlastendes Verfahren wurde im Zusammenhang mit der verkehrspsychologischen Beratung gewählt.

Um einheitliche Standards für das Anerkennungsverfahren der Berater zu gewährleisten, wurde vom Verordnungsgeber die Sektion Verkehrspsychologie im Berufsverband Deutscher Psychologinnen und Psychologen e.V. als unterstützende Stelle benannt. Die Sektion Verkehrspsychologie wurde vom Präsidium berechtigt, die durch die FeV erforderlich gewordenen notwendigen Verfahrensschritte durchzuführen [Schubert, Kranich, 2007]. Ein erster „Leitfaden" wurde erstellt und dem fortschreitenden Erkenntnisgewinn wiederholt angepasst. Am 20. Juni 2001 wurde die heute noch gültige Fassung des Leitfadens zur verkehrspsychologischen Beratung nach § 71 der Fahrerlaubnis-Verordnung (Fassung 5.0) verabschiedet [ZVS 47, 2001]. Er regelt nach eigenem Bekunden die Anforderungen an Organisation und Durchführung verkehrspsychologischer Beratungen (Qualitätsmanagement) und das Verfahren für die Erlangung von Bestätigungen nach § 71 FeV als verkehrspsychologische/r Berater/in.

Um die Qualifikation als verkehrspsychologischer Berater aufrechtzuerhalten, müssen gemäß § 71 Abs. 3 FeV alle zwei Jahre folgende Nachweise geführt werden:

- Teilnahme an einer verkehrspsychologischen Fortbildungsveranstaltung oder Praxisberatung (Minimum 16 Stunden)
- qualitätsgesicherte Durchführung der Beratungen, belegt durch
  - Einbindung in ein Qualitätssicherungssystem
  - Einhaltung der Regularien, wie im Qualitätssicherungssystem niedergelegt
  - regelmäßiges Führen einer standardisierten Beratungsdokumentation über jede Beratungssitzung
  - regelmäßige Kontrollen und Auswertung der Beratungsdokumente
- persönliche Zuverlässigkeit, nachgewiesen durch periodisch eingeholte Auszüge aus dem VZR und dem BZR.

Insbesondere die Frage des Nachweises einer qualitätsgesicherten Durchführung der Beratungen, belegt durch die Einbindung in ein Qualitätssicherungssystem, wird aus aktuellem Anlass derzeit kontrovers diskutiert [Brieler, 2006; Allhoff-Cramer, 2006; Schubert, Kranich, 2007]. Hintergrund bildet dabei die den verkehrspsychologischen Beratern eröffnete Möglichkeit, sich dem vom Berufsverband Deutscher Psychologinnen und Psychologen e. V. offiziell anerkannten Qualitätssicherungssystem zu verpflichten, welches durch die Sektion Verkehrspsychologie betrieben wird. Der Berater hat in der Folge gegenüber der Sektion entsprechend der Regelungen des Leitfadens einen Antrag auf Aufrechterhaltung der Anerkennung zu stellen und nachzuweisen:

- die Teilnahme an entsprechenden, von der Sektion Verkehrspsychologie anerkannten Fortbildungsveranstaltungen (die Sektion führt eine Liste, aus der die Anzahl der anerkannten Veranstaltungen bzw. Stunden hervorgeht)
- die Beratungsdokumentationen, d. h. in diesem Fall allein die anonymisierten Beratungsprotokolle (in Kopie)
- die Überweisung einer Gebühr in Höhe von 180 EUR für die Antragsbearbeitung und Registerführung.

Die Sektion Verkehrspsychologie im Berufsverband Deutscher Psychologinnen und Psychologen e. V. erstellt jährlich einen Jahresbericht zur Information der Aufsichtsbehörden und der (Fach-)Öffentlichkeit, zuletzt für das Jahr 2003[23] und aktuell in einem „Bericht zur verkehrspsychologischen Beratung nach § 71 FeV – Sachstand und Perspektiven" für die Jahre 1999 bis 2006 zusammengefasst[24].

---

23 Verkehrspsychologische Beratung. Jahresbericht 2003 vom 18.5.2005; www.bdp-verkehr.de

24 Bericht zur verkehrspsychologischen Beratung nach § 71 FeV – Sachstand und Perspektiven vom 15.5.2007; www.bdp-verkehr.de

Alle verkehrspsychologischen Berater informieren die Sektion Verkehrspsychologie jeweils zum Jahresende über die Anzahl der von ihnen durchgeführten Beratungen und Fahrproben.

Weiterhin geben die Berater aus ihrer subjektiven Sicht eine zusammenfassende Bewertung der Maßnahme nach den Punkten Erkenntnisgewinn, Verhaltensänderung, prognostische Beurteilung, Akzeptanz der Maßnahme durch die Klienten, Beschwerden sowie sonstige Besonderheiten oder Probleme.

Die Beratung findet als Einzelgespräch statt und kann gegebenenfalls durch eine Fahrprobe ergänzt werden, wenn der Berater dies für erforderlich hält (§ 38 FeV). Das Ergebnis der Beratung ist nur für den Betroffenen bestimmt und nur diesem mitzuteilen. Der Betroffene erhält eine Bescheinigung über die Teilnahme zur Vorlage bei der Fahrerlaubnisbehörde.

Sowohl in Fällen der Teilnahme an einer verkehrspsychologischen Beratung im Rahmen der Fahrerlaubnis auf Probe als auch nach dem Punktsystem erfolgt die Teilnahme unselektiert. Eine vorherige diagnostische Abklärung der Problematik erfolgt vor dem Hintergrund der Freiwilligkeit nicht. Die Erfahrungen der letzten Jahre haben gezeigt, dass der Teilnehmerkreis in seiner Motivation wie folgt charakterisiert werden kann:

- Der Abbau von 2 Punkten erscheint lohnenswert, weil bei einer weiteren Auffälligkeit der Punktestand auf 18 Punkte und mehr anzusteigen droht oder
- der Sicherheitsabstand zur Schwelle von 18 Punkten soll vergrößert werden.

Denn so viel wissen die Betroffenen durch entsprechende Hinweise von ihrem Rechtsanwalt oder einem Fahrlehrer: Bei 18 Punkten sind sie die Fahrerlaubnis/den Führerschein los. In der Beratung sieht der Betroffene – wenn auch vielleicht nur untergeordnet – die Chance, mit Hilfe fachkundiger Unterstützung einer weiteren Punktekarriere Einhalt zu gebieten, indem zukünftig mit veränderter Einstellung und regelkonform am Straßenverkehr teilgenommen wird. Diese sich bietende Chance gilt es zu nutzen.

Beratungsdurchführung

Nach der Anmeldung erhält der Interessent einen Beratungsvertrag sowie ein Formblatt „Auszug aus dem Verkehrszentralregister (VZR)" zugeschickt, mit der Bitte, den Vertrag unterschrieben zurückzusenden, das Beratungsentgelt zu überweisen und den VZR-Auszug mit einem beiliegenden Formblatt zu beantragen.

Im Vertrag wird auf die Ausschlussgründe wie alkoholisierte Teilnahme, die Teilnahme unter Drogeneinfluss, bewusstes Stören bzw. sonstige Unzumutbarkeiten, Handy nicht ausgeschaltet, mangelnde Mitarbeit (z. B. Hausaufgaben nicht bearbeitet), unpünktliches Erscheinen verwiesen. Hiermit wird die Ernsthaftigkeit der verkehrspsychologischen Beratung als Maßnahme herausgestellt. Bereits hier geht es um die Beachtung und Einhaltung eines extern gesetzten Regelsystems. Wenn der VZR-Auszug sowie der unterschriebene Vertrag vorliegen und das Entgelt eingegangen ist, werden die Beratungstermine telefonisch vereinbart. Die Termine werden schriftlich bestätigt. In dem Anschreiben wird deutlich auf die Notwendigkeit pünktlichen Erscheinens, auch zur ersten vereinbarten Sitzung, verwiesen.

In Ermangelung einer fehlenden klaren gesetzlichen Regelung hinsichtlich der Eckdaten und der Dauer der Beratung wurde in Ziffer 1.4.1 des Leitfadens zur verkehrspsychologischen Beratung nach § 71 der Fahrerlaubnis-Verordnung (Fassung 5.0) in Anlehnung an die Begründung des Gesetzgebers zu § 4 Abs. 9 StVG folgende Regelung ausgestaltet:

„Die verkehrspsychologische Beratung besteht aus Einzelgesprächen und umfasst bei Bedarf eine Fahrprobe. Die Dauer beträgt mindestens vier Zeitstunden, einschließlich einer Stunde Vor- und Nachbereitung. Dieser Zeitrahmen ist auf drei oder vier Sitzungen an entsprechend vielen Tagen zu verteilen. Die Gesamtdauer beträgt von der ersten bis zur letzten Sitzung mindestens 14 Tage und höchstens vier Wochen. Diese Eckdaten der Durchführung sind verbindlich."

Beratungskonzept

Verkehrspsychologische Berater sollten nach einem schriftlich festgelegten Konzept die Beratungen durchführen. Daher erscheint es sinnvoll, die mögliche Durchführung einer verkehrspsychologischen Beratung an einem Beispiel aufzuzeigen. Die folgenden Ausführungen beziehen sich auf eine kognitiv-behaviorale Beratungskonzeption, wie sie vom Institut für Schulungsmaßnahmen GmbH Hamburg im Berater-Manual niedergelegt wurde. Letztlich entscheidet jeder Berater aufgrund seines fachlichen Ermessens in jedem konkreten Einzelfall.

Die spezifischen Ziele der Beratung sind:

- Wissenserweiterung bezüglich der Themen Fahrphysik, Fahrpsychologie, Wahrnehmung, Stress etc.
- Selbstreflexion wecken und schulen
- Produktive Verunsicherung (Infragestellen früherer Haltungen und Einstellungen, Einsichten, Bedürfnisstruktur, Zulassen anderer Sichtweisen, Beachtung von Selbst-/Fremdwahrnehmung)

- Übernahme der Perspektive anderer Verkehrsteilnehmer und Entwicklung einer realistischen Selbsteinschätzung: Auto zu fahren heißt, das eigene, das vorherfahrende, und das nachfolgende Auto zu fahren – und zwar gleichzeitig
- Akzeptanz und Einhaltung extern gesetzter Regeln ohne inneren Groll und Widerstand, im Beratungszusammenhang z. B. das pünktliche Erscheinen, da sog. Punktetäter dazu neigen, zu knapp zu planen bzw. unter Missachtung realer Zeitvorgaben mehrere Dinge gleichzeitig erledigen zu wollen und deshalb zu spät zu kommen.

Die einzelnen Elemente werden von den Beratern auf den je individuellen Einzelfall bezogen eingesetzt. Aus dem kognitiv-behavioralen Ansatz kommen folgende Methoden zum Einsatz:

- Herstellen eines vertrauensvollen Arbeitsbündnisses durch Empathie, Transparenz und Kompetenz
- Verhaltensanalyse (Deliktanalyse)
- Wissensvermittlung
- Beobachtung des eigenen und fremden Fahrverhaltens in Bezug auf die verkehrsrechtlichen Bestimmungen (Fahrtenbuch)
- Verhaltensplanung (Vermeidungsstrategien) und Verhaltensprüfung
- Selbstmanagement, Zeitmanagement
- Imaginationsübungen, z. B. Fahrtantrittsimagination für einen „ressourcevollen Zustand gleichschwebender gelassener Aufmerksamkeit", Vorwegnahme unangenehmer Folgen
- Entspannungstraining (progressive Muskelrelaxation).

Begleitend wird fallbezogen das Wissen zu verwaltungsrechtlichen Zusammenhängen, zum Unfallrisiko, zur Fahrphysik sowie zur medizinisch-psychologischen Begutachtung der Eignung zum Führen von Kraftfahrzeugen vermittelt.

Beratungsmaterialien

Die Teilnehmer erhalten in der ersten Sitzung eine Mappe mit diversen Materialien (Wissensvermittlung, Arbeits- und Dokumentationsbögen), die nach individueller Problemlage ergänzt werden können. Das Beratungsmaterial „Nie wieder Punkte" enthält Informationen zu Verkehrsauffälligkeiten und Punktsystem, das sog. „Fahrtenbuch", die persönliche Kostenrechnung, Informationen zur Fahrphysik, ein Entspannungstraining (Progressive Muskelentspannung incl. CD).

Frage- und Arbeitsbögen, die nach Bedarf eingesetzt werden, sind z. B. „Aufgaben zur Verkehrssicherheit", „Was ist mir wichtig?", „20 Aktivitäten für Freude und Spaß!", „Wo bleibt Ihre Zeit?", „Beim Verkehrsminister", „Fragebogen zur Achtsamkeit" etc.

Die Teilnehmerunterlagen sind zu jeder weiteren Sitzung mitzubringen, da sich in ihnen die sachgerechte Bearbeitung der Arbeitsaufträge zwischen den Sitzungen dokumentiert bzw. in der Beratung auf einzelne ausgefüllte Arbeitsbögen zurückgegriffen wird.

Durchführung

Erste Sitzung

Der Ablauf der Maßnahme lässt sich prototypisch wie folgt beschreiben:

Nach Begrüßung und kurzer Vorstellung des Beraters zu Beginn der ersten Sitzung stellt sich der Teilnehmer ausführlich vor (derzeitige Tätigkeit, berufliche Entwicklung, Partnerschaft, familiäre Situation, Wohnsituation, Urlaubsgestaltung, Freizeitinteressen, Hobbies, gesundheitliche Probleme, Ziele für die Zukunft o. ä.). Der Berater weist darauf hin, dass er der Schweigepflicht gemäß § 203 StGB unterliegt, d. h. es werden keine Tatsachen aus der Beratung an Dritte weitergegeben bzw. in anderen Zusammenhängen mit der Fahrerlaubnis, z. B. im Rahmen einer medizinisch-psychologischen Begutachtung, verwendet. Insofern muss ein verkehrspsychologischer Berater dafür Sorge tragen, dass er nicht zu einem späteren Zeitpunkt eine Person untersucht bzw. begutachtet, die er beraten hat.

Die Identität des erschienenen Teilnehmers wird anhand eines Lichtbildausweises überprüft und dokumentiert.

Im Anschluss daran werden die Vertragspunkte durchgesprochen, insbesondere die Einhaltung der vereinbarten Regeln. Zentrale Bedeutung hat dabei die Pünktlichkeit. Bei Unpünktlichkeit, d. h. bei Nichterscheinen zum vereinbarten Zeitpunkt, wird die Beratung abgebrochen, das Entgelt verfällt.

Zielfördernde Impulse zur Herstellung von Pünktlichkeit sind:

- Wie können Sie sicherstellen, dass Sie auf jeden Fall pünktlich sind?
- Wie groß sollte Ihr Zeitpuffer bei Ihren Planungen sein? (gemeinsam berechnen)
- Was könnte Sie daran hindern pünktlich zu sein?
- Damit wir uns richtig verstehen: Mit 17:00 Uhr ist 17:00 Uhr gemeint, also Punkt fünf Uhr nachmittags, nicht 17:08 oder 17:01 oder 17:17!
- Was erscheint Ihnen problematisch daran, wenn Sie etwas früher ankommen würden? (Schmeckt Ihnen unser Kaffee nicht?)

Beim Vertragspunkt aktive Mitarbeit und Erledigung der Hausaufgaben zwischen den Sitzungen muss der Berater deutlich machen, dass es im Interesse des Teilnehmers liegen muss, nicht nur in den Sitzungen aktiv und offen mitzuarbeiten, sondern auch die vereinbarten Aufgaben interessiert und gewissenhaft zu erledigen, d. h. dass er auch Situationen schaffen bzw. Lernzeiten frei machen muss, um die Aufgaben bearbeiten zu können.

Weiterhin muss der Teilnehmer spätestens zur zweiten Sitzung einen aktuellen Auszug aus dem Verkehrszentralregister vorlegen. Aus den Auszügen lassen sich weitergehende Informationen entnehmen (Datum der Taten, exakter Zeitpunkt, genaue Örtlichkeit, Fahrzeugart, genaue Benennung der Delikte, Punktebewertung, Tilgungsfristen etc.), die für die genaue Deliktanalyse notwendig sind. Verkehrsauffällige Kraftfahrer mit hohem Punktestand haben oftmals Schwierigkeiten, sich an die Delikte selbst und die genaueren Umstände zu erinnern. Fragen zur Tilgung von Eintragungen oder Löschung von Punkten sollte der Berater nicht beantworten: Die Materie ist sehr komplex, der Zeitrahmen der verkehrspsychologischen Beratung zu kurz und der Verkehrspsychologe kein Experte in verwaltungsrechtlichen Fragen. Es ist auf die Möglichkeit der Auskunftserteilung durch die zuständige Fahrerlaubnisbehörde hinzuweisen.

Die Erläuterung der inhaltlichen Aspekte des Beratungsvertrages, also der Beratungsziele und der dahinter stehenden Intentionen des Gesetzgebers, leitet über zu der inhaltlichen Auseinandersetzung, also dem Herstellen eines tragfähigen Arbeitsbündnisses. Um die Beratungsziele innerhalb der drei Sitzungen erreichen zu können, muss relativ schnell eine die Selbstreflexion und Veränderung fördernde Arbeitsbeziehung geschaffen werden. Wichtige zielführende Impulse des Beraters können sein:

- Woran werden Sie erkennen, dass das in den folgenden drei Beratungsstunden Erarbeitete Ihnen wirklich etwas gebracht hat? (→ Zieldefinition des Teilnehmers)
- Was haben Sie bisher schon getan, was an Ihrem Fahrverhalten verändert, um keine weiteren Punkte mehr zu bekommen? (→ vorhandene Ressourcen finden)
- Wo erkennen Sie noch Schwachstellen bei sich? In welchen Situationen könnte es zu weiteren Punkten kommen? (→ Mängelanalyse)
- Was ist für Sie so wichtig daran, den Führerschein auf jeden Fall zu behalten? (→ Feststellen der Wertigkeit)

Verhaltensanalyse (Deliktanalyse) inkl. Ressourcensicherung ist das zentrale Element der ersten Sitzung. Im Verständnis eines Mehrebenenmodells multikausaler Verursachung von Fehlverhalten gibt es zwar nicht die eine „wahre" Ursache. Allerdings können durch eine funktionale Analyse des Verhaltens Möglichkeiten bereitgestellt werden, Interventionen mit dem Ziel einer Verhaltensmodifikation gezielt zu planen. In diesem Zusammenhang werden im Rahmen einer funktionalen Verhaltensanalyse situative, individuumsbezogene und kontextuelle Variablen analysiert und ein funktionales Bedingungsmodell (S-O-R-K-C-Ketten[25]) erstellt. In der Darstellung jedes einzelnen Verstoßes durch den Ratsuchenden finden sich alle inadäquaten Einstellungen und Verhaltensweisen des Teilnehmers, die es im Rahmen der verkehrspsychologischen Beratung zu bearbeiten gilt. Dabei fokussiert der Teilnehmer konstruktiv auf sich selbst und seine eigene Verantwortung. Zudem bietet diese Auseinandersetzung mit den Bedingungen und Gründen früheren (Fehl-)Verhaltens Möglichkeiten der Ableitung von Strategien, Theorien und Glaubenssätzen für ein künftig regelachtendes Verhalten. Im S-O-R-K-C-Modell werden die auslösenden internen und externen Bedingungen erfasst, um Ansatzpunkte zur Veränderung und auf den individuellen Ressourcen gründende Lösungen zu erhalten.

Die zugrunde liegenden Delikte sind vorwiegend Geschwindigkeitsüberschreitungen mit einem Anteil von ca. $^2/_3$. Dies entspricht in etwa den Eintragungen im Verkehrszentralregister. Die zweithäufigsten Delikte sind Rotlichtvergehen (inkl. Missachtung der Haltepflicht bei grünem Pfeil (mit ca. 9 %). Es folgen Missachtung von Überholverboten (ca. 4 %), Unterschreiten des Mindestabstandes (ca. 3 %), unerlaubtes Entfernen vom Unfallort sowie Vorfahrtmissachtungen (jeweils ca. 2,5 %). Alle anderen Verkehrsdelikte rangieren bei 1 % oder weniger [Zentgraf 2006].

Es kommt immer wieder vor, dass Teilnehmer glaubhaft darlegen, eine oder mehrere Delikt(e) nicht selbst begangen zu haben, die ihnen aber zugeschrieben worden sind. Die Begründungen sind vielschichtig und seien hier nur auszugsweise erwähnt:

- Widerspruchsmöglichkeiten nicht genutzt
- nicht durch den Partner informiert
- der Arbeitgeber hat die Zahlungen übernommen
- als Halter verantwortlich gemacht
- das Fahrzeug wurde an Dritte verliehen.

In diesem Fall macht es keinen Sinn, auf die Richtigkeit des Urteils oder des Bußgeldbescheids zu verweisen. Zielführend ist vielmehr eine gemeinsame Erarbeitung von angemessenen Verhaltensweisen in zukünftig ähnlich auftretenden Situationen, um Gesetzeskonflikte zu vermeiden. Hilfreich ist hierbei die Fokussierung auf die unterschiedlichen Sichtweisen ein und derselben Situation durch verschiedene Personengruppen wie Polizei, Behörden, Richter, andere Verkehrsteilnehmer.

---

25 Stimulus-Organismusvariable-Reaktion-Kontingenzverhältnis-Consequenzen-Ketten – klassische Form der so genannten Verhaltensgleichung nach Kanfer & Phillips

Die Wissensvermittlung erfolgt parallel, orientiert an den jeweils im Beratungsgespräch behandelten Themen, und soll ebenfalls eine veränderte Sichtweise auf das frühere problematische Verhalten im Straßenverkehr fördern (scheinbare Gewissheiten werden in Frage gestellt). Als Zusatzaufgabe kann den Teilnehmern aufgegeben werden, sich zudem im Internet oder bei einem Fahrlehrer oder bei der Verkehrsaufsicht über bestimmte Themen zu informieren.

Zum Abschluss der Sitzung werden als Hausaufgaben im Beratungsmaterial die Einheiten Fahrtenbuch und evtl. Entspannungstraining einführend erläutert und ihre Bedeutung als Grundlage für die Arbeit in den weiteren Sitzungen und als ein wesentlicher Beitrag zu einem veränderten Fahrverhalten erklärt. Das Fahrtenbuch als Selbstbeobachtungsinstrument dient dazu, automatisch ablaufende Verhaltensweisen als Fahrer bewusst zu machen. Interne und externe Bedingungen für ein regelkonformes Fahrverhalten und regelabweichendes Fahrverhalten können so erkannt werden. Neben dem Fokus auf das eigene Verhalten wird der Teilnehmer angehalten, gerade auch abweichendes Verhalten der anderen Verkehrsteilnehmer zu notieren und ggf. seine damit einhergehenden Gefühle und Wahrnehmungen zu notieren, im Sinne: Was löst verkehrswidriges Verhalten anderer Teilnehmer bei mir selbst aus? Oder: Wie reagieren andere Verkehrsteilnehmer auf mich, wenn ich mich so oder anders verhalte?

Die progressive Muskelentspannung soll aus zwei Gründen erlernt werden: Zum einen führt das Entspannungstraining zur Verbesserung der Vorstellungskraft, was besonders für die Anwendung imaginativer Verfahren wichtig ist. Zum anderen nutzt die aktive körperliche Entspannung als Alternativverhalten bzw. als bessere Bewältigungsmöglichkeit bei Stress, Unruhe, Nervosität, Ärger, Wut, Angst oder Abgespanntheit.

Zweite Sitzung

Zu Beginn der zweiten Sitzung bietet sich zum Aufwärmen eine einführende Frage nach besonderen Ereignissen im Zeitraum seit der letzten Sitzung an. Anschließend erfolgt eine Auswertung der Erfahrungen mit den Hausaufgaben Fahrbeobachtung und Entspannungstraining. Leitfragen für die Auswertung des Fahrtenbuches, mit dem Ziel überraschende Situationen zu minimieren, könnten sein:

Welchen Automatismen folge ich? Welche Auslöser für Fehlverhalten funktionieren bei mir? Bewusstes Fahren: Was kriege ich alles mit?

Leitfragen für die Auswertung des Entspannungstrainings mit dem Ziel, zu einer weiteren Umsetzung zu motivieren und Lerneffekte und Verbesserungen zu erzielen, könnten sein:

Welche Erfahrungen habe ich gemacht? Welche Schwierigkeiten sind aufgetreten? Welche habe ich gemeistert, welche nicht?

Bei Bedarf, gerade im Falle einer Belastung mit verschiedenartigen Delikten, wird die Deliktanalyse fortgesetzt.

Schwerpunkt der zweiten Sitzung sollte jedoch die Planung künftigen Verhaltens bilden. Es geht in der verkehrspsychologischen Beratung darum, Verhaltensstrategien zu entwickeln, die eine regelkonforme Teilnahme am Straßenverkehr garantieren.

Typische Auslösesituationen für ein automatisiertes, nicht die Verkehrsregeln beachtendes Fahren spiegeln häufig den Zustand eines Fahrers. Die Verhaltensplanung muss daher vor dem Einsteigen ins Auto mit einem Kurzcheck beginnen, d. h. der Teilnehmer soll sich fragen, wie er sich gerade fühlt, ob er gut gelaunt und entspannt ist oder noch müde etc. Ähnlich wie ein Pilot, der vor dem Flug alle Funktionen seiner Maschine checkt, muss auch ein Fahrer eine Checkliste entwickeln, die ihm eine gute psychische und physische Verfassung für eine sichere und regelkonforme Autofahrt garantiert.

Mit einer solchen Checkliste kann ein Fahrer sein Verhalten vor Fahrtantritt entsprechend planen: Was muss ich tun, um ausgeruht und entspannt ins Auto zu steigen (z. B. rechtzeitig schlafen gehen, am Abend vorher wenig oder keinen Alkohol trinken, etc.)? Was tue ich, wenn ich vor Fahrtbeginn doch feststelle, dass ich verärgert oder gereizt bin (z. B. Kurzentspannung)?

Typische Auslöser für ein kritisches Verhalten im Straßenverkehr als auch für Automatismen im Verhalten können durch Analyse des Fahrtenbuchs, die Deliktanalyse oder im Gespräch erkannt werden (z. B. Stress, die vereinbarten Besuchstermine pünktlich einzuhalten und dadurch zu schnell zu fahren; Ärger auf der Arbeit oder zu Hause und dadurch aggressiv zu fahren etc.). Für jeden erkannten Auslöser werden mindestens drei Verhaltensalternativen entwickelt, die als Alternativreaktionen zur Verfügung stehen.

Ein probates Verfahren aus dem Selbstmanagement-Ansatz ist die Fahrtantrittsimagination. Es handelt sich hierbei um ein sog. verdecktes Verfahren, da die nicht beobachtbaren Verhaltenselemente wie Selbstinstruktionen, Gefühle, innere Bilder und alle anderen Wahrnehmungskanäle in die beraterische Analyse und Intervention einbezogen werden. Nach Information des Teilnehmers über den Sinn und Ablauf der Übung wird ein ressourcevoller Zustand erarbeitet, der geeignet ist, ein regelachtendes und sicherheitsbewusstes Fahrverhalten zu erleichtern. Im Anschluss wird mit dem Teilnehmer ein genaues Drehbuch für den Handlungsablauf bei Fahrtantritt entwickelt. Dann wird die Übung durchgeführt und sichergestellt, dass sie künftig regelmäßig praktiziert wird.

Als Hausaufgabe wird das Fortführen der Fahrbeobachtung aufgegeben. Es können z. B. Erweiterungen vorgenommen werden wie eine genaue Erhebung des erwarteten und des tatsächlich benötigten Zeitbedarfs oder der erwarteten und der tatsächlich gefahrenen Kilometer pro definierter Strecke bei konsequent verkehrsregelachtender Fahrweise sowie Berechnung der Durchschnittsgeschwindigkeit. Weiterhin sollte der Teilnehmer das Entspannungstraining fortsetzen und z. B. die Imaginationsübungen bei jedem Fahrtbeginn anwenden (Dokumentation im IMA-Protokoll). Im Beratungsmaterial muss zudem die Übung „Vorwegnahme unangenehmer Folgen" vorbereitet werden.

Dritte Sitzung

Auch zu Beginn der dritten Sitzung werden zunächst vornehmlich die konkreten Erlebnisse seit der letzten Sitzung ausgetauscht und einer genauen Analyse unterzogen.

Als rückfall-präventive Übung „Punktefrei in die Zukunft" kann die Übung „Vorwegnahme unangenehmer Folgen" eingesetzt werden, die bereits durch den Teilnehmer vorbereitet worden ist. Vorwegnahme unangenehmer Folgen ist ein alltäglich angewandtes Prinzip, welches unbewusst in unserer Vorstellung abläuft. Wir vermeiden es Dinge zu tun, bei denen wir langfristig negative Folgen erwarten, z. B. Überholen in nicht einsehbarer Linkskurve, verbunden mit Anspannung, Stress, Unfallgefahr. Da allerdings die kurzfristigen, positiven Folgen (Gefühl, schneller voranzukommen) eine größere Bedeutung haben, werden wir uns – ungeachtet möglicher Gefahren – entsprechend der erwarteten positiven Folge verhalten, es sei denn, wir schätzen die Folgen als sehr negativ ein.

Für das Umlernen bzw. Angewöhnen neuer Verhaltensweisen wird das Prinzip der Vorwegnahme unangenehmer Folgen nutzbar gemacht, in dem ein erlebtes negatives Ereignis gedanklich mit dem problematischen Verhalten gekoppelt wird. So entsteht für die Auslösesituationen des früheren problematischen Verhaltens eine aversive Koppelung. Gleichzeitig wird ein positives Alternativverhalten an diese Auslösesituation gekoppelt.

Begleitend wird bei Bedarf das Zeitmanagement thematisiert. Anhand des Fahrtenbuches kann eine realistische Zeitplanung bei regelachtender Fahrweise erfolgen, wobei zusätzlich Zeitpuffer mit dem Teilnehmer vereinbart werden. Grundsätzlich soll eine realistische Planung erreicht werden, unter Nutzung eines Zeitplanungssystems und Techniken aus der Zeitplanung. Damit einhergehend können, je nach individueller Lebensgestaltung, Möglichkeiten der Delegation von Aufgaben oder Alternativen in der Verkehrsmittelwahl zielführend sein. Nicht selten müssen persönliche Prioritäten verändert und persönliche Zieloptionen einer kritischen Überprüfung unterzogen werden, denn für eine realistische Zeitplanung gilt, dass Zeit – Lebenszeit – ein begrenztes Gut ist.

Zum Ende der Beratung können mit dem Teilnehmer weitere Aufträge vereinbart werden, z. B. weiteres Führen des Fahrtenbuches, Optimierung des Entspannungstrainings, Klärung von beruflichen oder privaten Problemen unter Umständen mit psychotherapeutischer Unterstützung etc.

Die Durchführung einer vom Gesetzgeber nicht regelmäßig für erforderlich gehaltenen Fahrprobe in einer verkehrspsychologischen Beratung (§ 4 Abs. 9 Satz 2 StVG) ist geboten, wenn in der Gesprächssituation grundlegende Bedingungen und Ursachen für Regelverstöße nicht geklärt werden können (z. B. überdurchschnittlich häufige Beteiligung an Verkehrsunfällen, sowohl als Verursacher als auch als Beteiligter; ältere Kraftfahrzeugführer; physische oder psychische Beeinträchtigung(en)). Aufgrund eines genaueren Verständnisses der konkreten Schwierigkeiten und Defizite in der realen Situation des Straßenverkehrs können gezieltere Lösungsmöglichkeiten entwickelt werden.

Ob es erforderlich ist, die Fahrprobe mit einem Fahrlehrer in einem Fahrschulwagen durchzuführen, ist rechtlich umstritten [Schubert, Wagner 2003; Bode 2003; Bouska, Laewerenz 2004; Hentschel 2005]. Unabhängig davon wird jedoch eine Standardstrecke gefahren, die dem Berater und ggf. dem Fahrlehrer bekannt ist. Die Strecke sollte je ein Drittel (= vier Beobachtungspunkte) Anteile niedriger (Autobahn, Landstraße, wenig befahrene Strecken), mittlerer (beschilderte Kreuzung, Fahrer vorfahrtberechtigt) und hoher (Stadtsituation, Kreuzung, Fahrer wartepflichtig) Komplexität enthalten.

Der Beobachtungsbogen umfasst Kriterien zur Fahrgeschicklichkeit (Fahrzeugbedienung, Mithalten im Verkehrsfluss, Reaktionsgeschwindigkeit), Einordnungsbereitschaft (Regelorientierung, Verhalten anderen Verkehrsteilnehmern gegenüber, Benutzung des Fahrtrichtungsanzeigers), Wahrnehmung (Orientierung, Blickrichtungswechsel, Spiegelbenutzung), vorausschauende Fahrweise (Fahrtvorbereitung, Einscheren in fließenden Verkehr, verlangsamte Fahrweise bei Annäherung an Gefahrenpunkte, Sicherheitsabstand, Spurwechsel), Konfliktbewältigung/Stresstoleranz (Verhalten bei zähem Verkehr, Stau oder vor Hindernissen, Reaktion auf Fehlverhalten anderer Verkehrsteilnehmer). Der Fahrlehrer bewertet die Fahrzeugbedienung, die Regeleinhaltung und den Sicherheitsabstand, der verkehrspsychologische Berater die anderen eben genannten Kriterien, und zwar an allen Beobachtungspunkten. Die Anzahl der angemessenen Reaktionen wird zurückgemeldet, ebenso wie Anmerkungen zu beobachteten Stärken und Fehlern mitgeteilt werden. Die Möglichkeiten der Kompensation von Mängeln werden aufgezeigt.

Dokumentation

Unabhängig vom inhaltlichen Ablauf der verkehrspsychologischen Beratung gibt es vergleichbar dem besonderen Aufbauseminar, - von einigen wahrscheinlich als bürokratisch empfundene - verwaltungstechnische Aufgaben zu beachten, die nicht zuletzt zur Sicherung der Qualität beitragen. So ist vom Berater ein Protokoll „Verkehrspsychologische Beratung" zu führen, das den Ablauf und Inhalt der Beratungssitzungen zum Zwecke der Qualitätssicherung dokumentiert. Für die Richtigkeit der Angaben unterschreiben Berater und Teilnehmer nach jeder Sitzung unter Angabe des Datums.

Das Ergebnis der Beratung ist nur für den Betroffenen bestimmt und nur diesem mitzuteilen (§ 38 FeV). Dies geschieht mittels eines Beratungsprotokolls „Nachweis der Beratungsergebnisse", aus welchem die Beratungstermine, die hauptsächlichen Bedingungen und Ursachen für die Verkehrsdelikte sowie die erarbeiteten Lösungsformen hervorgehen. Es ist gemeinsam mit dem Ratsuchenden auszufüllen. Eine Ausfertigung erhält der Teilnehmer, eine verbleibt zu Zwecken der Supervision und der Qualitätssicherung bei der Beratungsakte.

Der Betroffene erhält eine Bescheinigung über die Teilnahme zur Vorlage bei der Fahrerlaubnisbehörde (§ 38 Abs. 5 FeV); eine Kopie verbleibt bei der Beratungsakte. Die Teilnahmebescheinigung muss eine Bezugnahme auf die Bestätigung nach § 71 Abs. 2 FeV enthalten. Die Teilnahmebescheinigung sollte fälschungserschwerend gestaltet sein.

Folgende Ursachen wurden gemeinsam mit den Kunden erarbeitet:

- Kompensieren von mangelhaftem Selbstwertgefühl durch aggressives und auffälliges Fahrverhalten
- Unrealistisch hoher Anspruch an die eigene Leistungsfähigkeit: Der selbst produzierte Leistungs- und Erfolgsdruck führt zu viel Arbeit und Vernachlässigung von vitalen, emotional-sozialen Bedürfnissen mit der Folge von Dauerstress, begünstigt durch z. B. mangelhaftes Zeitmanagement und zum Teil ausgeprägten Egozentrismus
- Psychosoziale Belastungen und Überforderung durch critical-life-events (Arbeitslosigkeit, Verlust von Angehörigen, Krankheiten etc.)
- Abreagieren von negativen Energien
- Überforderung aufgrund mangelnder Fahrerfahrung (Fahranfänger) in Verbindung mit leichter Ablenkbarkeit sowie starker Orientierung an einer Peer-Norm (bewusst nicht regelkonforme Fahrweise)
- Unrealistisch hohe Anforderungen aufgrund externer Ansprüche bei Berufskraftfahrern bei schwach ausgeprägtem Widerspruchsvermögen bzw. mangelnder Anforderungsresistenz

- Selbstgenerierung von Regeln bzw. vorsätzliches Missachten von nicht einsichtigen Regeln.

In der Beratung wird entsprechend dieses Ursachenkanons an Aufbau und Stärkung der Selbstwahrnehmung, des Selbstbewusstseins am Beispiel von Stress- und Problembewältigung und dem Etablieren von aktiver Entspannung gearbeitet.

Es wird versucht, eine Umdefinition (Reframing) der Autonutzung vorzunehmen, im Sinne einer rationalen, kontrolliert-bewussten und damit sicherheitsorientierten Verhaltensweise. Nicht selten geht es in der Beratung um den Beginn einer Reflektion des gesamten Lebens bzw. einer Standortbestimmung. Autofahren hat in diesem Verständnis nicht länger die Funktion des Ausagierens negativer Energien, sondern die rationale defensive Nutzung kann für aktive Entspannungsprozesse genutzt werden.

Hierzu wird gemeinsam mit dem Kunden an einer Grundakzeptanz des bestehenden Regelsystems gearbeitet.

In einzelnen Maßnahmen werden weitere Unterstützungs-/Hilfsmöglichkeiten empfohlen." [Zentgraf 2006]

Woran können verkehrspsychologische Berater beim Teilnehmer erkennen, ob die vom Gesetzgeber erwünschte Zielstellung, Mängel in seiner Einstellung zum Straßenverkehr und im verkehrssicheren Verhalten zu erkennen und die Bereitschaft zu entwickeln, diese Mängel abzubauen, erreicht wurde? Als Anhaltspunkte können u. a. dienen:

- Fahrtstrecken werden unter Berücksichtigung des Verkehrsaufkommens, realistisch eingeschätzt.
- Die Terminplanung lässt Luft für Verspätungen oder unvorhergesehene Ereignisse, was im Verlauf der Beratung daran zu erkennen ist, ob die Termine immer weniger knapp wahrgenommen werden.
- Wartezeiten werden nicht als unangenehm empfunden, sondern als eine Chance zur Entspannung oder als Abwechslung.
- Bewusste Pausenregelung, d. h. Einführung einer Struktur (3–4 Stunden fahren, dann mindestens 45 Minuten aktive Pause).
- Autofahren wird als anspruchsvolle Aufgabe/Tätigkeit empfunden.
- Fahrten werden insgesamt reduziert, rationale Verkehrsmittelwahl (ökonomische und ökologische Gesichtspunkte) unter allen Möglichkeiten zur Mobilität.
- Defensive, vorausschauende Fahrweise, d. h. Einstellen auf mögliche Fehler anderer bzw. unvorhersehbare Ereignisse, Vermeiden von Vollbremsungen o. ä., Fahrweise gleicht einem sog. 'Pilotieren'.

- Reisegeschwindigkeit bei 130 km/h (= Richtgeschwindigkeit), auch bei freier Fahrt auf der Autobahn.
- Begreifen der zulässigen Höchstgeschwindigkeit als eigene Maximalgeschwindigkeit: prinzipiell etwas weniger schnell als erlaubt (oder weniger gelb) und zufriedenstellende Adaption an diese neue Verhaltensweise.
- Fähigkeit zur aktiven Entspannung, also z. B. positive Erfahrungen mit der progressiven Muskelentspannung nach Jacobson.
- Die Bedeutung des Autos für die Psychohygiene nimmt ab.

Um Missverständnissen vorzubeugen sei an dieser Stelle ausdrücklich erwähnt, dass es sich bei der verkehrspsychologischen Beratung nicht um eine Psychotherapie handelt. Jedoch ist die bereits erwähnte Gesetzesbegründung ernst zu nehmen, da Ziel des Beratungsgespräches, die Exploration der Bedingungen und Gründe, die zu den bisherigen Eintragungen geführt haben, sowie die Erarbeitung von Verhaltensmustern zur Vermeidung künftiger Übertretungen ist. Hiermit sollen Einstellungs- und Verhaltensänderungen eingeleitet werden [Leitfaden zur verkehrspsychologischen Beratung, Nr. 1.4.7]. Die verkehrspsychologische Beratung soll folglich Einstellungs- und Verhaltensänderungen einleiten. Sie dient nicht dem Ziel der Akquisition für weiterführende beratende oder therapeutische Aktivitäten. Sie kann aber Empfehlungen für weiterführende Maßnahmen beinhalten. Dabei soll dem Auftraggeber der empfehlende Charakter deutlich werden [Leitfaden zur verkehrspsychologischen Beratung, Nr. 1.1].

E

Register-vorschriften

KAPITEL

1 Zentrales Fahrerlaubnisregister

Nach Artikel 7 Abs. 5 der Richtlinie 91/439/EWG des Rates vom 29.7.1991, der sog. 2. EU-Führerscheinrichtlinie, sind die Mitgliedstaaten verpflichtet sicherzustellen, dass jede Person nur Inhaber eines einzigen von einem Mitgliedstaat ausgestellten Führerscheins sein soll. Dies setzt voraus, dass sich der ausstellende Mitgliedstaat ggf. bei anderen Mitgliedstaaten über möglicherweise bereits erteilte Führerscheine informieren kann. Diese enge Zusammenarbeit erfordert einen effektiven Informationsaustausch. Die Verpflichtung zum Informationsaustausch über erteilte und registrierte Fahrerlaubnisse wurde wegen der Bedeutung vom Rat der Europäischen Gemeinschaft durch eine Protokollerklärung konkretisiert. Die Umsetzung der 2. EU-Führerscheinrichtlinie in nationales Recht führte, auch wenn diese Forderung nicht ausdrücklich in der Richtlinie Erwähnung fand, zur Errichtung des Zentralen Fahrerlaubnisregisters.

Aber nicht nur unter europäischen Gesichtspunkten machte dessen Errichtung Sinn. Sollte es einmal zu einer 100 %-igen Erfassung aller in der Bundesrepublik Deutschland erteilten Fahrerlaubnisse kommen, würden sich anfragende Stellen aus dem europäischen Ausland, wie auch nationale Stellen wie Polizei und Gerichte, nicht mehr durch die über 600 Fahrerlaubnisbehörden der Republik fragen müssen. Eine sicherlich reizvolle Aussicht, die jedoch einen Zwangsumtausch der alten Führerscheine unumgänglich macht. Hintergrund ist, dass im Zentralen Fahrerlaubnisregister ausschließlich die seit dem 1. Januar 1999 erteilten Fahrerlaubnisse, also die sog. „Positivdaten“ mit den internationalen Fahrerlaubnisklassen A bis E sowie die neuen nationalen Klassen M, L, S und T, gespeichert werden. Eine Speicherung der Fahrerlaubnisdaten der in der Bundesrepublik Deutschland weiterhin gültigen übrigen acht Führerscheinmuster findet nicht statt. Neben den Fahrerlaubnisklassen werden ergänzend die fahrerlaubnisrelevanten Daten (Personendaten, Fahrerlaubnisklassen, Auflagen, Beschränkungen usw.), nicht jedoch die Anschrift gespeichert. Hinzu kommen

- bei Fahranfängern zusätzlich die Probezeit,
- Fahrerlaubnisse zur Fahrgastbeförderung,
- in Deutschland registrierte Führerscheine aus anderen EU-Staaten,
- Dienstfahrerlaubnisse von Polizei, Bundespolizei und Bundeswehr, Fahrlehrerlaubnisse und Dienstfahrlehrerlaubnisse von Fahrlehrern,
- Berechtigungen von Kraftfahrsachverständigen, Prüfern und Prüfingenieuren.

Um zu gewährleisten, dass eine Person nur im Besitz einer Fahrerlaubnis und eines Führerscheines ist, erteilt das Zentrale Fahrerlaubnisregister Auskünfte an die für Fahrerlaubnisse zuständigen Stellen über vorhandene EU-Fahrerlaubnisdaten, insbesondere bei

- der Erweiterung auf eine andere Klasse,
- der Ausstellung von Ersatzführerscheinen,
- nachträglichen Beschränkungen und Auflagen,
- bei anstehendem Führerscheinentzug oder Fahrverbot,
- Neuerteilung nach erfolgter Entziehung.

Die im Zentralen Fahrerlaubnisregister gespeicherten Daten werden gelöscht, wenn

- die zugrunde liegende Fahrerlaubnis erloschen ist. Ausgenommen davon werden jedoch die Daten zur Person, der Klasse der erloschenen Fahrerlaubnis, das Datum ihrer Erteilung, das Datum ihres Erlöschens und die Fahrerlaubnisnummer,
- eine amtliche Mitteilung über den Tod des Betroffenen eingeht, spätestens jedoch 110 Jahre nach seiner Geburt.

Die Angaben zur Probezeit werden ein Jahr nach deren Ablauf gelöscht.

2 Verkehrszentralregister

Während im organisatorisch wie personell getrennten Zentralen Fahrerlaubnisregister die „Positivdaten" gespeichert werden, werden im Verkehrszentralregister die sog. „Negativdaten", also rechtskräftige Entscheidungen über unanfechtbare auf die Fahrerlaubnis bezogene Maßnahmen der Verwaltungsbehörden, wie z.B. Versagung, Entziehung der Fahrerlaubnis sowie geahndete

Verkehrsverstöße (Straftaten, Ordnungswidrigkeiten), gespeichert. Gerade bei den Ordnungswidrigkeiten ist es wichtig zu wissen, dass nicht jeder Verstoß zu einer Eintragung führt. *Verwarnungen und Ordnungswidrigkeiten unter 40 Euro bleiben unberücksichtigt.* Die Speicherung der Daten ist

1. für die Beurteilung der Eignung und Befähigung von Personen zum Führen von Kraftfahrzeugen,
2. für die Prüfung der Berechtigung zum Führen von Kraftfahrzeugen,
3. für die Ahndung der Verstöße von Personen, die wiederholt Straftaten oder Ordnungswidrigkeiten begehen, die im Zusammenhang mit dem Straßenverkehr stehen, oder
4. für die Beurteilung von Personen im Hinblick auf ihre Zuverlässigkeit bei der Wahrnehmung der ihnen durch Gesetz, Satzung oder Vertrag übertragenen Verantwortung für die Einhaltung der zur Sicherheit im Straßenverkehr bestehenden Vorschriften

erforderlich.

Auskünfte aus diesem Register erhalten nur Gerichte, Staatsanwaltschaften, Bußgeld- und Verwaltungsbehörden, Polizei und Bundespolizei. Diese Behörden treffen im Interesse der Verkehrssicherheit Entscheidungen über notwendige verkehrserzieherische Maßnahmen. Natürlich erhält auch der Betroffene selbst unentgeltlich Auskünfte über die zu seiner Person eingetragenen Verkehrsverstöße. Die Anfrage ist schriftlich an das Kraftfahrt-Bundesamt in 24932 Flensburg unter Angabe

1. der Personendaten und amtlich beglaubigten Unterschrift oder
2. der Personendaten und der persönlichen Unterschrift (nicht „amtlich beglaubigt“) und Beifügung einer vergrößerten Kopie der Vorder- und Rückseite des gültigen Personalausweises/Reisepasses

zu stellen. Die erforderlichen Formulare sind auf der Internetseite des Kraftfahrt-Bundesamtes unter www.kba.de in der Rubrik „Punktsystem“/„Wie erfahre ich meine Punkte“ hinterlegt.

Die im Verkehrzentralregister gespeicherten Eintragungen werden selbstverständlich nicht unbegrenzt aufgehoben. Ein Grundgedanke des Verkehrszentralregisters ist es, dass Eintragungen je nach Schwere der Tat nach einer bestimmten Zeit getilgt werden und somit aus dem Verkehrszentralregister verschwinden.

Der Kraftfahrer muss sich bewährt haben. Diese Tilgung von Eintragungen wird jedoch gehemmt, wenn neue eintragungspflichtige Verstöße begangen werden. Hierdurch können wiederholt auffällige Kraftfahrer über einen längeren Zeitraum beobachtet werden.

Im Einzelnen gelten folgende Tilgungsfristen:

1. *zwei Jahre*
   bei Entscheidungen wegen einer Ordnungswidrigkeit
2. *fünf Jahre*
   - bei Entscheidungen wegen Straftaten *mit Ausnahme* von Entscheidungen wegen Straftaten nach § 315c Abs. 1 Nr. 1 Buchstabe a, §§ 316 und 323a des StGB und Entscheidungen, in denen die Entziehung der Fahrerlaubnis nach den §§ 69 und 69b des StGB oder eine Sperre nach § 69a Abs. 1 Satz 3 des StGB angeordnet worden ist,
   - bei von der Fahrerlaubnisbehörde verhängten Verboten, ein Fahrzeug zu führen oder Beschränkungen, ein fahrerlaubnisfreies Fahrzeug zu führen,
   - bei der Teilnahme an einem Aufbauseminar oder einer verkehrspsychologischen Beratung.

In seiner Begründung zur Änderung von § 29 Abs. 1 StVG[26] führt der Gesetzgeber als Grund für die Ausnahmeregelung an, dass die zehnjährige Tilgungsfrist für Alkoholstraftaten wegen der besonders hohen und lang andauernden Rückfallwahrscheinlichkeit von Alkoholtätern erforderlich ist. Ferner wird durch die Ausnahmeregelung für Entscheidungen, in denen das Gericht die Entziehung der Fahrerlaubnis nach §§ 69 und 69b StGB angeordnet hat, die Tilgungsfrist vereinheitlicht. Bis dato hing die Tilgungsfrist von der Höhe des Strafmaßes ab, obwohl alle Betroffenen als ungeeignet zum Führen von Kraftfahrzeugen galten.

Eine zehnjährige Tilgungsfrist gilt folglich auch für Verurteilungen nach § 316 StGB wegen Trunkenheit im Straßenverkehr und den anderen aufgeführten Straftaten, bei denen es zu keiner Entziehung der Fahrerlaubnis nach § 69 StGB kommt (ein sicherlich seltener Fall), oder von der Anordnung einer Sperre abgesehen wird.

3. *zehn Jahre* in allen übrigen Fällen

HINWEIS

Der zehnjährigen Tilgungsfrist unterliegen auch Versagungen oder Entziehungen der Fahrerlaubnis wegen mangelnder Eignung oder Verzichte auf die Fahrerlaubnis. In diesen Fällen, wie auch bei der Anordnung einer Sperre nach § 69a Abs. 1 Satz 3 StGB, beginnt die Tilgungsfrist erst mit der Erteilung oder Neuerteilung der Fahrerlaubnis, spätestens jedoch fünf Jahre nach der beschwerenden Entscheidung oder dem Tag des Zugangs der Verzichtserklärung bei der zuständigen Fahrerlaubnisbehörde. Die Tilgung der Eintragung erfolgt also erst spätestens nach 15 Jahren (§ 29 Abs. 5 StVG).

4. *unbegrenzt*
   bei dauerhafter Untersagung der Erteilung einer Fahrerlaubnis oder der Erteilung des Rechts, von einer ausländischen Fahrerlaubnis im Inland-Gebrauch zu machen.

Die Tilgungsfrist beginnt dabei grundsätzlich zu zählen:

- bei strafgerichtlichen Verurteilungen mit dem Tag des ersten Urteils
- bei Strafbefehlen mit dem Tag der Unterzeichnung durch den Richter
- bei Entscheidungen der Gerichte nach den §§ 59, 60 des Strafgesetzbuchs und § 27 des Jugendgerichtsgesetzes mit dem Tag der Entscheidung

HINWEIS

Der *Strafbefehl* ist ein vereinfachtes Verfahren zur Beendigung eines Strafverfahrens mit einer Sanktion ohne Hauptverhandlung. Das Strafbefehlsverfahren ist damit ein Verfahren zur einfacheren Aburteilung von Kleinkriminalität, für die das Amtsgericht zuständig ist.

Nach Abschluss der Ermittlungen im Vorverfahren kann die Staatsanwaltschaft unter folgenden Voraussetzungen einen Antrag auf Erlass eines Strafbefehls stellen:

- Es handelt sich um ein Verfahren wegen eines Vergehens, das vor dem Amtsgericht abzuurteilen ist.
- Die Staatsanwaltschaft stellt den entsprechenden Strafbefehlsantrag als besondere Form der Erhebung der öffentlichen Klage.
- Der Beschuldigte muss der Tat hinreichend verdächtig sein.

Durch einen Strafbefehl können nur bestimmte Strafen verhängt werden:

- Geldstrafen,
- bestimmte Nebenstrafen,
- das Fahrverbot
- und die Entziehung der Fahrerlaubnis.

Der Angeklagte kann gegen einen Strafbefehl innerhalb von zwei Wochen ab Zustellung Einspruch einlegen. Der Einspruch kann auch auf bestimmte Punkte beschränkt werden.

Mit Ablauf der Einspruchsfrist erlangt der Strafbefehl die Stellung eines rechtskräftigen Urteils. Durch den Einspruch geht das Verfahren dann mit der Terminierung der Hauptverhandlung in das normale Strafverfahren über.[27]

26 BR-Drs 821/96
27 www.rechtslexikon-online.de/Strafbefehl.html

- bei gerichtlichen und verwaltungsbehördlichen Bußgeldentscheidungen sowie bei anderen Verwaltungsentscheidungen mit dem Tag der Rechtskraft oder Unanfechtbarkeit der beschwerenden Entscheidung
- bei Aufbauseminaren und verkehrspsychologischen Beratungen mit dem Tag der Ausstellung der Teilnahmebescheinigung.

Ablaufhemmung der Tilgung

Die Berechnung jeder Tilgungsfrist für sich genommen würde zu einem für alle verständlichen und vor allem auch für die Betroffenen nachvollziehbaren und transparenten System führen. Dem ist jedoch leider nicht so, da die Tilgungsfristen in ihrem Ablauf gehemmt werden können. So tritt eine Hemmung der Tilgung von eingetragenen Ordnungswidrigkeiten ein, wenn eine weitere eintragungspflichtige Ordnungswidrigkeit während des „Bewährungszeitraums", also des Tilgungszeitraum begangen wird. Die Frist für die absolute Tilgung von Ordnungswidrigkeiten, auch wenn zwischenzeitlich noch weitere Eintragungen erfolgt sind, beträgt fünf Jahre. Ausgenommen hiervon wurden ausdrücklich Verstöße nach § 24a StVG (§ 29 Abs. 6 Satz 4 StVG). Wegen des besonderen Gewichts, das diesen Verstößen beigemessen wird, erfolgt ihre Tilgung erst, wenn für alle Eintragungen die Voraussetzungen der Tilgung vorliegen. Die ausschließliche Eintragung eines Verstoßes nach § 24a StVG wird jedoch, wie alle anderen Ordnungswidrigkeiten auch, nach zwei Jahren getilgt, wenn in dieser Zeit keine weiteren Verstöße hinzutreten.

BEISPIEL

Nr.	Datum Verstoß	Art		Rechtskraft	Tilgungsreife	Tilgungsfrist
1	19.1.2001	OWi	Geschwindigkeit	20.3.2001	20.3.2003	20.3.2206
2	22.8.2002	OWi	Rotlicht	23.11.2002	23.11.2004	13.7.2006
3	30.4.2004	OWi	Geschwindigkeit	13.7.2004	13.7.2006	13.7.2006

Da die Rechtskraft der Zuwiderhandlung von Nr. 2 vor der Tilgungsreife der Eintragung Nr. 1 liegt, verlängert sich zunächst die Tilgungsfrist von Nr. 1 auf den Zeitpunkt der Tilgungsreife von Nr. 2. Durch die weitere Zuwiderhandlung von Nr. 3 verlängert sich die Tilgungsfrist von Nr. 2 bis zur Tilgungsreife von Nr. 3. Infolge des in diesen Zeitraum fallenden Eintritts der absoluten Tilgungsfrist wird die Eintragung Nr. 1 nach Ablauf von fünf Jahren getilgt.

Eine weitere Ausnahme gilt für Inhaber einer Fahrerlaubnis auf Probe. Solange für den Betroffenen die Probezeit läuft, findet keine Tilgung von eingetragenen Ordnungswidrigkeiten statt.

Die Tilgung ist grundsätzlich erst dann zulässig, wenn für alle betreffenden Eintragungen, also egal ob Ordnungswidrigkeit oder Straftat, die Voraussetzungen für die Tilgung vorliegen. Natürlich gibt es auch hier wieder eine Ausnahme: Eintragungen wegen Ordnungswidrigkeiten verhindern nicht die Löschung tilgungsreifer Verurteilungen wegen Straftaten. Umgekehrt können aber gleichwohl Eintragungen wegen Straftaten die Löschung tilgungsreifer Ordnungswidrigkeiten verhindern.

BEISPIEL

Nr.	Datum Verstoß	Art		Beginn der Tilgung	Tilgungsreife	Tilgungsfrist
1	22.3.1998	StGB	Körperverletzung (Geldstrafe)	25.11.1998	25.11.2003	11.7.2006
2	5.11.1999	OWi	Geschwindigkeit	21.12.2000	21.12.2002	21.12.2005
3	6.10.2000	OWi	Geschwindigkeit	26.1.2001	26.1.2003	26.1.2006
4	25.9.2000	StGB	Körperverletzung (ohne Entzug)	11.7.2001	11.7.2006	11.7.2006

Wichtig für die richtige Berechnung ist der Zeitpunkt der Betrachtung. Angenommen die Berechnung erfolgt im Februar 2006. Zunächst ohne Belang hinsichtlich der Tilgungsfrist für die Nr. 1 sind die beiden Zuwiderhandlungen nach Nr. 2 und 3. Ihre Tilgungsreife lag, sofern keine weiteren Verstöße begangen worden wären, vor der Tilgungsreife der Zuwiderhandlung von Nr. 1. Gleichwohl betrug ihre Tilgungsfrist mehr als zwei Jahre, da ihre Tilgungsreife erst mit der Tilgungsreife von Nr. 1 (also am 25.11.2003) eintrat. Erst die Zuwiderhandlung von Nr. 4 führt zu einer weitreichenden Veränderung bezüglich der Tilgungsfrist für die vorangegangenen Zuwiderhandlungen. Diese hemmt die Tilgung der Straftat bis zum Zeitpunkt der eigenen Tilgung und eigentlich auch die der Ordnungswidrigkeiten von Nr. 2 und 3. Infolge der bestehenden absoluten Tilgungsfrist bei Ordnungswidrigkeiten nach fünf Jahren erfolgt die Tilgung vor der sich aus Nr. 4 ergebenden Tilgungsfrist.

Mit Eintreten der Tilgungsreife werden die Eintragungen jedoch nicht sofort gelöscht, sondern erst nach Ablauf der sog. Überliegefrist von einem Jahr. Diese Regelung ist erforderlich, um nicht Eintragungen zu tilgen, obwohl

	§ 52 BZRG	§ 13 c StVZO
Vor dem 1.1.1999	Unbefristete Verwertung, auch wenn Eintragungen im VZR bereits getilgt	In der Regel fünfjährige Tilgungsfrist
	§ 52 BZRG	**§ 65 Abs. 9 StVG**
Nach dem 1.1.1999	Kopplung Verwertung an Tilgungsvorschriften §§ 28–30b StVG	Maximal zehnjährige Tilgungsfrist (z. B. Trunkenheit) in Fällen des § 29 Abs. 5 StVG sogar bis zu 15 Jahre
Nach dem 1.4.2001	Unverändert Kopplung Verwertung an Tilgungsvorschriften §§ 28–30b StVG	Alle Entscheidungen vor dem 1.1.1999 mit fünfjähriger Tilgungsfrist dürfen zehn Jahre verwertet werden

bereits eintragungspflichtige Taten begangen wurden, die zu einer Ablaufhemmung der Tilgungsfrist führen würden, jedoch dem Kraftfahrt-Bundesamt noch nicht bekannt sind.

Neben Regelungen zur Tilgung von Eintragungen enthält § 29 StVG in Absatz 8 auch Regelungen zur Frage der weiteren Verwertung von Eintragungen nach deren Tilgung aus dem Verkehrszentralregister. Danach unterliegen im Verkehrszentralregister getilgte gerichtliche Entscheidungen auch einem Verwertungsverbot. Dies bedeutet, dass die Taten und Entscheidungen dem Betroffenen in Fragen der Eignung, Befähigung und Zuverlässigkeit nicht mehr vorgehalten und nicht zu seinem Nachteil verwertet werden dürfen. Eine Sonderregelung gilt für Eintragungen mit einer zehnjährigen Tilgungsfrist. Um sicherzustellen, dass dieses Verbot auch in der Praxis eingehalten wird, dürfen Eintragungen mit einer zehnjährigen Tilgungsfrist bereits nach Ablauf eines Zeitraumes, der einer fünfjährigen Tilgungsfrist entspricht, nicht mehr verwertet werden. Ausgenommen davon sind jedoch beispielsweise gerichtliche Entscheidungen nach §§ 69 bis 69b StGB, also Entscheidungen über den Entzug einer Fahrerlaubnis oder der Festsetzung einer Sperrfrist. Diese dürfen weiterhin zehn Jahre, in Fällen des § 29 Abs. 5 StVG sogar bis zu 15 Jahre, übermittelt und verwertet werden. Ausdrücklich davon unberührt bleiben die in § 51 Abs. 1 BZRG getroffenen Regelungen zum Verwertungsverbot.

Gerade in der Zeit nach dem Inkrafttreten der neuen gesetzlichen Bestimmungen Anfang 1999 gab es bezüglich der Berechnung von Tilgungsfristen Irritationen. Eine unglückliche Formulierung der Übergangsregelung in

§ 65 Abs. 9 StVG führte in der Praxis zu großen Ungerechtigkeiten, wie der Gesetzgeber in der Begründung zur Änderung dieser Passage selbst einräumte. Ursächlich war eine bis Anfang 2001 geltende übergangsweise Beibehaltung der kurzen Frist von fünf Jahren im StVG. Gleichzeitig wurde jedoch die bis dahin mögliche unbegrenzte Verwertung der Eintragungen aus dem Bundeszentralregister verkürzt. Im Ergebnis führte dies für die Fahrerlaubnisbehörden dazu, dass gerade in dem für die Verkehrssicherheit sehr sensiblen Bereich der Alkoholfragestellungen die Verwertung strafgerichtlicher Entscheidungen über die fünfjährige Tilgungsfrist hinaus plötzlich nicht mehr möglich war. Die aktuelle, geänderte Regelung ermöglicht diese wieder, da für bis zum 31.12.1998 im Verkehrszentralregister eingetragene Straftaten nicht nur die alten Tilgungsfristen, sondern auch die alten Verwertungsvorschriften des BZRG weiter angewendet werden können, allerdings mit einer zeitlichen Einschränkung von zehn Jahren. Damit wurde mit der ab dem 1.1.1999 geltenden Neuregelung ein Gleichstand hergestellt.[28]

3 Bundeszentralregister

Das Bundeszentralregister (BZR) mit Sitz in Bonn ist ein deutsches, beim Bundesamt für Justiz geführtes Register, das als organisatorischer Oberbegriff für das Zentralregister und das Erziehungsregister 1972 an die Stelle der bis dahin von den Ländern unterhaltenen 93 Strafregister der Staatsanwaltschaften bei den Landgerichten sowie des Bundesstrafregisters trat.[29] Die gesetzliche Grundlage des Bundeszentralregisters bildet das Bundeszentralregistergesetz (BZRG).

Das Führungszeugnis muss persönlich bei der örtlichen Meldebehörde (Bürgerbüro) beantragt werden. Personalausweis oder Reisepass ist mitzubringen. Daneben kann aber auch der gesetzliche Vertreter einen Antrag stellen (z. B. bei Minderjährigen). Bei der Antragstellung darf die Vertretung nicht durch einen Bevollmächtigten (z. B. Rechtsanwalt) erfolgen. Dadurch wird sichergestellt, dass keine andere Person unbefugt und ohne Wissen des Antragstellers ein Führungszeugnis beantragen kann. Bei der Meldebehörde werden die Personalien in das Antragsformular aufgenommen und gegen Gebühr amtlich bescheinigt. Der Antrag wird dann dem Bundeszentralregister nach Bonn übersandt, wo das Führungszeugnis ausgestellt wird. Das Privatführungszeugnis wird mit der Post an die angegebene Privatadresse, die im

28 BT-Drs 14/4304 S. 13
29 www.bundesjustizamt.de

Einzelfall auch von der Meldeadresse abweichen kann, zugesandt. Ein Behördenführungszeugnis wird unmittelbar der betreffenden Behörde zugesandt.

Im Bundeszentralregister werden gespeichert:

1. strafgerichtliche Verurteilungen mit den Personendaten des Verurteilten, das Aktenzeichen mit dem Ort des Gerichts, der Tag der letzten Tat, dem Tag der Rechtskraft, die angewandten Strafvorschriften und sämtliche verhängte Rechtsfolgen; unabhängig gilt dies, wenn es sich um Strafe im eigentlichen Sinne, um eine Maßregel der Besserung und Sicherung, um einen Strafvorbehalt oder um die Aussetzung der Jugendstrafe zur Bewährung nach § 27 JGG (Jugendgerichtsgesetz) handelt
2. Entscheidungen von Verwaltungsbehörden und anderen Gerichten
3. Vermerke über Schuldunfähigkeit
4. gerichtliche Feststellungen zur Betäubungsmittelabhängigkeit und zum Verbot der Ausübung eines Gewerbes
5. nachträgliche Entscheidungen und Tatsachen, die sich auf eine der in den Nummern vorgenannten Eintragungen beziehen.

Hinsichtlich der Tilgung von Eintragungen bestehen im Bundeszentralregister eigene Regelungen. Dabei richtet sich die Tilgungsreife nach der Höhe der Strafe.

So beträgt nach § 46 Abs. 1 Nr. 1 Bundeszentralregistergesetz die Tilgungsfrist fünf Jahre bei Verurteilungen zu Geldstrafen von nicht mehr als 90 Tagessätzen, wenn keine Freiheitsstrafe, kein Strafarrest etc. im Register eingetragen ist. Gleiches gilt für Verurteilungen zu einer Freiheitsstrafe oder Strafarrest von nicht mehr als drei Monaten, wenn im Register keine weitere Strafe eingetragen ist.

Eine Tilgungsfrist von zehn Jahren besteht für Verurteilungen zu Geldstrafe und Freiheitsstrafe oder Strafarrest von nicht mehr als drei Monaten. Die zehnjährige Tilgungsfrist gilt auch bei einer Verurteilung zu Freiheitsstrafe oder Strafarrest von mehr als drei Monaten, aber nicht mehr als einem Jahr, oder wenn die Vollstreckung der Strafe oder eines Strafrestes gerichtlich oder im Gnadenwege zur Bewährung ausgesetzt worden ist und im Register nicht außerdem Freiheitsstrafe, Strafarrest oder Jugendstrafe eingetragen sind. Im Übrigen beträgt die Tilgungsfrist 15 Jahre.

Einstellungen des Verfahrens, etwa nach §§ 153, 153a StPO, werden nicht in das Bundeszentralregister eingetragen. Ergibt sich nach Abschluss der Ermittlungen nicht einmal ein hinreichender Tatverdacht, so ist das Ermittlungsverfahren nach § 170 Abs. 2 StPO einzustellen. Diese Einstellung wird ebenfalls nicht im Bundeszentralregister eingetragen.

Bezüglich der weiteren Verwertung regelt das Bundeszentralregistergesetz in § 51, dass, sofern eine Eintragung über eine Verurteilung im Register getilgt worden oder sie zu tilgen ist, die Tat und die Verurteilung dem Betroffenen im Rechtsverkehr nicht mehr vorgehalten und nicht zu seinem Nachteil verwertet werden dürfen. Hiervon gibt es jedoch Ausnahmen, die insbesondere den Fahrerlaubnisbereich berühren, um den Fahrerlaubnisbehörden eine bessere Beurteilung der Eignung der Betroffenen zu ermöglichen. So dürfen in Verfahren, die die Erteilung oder Entziehung einer Fahrerlaubnis zum Gegenstand haben, frühere Taten berücksichtigt werden, solange die Verurteilung nach den Vorschriften der §§ 28 bis 30b des Straßenverkehrsgesetzes verwertet werden darf. Die bis 1999 mögliche unbefristete Verwertung von Eintragungen wurde insofern unmöglich gemacht. Außerdem dürfen für die Prüfung der Berechtigung zum Führen von Kraftfahrzeugen Entscheidungen der Gerichte nach den §§ 69 bis 69b des Strafgesetzbuches verwertet werden.

F

Auszüge aus Gesetzen und Verordnungen

KAPITEL

Straßenverkehrsgesetz

in der Fassung der Bekanntmachung
vom 5. März 2003 (BGBl. I S. 310, 919),
zuletzt geändert durch Artikel 1 des Gesetzes
vom 19. Juli 2007 (BGBl. I S. 1460)
(Auszüge)

§ 2a
Fahrerlaubnis auf Probe

(1) Bei erstmaligem Erwerb einer Fahrerlaubnis wird diese auf Probe erteilt; die Probezeit dauert zwei Jahre vom Zeitpunkt der Erteilung an. Bei Erteilung einer Fahrerlaubnis an den Inhaber einer im Ausland erteilten Fahrerlaubnis ist die Zeit seit deren Erwerb auf die Probezeit anzurechnen. Die Regelungen über die Fahrerlaubnis auf Probe finden auch Anwendung auf Inhaber einer gültigen Fahrerlaubnis aus einem Mitgliedstaat der Europäischen Union oder einem anderen Vertragsstaat des Abkommens über den Europäischen Wirtschaftsraum, die ihren ordentlichen Wohnsitz in das Inland verlegt haben. Die Zeit seit dem Erwerb der Fahrerlaubnis ist auf die Probezeit anzurechnen. Die Beschlagnahme, Sicherstellung oder Verwahrung von Führerscheinen nach § 94 der Strafprozessordnung, die vorläufige Entziehung nach § 111a der Strafprozessordnung und die sofort vollziehbare Entziehung durch die Fahrerlaubnisbehörde hemmen den Ablauf der Probezeit. Die Probezeit endet vorzeitig, wenn die Fahrerlaubnis entzogen wird oder der Inhaber auf sie verzichtet. In diesem Fall beginnt mit der Erteilung einer neuen Fahrerlaubnis eine neue Probezeit, jedoch nur im Umfang der Restdauer der vorherigen Probezeit.

(2) Ist gegen den Inhaber einer Fahrerlaubnis wegen einer innerhalb der Probezeit begangenen Straftat oder Ordnungswidrigkeit eine rechtskräftige Entscheidung ergangen, die nach § 28 Abs. 3 Nr. 1 bis 3 in das Verkehrszentralregister einzutragen ist, so hat, auch wenn die Probezeit zwischenzeitlich abgelaufen ist, die Fahrerlaubnisbehörde

1. seine Teilnahme an einem Aufbauseminar anzuordnen und hierfür eine Frist zu setzen, wenn er eine schwerwiegende oder zwei weniger schwerwiegende Zuwiderhandlungen begangen hat,
2. ihn schriftlich zu verwarnen und ihm nahe zu legen, innerhalb von zwei Monaten an einer verkehrspsychologischen Beratung teilzunehmen, wenn er nach Teilnahme an einem Aufbauseminar innerhalb der Probezeit eine weitere schwerwiegende oder zwei weitere weniger schwerwiegende Zuwiderhandlungen begangen hat,
3. ihm die Fahrerlaubnis zu entziehen, wenn er nach Ablauf der in Nummer 2 genannten Frist innerhalb der Probezeit eine weitere schwerwiegende oder zwei weitere weniger schwerwiegende Zuwiderhandlungen begangen hat.

Die Fahrerlaubnisbehörde ist bei den Maßnahmen nach den Nummern 1 bis 3 an die rechtskräftige Entscheidung über die Straftat oder Ordnungswidrigkeit gebunden. Für die verkehrspsychologische Beratung gilt § 4 Abs. 9 entsprechend.

(2a) Die Probezeit verlängert sich um zwei Jahre, wenn die Teilnahme an einem Aufbauseminar nach Absatz 2 Satz 1 Nr. 1 angeordnet worden ist. Die Probezeit verlängert sich außerdem um zwei Jahre, wenn die Anordnung nur deshalb nicht erfolgt ist, weil die Fahrerlaubnis entzogen worden ist oder der Inhaber der Fahrerlaubnis auf sie verzichtet hat.

(3) Ist der Inhaber einer Fahrerlaubnis einer vollziehbaren Anordnung der zuständigen Behörde nach Absatz 2 Satz 1 Nr. 1 in der festgesetzten Frist nicht nachgekommen, so ist die Fahrerlaubnis zu entziehen.

(4) Die Entziehung der Fahrerlaubnis nach § 3 bleibt unberührt; die zuständige Behörde kann insbesondere auch die Beibringung eines Gutachtens einer amtlich anerkannten Begutachtungsstelle für Fahreignung anordnen, wenn der Inhaber einer Fahrerlaubnis innerhalb der Probezeit Zuwiderhandlungen begangen hat, die nach den Umständen des Einzelfalls bereits Anlass zu der Annahme geben, dass er zum Führen von Kraftfahrzeugen ungeeignet ist. Hält die Behörde auf Grund des Gutachtens seine Nichteignung nicht für erwiesen, so hat sie die Teilnahme an einem Aufbauseminar anzuordnen, wenn der Inhaber der Fahrerlaubnis an einem solchen Kurs nicht bereits teilgenommen hatte. Absatz 3 gilt entsprechend.

(5) Ist eine Fahrerlaubnis entzogen worden

1. nach § 3 oder nach § 4 Abs. 3 Satz 1 Nr. 3 dieses Gesetzes, weil innerhalb der Probezeit Zuwiderhandlungen begangen wurden, oder nach § 69 oder § 69b des Strafgesetzbuches,
2. nach Absatz 3 oder § 4 Abs. 7, weil einer Anordnung zur Teilnahme an einem Aufbauseminar nicht nachgekommen wurde,

so darf eine neue Fahrerlaubnis unbeschadet der übrigen Voraussetzungen nur erteilt werden, wenn der Antragsteller nachweist, dass er an einem Aufbauseminar teilgenommen hat. Das Gleiche gilt, wenn der Antragsteller nur deshalb nicht an einem angeordneten Aufbauseminar teilgenommen hat oder die Anordnung nur deshalb nicht erfolgt ist, weil die Fahrerlaubnis aus anderen Gründen entzogen worden ist oder er zwischenzeitlich auf die Fahrerlaubnis verzichtet hat. Ist die Fahrerlaubnis nach Absatz 2 Satz 1 Nr. 3 entzogen worden, darf eine neue Fahrerlaubnis frühestens drei Monate nach Wirksamkeit der Entziehung erteilt werden; die Frist beginnt mit der

Ablieferung des Führerscheins. Auf eine mit der Erteilung einer Fahrerlaubnis nach vorangegangener Entziehung gemäß Absatz 1 Satz 7 beginnende neue Probezeit ist Absatz 2 nicht anzuwenden. Die zuständige Behörde hat in diesem Fall in der Regel die Beibringung eines Gutachtens einer amtlich anerkannten Begutachtungsstelle für Fahreignung anzuordnen, sobald der Inhaber einer Fahrerlaubnis innerhalb der neuen Probezeit erneut eine schwerwiegende oder zwei weniger schwerwiegende Zuwiderhandlungen begangen hat.

(6) Widerspruch und Anfechtungsklage gegen die Anordnung des Aufbauseminars nach Absatz 2 Satz 1 Nr. 1 und Absatz 4 Satz 2 sowie die Entziehung der Fahrerlaubnis nach Absatz 2 Satz 1 Nr. 3 und Absatz 3 haben keine aufschiebende Wirkung.

§ 2b
Aufbauseminar bei Zuwiderhandlungen innerhalb der Probezeit

(1) Die Teilnehmer an Aufbauseminaren sollen durch Mitwirkung an Gruppengesprächen und an einer Fahrprobe veranlasst werden, eine risikobewusstere Einstellung im Straßenverkehr zu entwickeln und sich dort sicher und rücksichtsvoll zu verhalten. Auf Antrag kann die anordnende Behörde dem Betroffenen die Teilnahme an einem Einzelseminar gestatten.

(2) Die Aufbauseminare dürfen nur von Fahrlehrern durchgeführt werden, die Inhaber einer entsprechenden Erlaubnis nach dem Fahrlehrergesetz sind. Besondere Aufbauseminare für Inhaber einer Fahrerlaubnis auf Probe, die unter dem Einfluss von Alkohol oder anderer berauschender Mittel am Verkehr teilgenommen haben, werden nach näherer Bestimmung durch Rechtsverordnung gemäß § 6 Abs. 1 Nr. 1 Buchstabe n von hierfür amtlich anerkannten anderen Seminarleitern durchgeführt.

(3) Ist der Teilnehmer an einem Aufbauseminar nicht Inhaber einer Fahrerlaubnis, so gilt hinsichtlich der Fahrprobe § 2 Abs. 15 entsprechend.

§ 4
Punktsystem

(1) Zum Schutz vor Gefahren, die von wiederholt gegen Verkehrsvorschriften verstoßenden Fahrzeugführern und -haltern ausgehen, hat die Fahrerlaubnisbehörde die in Absatz 3 genannten Maßnahmen (Punktsystem) zu ergreifen. Das Punktsystem findet keine Anwendung, wenn sich die Notwendigkeit früherer oder anderer Maßnahmen auf Grund anderer Vorschriften, insbesondere der Entziehung der Fahrerlaubnis nach § 3 Abs. 1, ergibt. Punktsystem und Regelungen über die Fahrerlaubnis auf Probe finden nebeneinander Anwendung, jedoch mit der Maßgabe, dass die Teilnahme an einem Aufbauseminar nur einmal erfolgt; dies gilt nicht, wenn das letzte Aufbauseminar länger als fünf Jahre zurückliegt oder wenn der Betroffene noch nicht an einem Aufbauseminar nach § 2a Abs. 2 Satz 1 Nr. 1 oder an einem besonderen Aufbauseminar nach Absatz 8 Satz 4 oder § 2b Abs. 2 Satz 2 teilgenommen hat und nunmehr die Teilnahme an einem Aufbauseminar für Fahranfänger oder an einem besonderen Aufbauseminar in Betracht kommt.

(2) Für die Anwendung des Punktsystems sind die im Verkehrszentralregister nach § 28 Abs. 3 Nr. 1 bis 3 zu erfassenden Straftaten und Ordnungswidrigkeiten nach der Schwere der Zuwiderhandlungen und nach ihren Folgen mit einem bis zu sieben Punkten nach näherer Bestimmung durch Rechtsverordnung gemäß § 6 Abs. 1 Nr. 1 Buchstabe s zu bewerten. Sind durch eine Handlung mehrere Zuwiderhandlungen begangen worden, so wird nur die Zuwiderhandlung mit der höchsten Punktzahl berücksichtigt. Ist die Fahrerlaubnis entzogen oder eine Sperre (§ 69a Abs. 1 Satz 3 des Strafgesetzbuchs) angeordnet worden, so werden die Punkte für die vor dieser Entscheidung begangenen Zuwiderhandlungen gelöscht. Dies gilt nicht, wenn die Entziehung darauf beruht, dass der Betroffene nicht an einem angeordneten Aufbauseminar (Absatz 7 Satz 1, § 2a Abs. 3) teilgenommen hat.

(3) Die Fahrerlaubnisbehörde hat gegenüber den Inhabern einer Fahrerlaubnis folgende Maßnahmen (Punktsystem) zu ergreifen:

1. Ergeben sich acht, aber nicht mehr als 13 Punkte, so hat die Fahrerlaubnisbehörde den Betroffenen schriftlich darüber zu unterrichten, ihn zu verwarnen und ihn auf die Möglichkeit der Teilnahme an einem Aufbauseminar nach Absatz 8 hinzuweisen.
2. Ergeben sich 14, aber nicht mehr als 17 Punkte, so hat die Fahrerlaubnisbehörde die Teilnahme an einem Aufbauseminar nach Absatz 8 anzuordnen und hierfür eine Frist zu setzen. Hat der Betroffene innerhalb der letzten fünf Jahre bereits an einem solchen Seminar teilgenommen, so ist er schriftlich zu verwarnen. Unabhängig davon hat die Fahrerlaubnisbehörde den Betroffenen schriftlich auf die Möglichkeit einer verkehrspsychologischen Beratung nach Absatz 9 hinzuweisen und ihn darüber zu unterrichten, dass ihm bei Erreichen von 18 Punkten die Fahrerlaubnis entzogen wird.
3. Ergeben sich 18 oder mehr Punkte, so gilt der Betroffene als ungeeignet zum Führen von Kraftfahrzeugen; die Fahrerlaubnisbehörde hat die Fahrerlaubnis zu entziehen.

Die Fahrerlaubnisbehörde ist bei den Maßnahmen nach den Nummern 1 bis 3 an die rechtskräftige Entscheidung über die Straftat oder die Ordnungswidrigkeit gebunden.

(4) Nehmen Fahrerlaubnisinhaber vor Erreichen von 14 Punkten an einem Aufbauseminar teil und legen sie hierüber der Fahrerlaubnisbehörde innerhalb von drei Monaten nach Beendigung des Seminars eine Bescheinigung vor, so werden ihnen bei einem Stand von nicht mehr als acht Punkten vier Punkte, bei einem Stand von neun bis 13 Punkten zwei Punkte abgezogen. Hat der Betroffene nach der Teilnahme an einem Aufbauseminar und nach Erreichen von 14 Punkten, aber vor Erreichen von 18 Punkten an einer verkehrspsychologischen Beratung teilgenommen und legt er hierüber der Fahrerlaubnisbehörde innerhalb von drei Monaten nach Beendigung eine Bescheinigung vor, so werden zwei Punkte abgezogen; dies gilt auch, wenn er nach § 2a Abs. 2 Satz 1 Nr. 2 an einer solchen Beratung teilnimmt. Der Besuch eines Seminars und die Teilnahme an einer Beratung führen jeweils nur einmal innerhalb von fünf Jahren zu einem Punkteabzug. Für den Punktestand und die Berechnung der Fünfjahresfrist ist jeweils das Ausstellungsdatum der Teilnahmebescheinigung maßgeblich. Ein Punkteabzug ist nur bis zum Erreichen von null Punkten zulässig.

(5) Erreicht oder überschreitet der Betroffene 14 oder 18 Punkte, ohne dass die Fahrerlaubnisbehörde die Maßnahmen nach Absatz 3 Satz 1 Nr. 1 ergriffen hat, wird sein Punktestand auf 13 reduziert. Erreicht oder überschreitet der Betroffene 18 Punkte, ohne dass die Fahrerlaubnisbehörde die Maßnahmen nach Absatz 3 Satz 1 Nr. 2 ergriffen hat, wird sein Punktestand auf 17 reduziert.

(6) Zur Vorbereitung der Maßnahmen nach Absatz 3 hat das Kraftfahrt-Bundesamt bei Erreichen der betreffenden Punktestände (Absätze 3 und 4) den Fahrerlaubnisbehörden die vorhandenen Eintragungen aus dem Verkehrszentralregister zu übermitteln.

(7) Ist der Inhaber einer Fahrerlaubnis einer vollziehbaren Anordnung der Fahrerlaubnisbehörde nach Absatz 3 Satz 1 Nr. 2 in der festgesetzten Frist nicht nachgekommen, so hat die Fahrerlaubnisbehörde die Fahrerlaubnis zu entziehen. Widerspruch und Anfechtungsklage gegen die Anordnung nach Absatz 3 Satz 1 Nr. 2 sowie gegen die Entziehung nach Satz 1 und nach Absatz 3 Satz 1 Nr. 3 haben keine aufschiebende Wirkung.

(8) Die Teilnehmer an Aufbauseminaren sollen durch Mitwirkung an Gruppengesprächen und an einer Fahrprobe veranlasst werden, Mängel in ihrer Einstellung zum Straßenverkehr und im verkehrssicheren Verhalten zu erkennen und abzubauen. Auf Antrag kann die anordnende Behörde dem Betroffenen die Teilnahme an einem Einzelseminar gestatten. Die Aufbauseminare dürfen nur von Fahrlehrern durchgeführt werden, die Inhaber einer entsprechenden Erlaubnis nach dem Fahrlehrergesetz sind. Besondere Seminare für Inhaber einer Fahrerlaubnis, die unter dem Einfluss von Alkohol oder anderer berauschender Mittel am Verkehr teilgenommen haben, werden nach näherer Bestimmung durch Rechtsverordnung gemäß § 6 Abs. 1 Nr. 1 Buchstabe n von hierfür amtlich anerkannten anderen Seminarleitern durchgeführt.

(9) In der verkehrspsychologischen Beratung soll der Fahrerlaubnisinhaber veranlasst werden, Mängel in seiner Einstellung zum Straßenverkehr und im verkehrssicheren Verhalten zu erkennen und die Bereitschaft zu entwickeln, diese Mängel abzubauen. Die Beratung findet in Form eines Einzelgesprächs statt; sie kann durch eine Fahrprobe ergänzt werden, wenn der Berater dies für erforderlich hält. Der Berater soll die Ursachen der Mängel aufklären und Wege zu ihrer Beseitigung aufzeigen. Das Ergebnis der Beratung ist nur für den Betroffenen bestimmt und nur diesem mitzuteilen. Der Betroffene erhält jedoch eine Bescheinigung über die Teilnahme zur Vorlage bei der Fahrerlaubnisbehörde. Die Beratung darf nur von einer Person durchgeführt werden, die hierfür amtlich anerkannt ist und folgende Voraussetzungen erfüllt:

1. persönliche Zuverlässigkeit,
2. Abschluss eines Hochschulstudiums als Diplom-Psychologe,
3. Nachweis einer Ausbildung und von Erfahrungen in der Verkehrspsychologie nach näherer Bestimmung durch Rechtsverordnung gemäß § 6 Abs. 1 Nr. 1 Buchstabe u.

(10) Eine neue Fahrerlaubnis darf frühestens sechs Monate nach Wirksamkeit der Entziehung nach Absatz 3 Satz 1 Nr. 3 erteilt werden. Die Frist beginnt mit der Ablieferung des Führerscheins. Unbeschadet der Erfüllung der sonstigen Voraussetzungen

für die Erteilung der Fahrerlaubnis hat die Fahrerlaubnisbehörde zum Nachweis, dass die Eignung zum Führen von Kraftfahrzeugen wiederhergestellt ist, in der Regel die Beibringung eines Gutachtens einer amtlich anerkannten Begutachtungsstelle für Fahreignung anzuordnen.

(11) Ist die Fahrerlaubnis nach Absatz 7 Satz 1 entzogen worden, weil einer Anordnung zur Teilnahme an einem Aufbauseminar nicht nachgekommen wurde, so darf eine neue Fahrerlaubnis unbeschadet der übrigen Voraussetzungen nur erteilt werden, wenn der Antragsteller nachweist, dass er an einem Aufbauseminar teilgenommen hat. Das Gleiche gilt, wenn der Antragsteller nur deshalb nicht an einem angeordneten Aufbauseminar teilgenommen hat oder die Anordnung nur deshalb nicht erfolgt ist, weil er zwischenzeitlich auf die Fahrerlaubnis verzichtet hat. Abweichend von Absatz 10 wird die Fahrerlaubnis ohne die Einhaltung einer Frist und ohne die Beibringung eines Gutachtens einer amtlich anerkannten Begutachtungsstelle für Fahreignung erteilt.

§ 24a
0,5 Promille-Grenze

(1) Ordnungswidrig handelt, wer im Straßenverkehr ein Kraftfahrzeug führt, obwohl er 0,25 mg/l oder mehr Alkohol in der Atemluft oder 0,5 Promille oder mehr Alkohol im Blut oder eine Alkoholmenge im Körper hat, die zu einer solchen Atem- oder Blutalkoholkonzentration führt.

(2) Ordnungswidrig handelt, wer unter der Wirkung eines in der Anlage zu dieser Vorschrift genannten berauschenden Mittels im Straßenverkehr ein Kraftfahrzeug führt. Eine solche Wirkung liegt vor, wenn eine in dieser Anlage genannte Substanz im Blut nachgewiesen wird. Satz 1 gilt nicht, wenn die Substanz aus der bestimmungsgemäßen Einnahme eines für einen konkreten Krankheitsfall verschriebenen Arzneimittels herrührt.

(3) Ordnungswidrig handelt auch, wer die Tat fahrlässig begeht.

(4) Die Ordnungswidrigkeit kann mit einer Geldbuße bis zu eintausendfünfhundert Euro geahndet werden.

(5) Das Bundesministerium für Verkehr, Bau und Stadtentwicklung wird ermächtigt, durch Rechtsverordnung im Einvernehmen mit dem Bundesministerium für Gesundheit und dem Bundesministerium der Justiz mit Zustimmung des Bundesrates die Liste der berauschenden Mittel und Substanzen in der Anlage zu dieser Vorschrift zu ändern oder zu ergänzen, wenn dies nach wissenschaftlicher Erkenntnis im Hinblick auf die Sicherheit des Straßenverkehrs erforderlich ist.

§ 24c
Alkoholverbot für Fahranfänger und Fahranfängerinnen

(1) Ordnungswidrig handelt, wer in der Probezeit nach § 2a oder vor Vollendung des 21. Lebensjahres als Führer eines Kraftfahrzeugs im Straßenverkehr alkoholische Getränke zu sich nimmt oder die Fahrt antritt, obwohl er unter der Wirkung eines solchen Getränks steht.

(2) Ordnungswidrig handelt auch, wer die Tat fahrlässig begeht.

(3) Die Ordnungswidrigkeit kann mit einer Geldbuße geahndet werden.

§ 28
Führung und Inhalt des Verkehrszentralregisters

(1) Das Kraftfahrt-Bundesamt führt das Verkehrszentralregister nach den Vorschriften dieses Abschnitts.

(2) Das Verkehrszentralregister wird geführt zur Speicherung von Daten, die erforderlich sind

1. für die Beurteilung der Eignung und der Befähigung von Personen zum Führen von Kraftfahrzeugen oder zum Begleiten eines Kraftfahrzeugführers entsprechend einer nach § 6e Abs. 1 erlassenen Rechtsverordnung,
2. für die Prüfung der Berechtigung zum Führen von Fahrzeugen,
3. für die Ahndung der Verstöße von Personen, die wiederholt Straftaten oder Ordnungswidrigkeiten, die im Zusammenhang mit dem Straßenverkehr stehen, begehen oder
4. für die Beurteilung von Personen im Hinblick auf ihre Zuverlässigkeit bei der Wahrnehmung der ihnen durch Gesetz, Satzung oder Vertrag übertragenen Verantwortung für die Einhaltung der zur Sicherheit im Straßenverkehr bestehenden Vorschriften.

(3) Im Verkehrszentralregister werden Daten gespeichert über

1. rechtskräftige Entscheidungen der Strafgerichte, soweit sie wegen einer im Zusammenhang mit dem Straßenverkehr begangenen rechtswidrigen Tat auf Strafe, Verwarnung mit Strafvorbehalt erkennen oder einen Schuldspruch enthalten,
2. rechtskräftige Entscheidungen der Strafgerichte, die die Entziehung der Fahrerlaubnis, eine isolierte Sperre oder ein Fahrverbot anordnen sowie Entscheidungen der Strafgerichte, die die vorläufige Entziehung der Fahrerlaubnis anordnen,
3. rechtskräftige Entscheidungen wegen einer Ordnungswidrigkeit nach §§ 24, 24a oder § 24c, wenn gegen den Betroffenen ein Fahrverbot nach § 25 angeordnet oder eine Geldbuße von mindestens vierzig Euro festgesetzt ist, soweit § 28a nichts anderes bestimmt,
4. unanfechtbare oder sofort vollziehbare Verbote oder Beschränkungen, ein fahrerlaubnisfreies Fahrzeug zu führen,
5. unanfechtbare Versagungen einer Fahrerlaubnis,
6. unanfechtbare oder sofort vollziehbare Entziehungen, Widerrufe oder Rücknahmen einer Fahrerlaubnis durch Verwaltungsbehörden,
7. Verzichte auf die Fahrerlaubnis,
8. unanfechtbare Ablehnungen eines Antrags auf Verlängerung der Geltungsdauer einer Fahrerlaubnis,
9. die Beschlagnahme, Sicherstellung oder Verwahrung von Führerscheinen nach § 94 der Strafprozessordnung,
10. unanfechtbare Entscheidungen ausländischer Gerichte und Verwaltungsbehörden, in denen Inhabern einer deutschen Fahrerlaubnis das Recht aberkannt wird, von der Fahrerlaubnis in dem betreffenden Land Gebrauch zu machen,

11. Maßnahmen der Fahrerlaubnisbehörde nach § 2a Abs. 2 Satz 1 Nr. 1 und 2 und § 4 Abs. 3 Satz 1 Nr. 1 und 2,
12. die Teilnahme an einem Aufbauseminar und die Art des Aufbauseminars und die Teilnahme an einer verkehrspsychologischen Beratung, soweit dies für die Anwendung der Regelungen der Fahrerlaubnis auf Probe (§ 2a) und des Punktsystems (§ 4) erforderlich ist,
13. Entscheidungen oder Änderungen, die sich auf eine der in den Nummern 1 bis 12 genannten Eintragungen beziehen.

§ 29
Tilgung der Eintragungen

(1) Die im Register gespeicherten Eintragungen werden nach Ablauf der in Satz 2 bestimmten Fristen getilgt. Die Tilgungsfristen betragen

1. zwei Jahre
   bei Entscheidungen wegen einer Ordnungswidrigkeit,
2. fünf Jahre
   a) bei Entscheidungen wegen Straftaten mit Ausnahme von Entscheidungen wegen Straftaten nach § 315c Abs. 1 Nr. 1 Buchstabe a, den §§ 316 und 323a des Strafgesetzbuches und Entscheidungen, in denen die Entziehung der Fahrerlaubnis nach den §§ 69 und 69b des Strafgesetzbuchs oder eine Sperre nach § 69a Abs. 1 Satz 3 des Strafgesetzbuchs angeordnet worden ist,
   b) bei von der Fahrerlaubnisbehörde verhängten Verboten oder Beschränkungen, ein fahrerlaubnisfreies Fahrzeug zu führen,
   c) bei der Teilnahme an einem Aufbauseminar oder einer verkehrspsychologischen Beratung,
3. zehn Jahre
   in allen übrigen Fällen.

Eintragungen über Maßnahmen der Fahrerlaubnisbehörde nach § 2a Abs. 2 Satz 1 Nr. 1 und 2 und § 4 Abs. 3 Satz 1 Nr. 1 und 2 werden getilgt, wenn dem Betroffenen die Fahrerlaubnis entzogen wird. Sonst erfolgt eine Tilgung bei den Maßnahmen nach § 2a ein Jahr nach Ablauf der Probezeit und bei Maßnahmen nach § 4 dann, wenn die letzte mit Punkten bewertete Eintragung wegen einer Straftat oder Ordnungswidrigkeit getilgt ist. Verkürzungen der Tilgungsfristen nach Absatz 1 können durch Rechtsverordnung gemäß § 30c Abs. 1 Nr. 2 zugelassen werden, wenn die eingetragene Entscheidung auf körperlichen oder geistigen Mängeln oder fehlender Befähigung beruht.

(2) Die Tilgungsfristen gelten nicht, wenn die Erteilung einer Fahrerlaubnis oder die Erteilung des Rechts, von einer ausländischen Fahrerlaubnis wieder Gebrauch zu machen, für immer untersagt ist.

(3) Ohne Rücksicht auf den Lauf der Fristen nach Absatz 1 und das Tilgungsverbot nach Absatz 2 werden getilgt

1. Eintragungen über Entscheidungen, wenn ihre Tilgung im Bundeszentralregister angeordnet oder wenn die Entscheidung im Wiederaufnahmeverfahren oder nach

den §§ 86, 102 Abs. 2 des Gesetzes über Ordnungswidrigkeiten rechtskräftig aufgehoben wird,
2. Eintragungen, die in das Bundeszentralregister nicht aufzunehmen sind, wenn ihre Tilgung durch die nach Landesrecht zuständige Behörde angeordnet wird, wobei die Anordnung nur ergehen darf, wenn dies zur Vermeidung ungerechtfertigter Härten erforderlich ist und öffentliche Interessen nicht gefährdet werden,
3. Eintragungen, bei denen die zugrunde liegende Entscheidung aufgehoben wird oder bei denen nach näherer Bestimmung durch Rechtsverordnung gemäß § 30c Abs. 1 Nr. 2 eine Änderung der zugrunde liegenden Entscheidung Anlass gibt,
4. sämtliche Eintragungen, wenn eine amtliche Mitteilung über den Tod des Betroffenen eingeht.

(4) Die Tilgungsfrist (Absatz 1) beginnt

1. bei strafgerichtlichen Verurteilungen mit dem Tag des ersten Urteils und bei Strafbefehlen mit dem Tag der Unterzeichnung durch den Richter, wobei dieser Tag auch dann maßgebend bleibt, wenn eine Gesamtstrafe oder eine einheitliche Jugendstrafe gebildet oder nach § 30 Abs. 1 des Jugendgerichtsgesetzes auf Jugendstrafe erkannt wird oder eine Entscheidung im Wiederaufnahmeverfahren ergeht, die eine registerpflichtige Verurteilung enthält,
2. bei Entscheidungen der Gerichte nach den §§ 59, 60 des Strafgesetzbuchs und § 27 des Jugendgerichtsgesetzes mit dem Tag der Entscheidung,
3. bei gerichtlichen und verwaltungsbehördlichen Bußgeldentscheidungen sowie bei anderen Verwaltungsentscheidungen mit dem Tag der Rechtskraft oder Unanfechtbarkeit der beschwerenden Entscheidung,
4. bei Aufbauseminaren und verkehrspsychologischen Beratungen mit dem Tag der Ausstellung der Teilnahmebescheinigung.

(5) Bei der Versagung oder Entziehung der Fahrerlaubnis wegen mangelnder Eignung, der Anordnung einer Sperre nach § 69a Abs. 1 Satz 3 des Strafgesetzbuchs oder bei einem Verzicht auf die Fahrerlaubnis beginnt die Tilgungsfrist erst mit der Erteilung oder Neuerteilung der Fahrerlaubnis, spätestens jedoch fünf Jahre nach der beschwerenden Entscheidung oder dem Tag des Zugangs der Verzichtserklärung bei der zuständigen Behörde. Bei von der Fahrerlaubnisbehörde verhängten Verboten oder Beschränkungen, ein fahrerlaubnisfreies Fahrzeug zu führen, beginnt die Tilgungsfrist fünf Jahre nach Ablauf oder Aufhebung des Verbots oder der Beschränkung.

(6) Sind im Register mehrere Entscheidungen nach § 28 Abs. 3 Nr. 1 bis 9 über eine Person eingetragen, so ist die Tilgung einer Eintragung vorbehaltlich der Regelungen in den Sätzen 2 bis 6 erst zulässig, wenn für alle betreffenden Eintragungen die Voraussetzungen der Tilgung vorliegen. Eine Ablaufhemmung tritt auch ein, wenn eine neue Tat vor dem Ablauf der Tilgungsfrist nach Absatz 1 begangen wird und bis zum Ablauf der Überliegefrist (Absatz 7) zu einer weiteren Eintragung führt. Eintragungen von Entscheidungen wegen Ordnungswidrigkeiten hindern nur die Tilgung von Entscheidungen wegen anderer Ordnungswidrigkeiten. Die Eintragung einer Entscheidung wegen einer Ordnungswidrigkeit – mit Ausnahme von Entscheidungen wegen einer Ordnungswidrigkeit nach § 24a – wird spätestens nach Ablauf von fünf Jahren getilgt. Die Tilgung einer Eintragung einer Entscheidung wegen einer Ordnungswidrig-

keit unterbleibt in jedem Fall so lange, wie der Betroffene im Zentralen Fahrerlaubnisregister als Inhaber einer Fahrerlaubnis auf Probe gespeichert ist. Wird eine Eintragung getilgt, so sind auch die Eintragungen zu tilgen, deren Tilgung nur durch die betreffende Eintragung gehemmt war.

(7) Eine Eintragung wird nach Eintritt der Tilgungsreife zuzüglich einer Überliegefrist von einem Jahr gelöscht. Während dieser Zeit darf der Inhalt der Eintragung nicht übermittelt und über ihn keine Auskunft erteilt werden, es sei denn, der Betroffene begehrt eine Auskunft über den ihn betreffenden Inhalt.

(8) Ist eine Eintragung über eine gerichtliche Entscheidung im Verkehrszentralregister getilgt, so dürfen die Tat und die Entscheidung dem Betroffenen für die Zwecke des § 28 Abs. 2 nicht mehr vorgehalten und nicht zu seinem Nachteil verwertet werden. Unterliegen diese Eintragungen einer zehnjährigen Tilgungsfrist, dürfen sie nach Ablauf eines Zeitraums, der einer fünfjährigen Tilgungsfrist nach den Vorschriften dieses Paragraphen entspricht, nur noch für ein Verfahren übermittelt und verwertet werden, das die Erteilung oder Entziehung einer Fahrerlaubnis zum Gegenstand hat. Außerdem dürfen für die Prüfung der Berechtigung zum Führen von Kraftfahrzeugen Entscheidungen der Gerichte nach den §§ 69 bis 69b des Strafgesetzbuchs übermittelt und verwertet werden.

Anlage
(zu § 24a)

Liste der berauschenden Mittel und Substanzen

Berauschende Mittel	Substanzen
Cannabis	Tetrahydrocannabinol (THC)
Heroin	Morphin
Morphin	Morphin
Cocain	Benzoylecgonin
Amfetamin	Amfetamin
Designer-Amfetamin	Methylendioxyamfetamin (MDA)
Designer-Amfetamin	Methylendioxyethylamfetamin (MDE)
Designer-Amfetamin	Methylendioxymetamfetamin (MDMA)
Metamfetamin	Metamfetamin

Fahrerlaubnis-Verordnung

in der Fassung der Bekanntmachung
vom 18. August 1998 (BGBl. I S. 2214),
zuletzt geändert durch Artikel 2 des Gesetzes
vom 19. Juli 2007 (BGBl. I S. 1460)
(Auszüge)

§ 11
Eignung

(1) Bewerber um eine Fahrerlaubnis müssen die hierfür notwendigen körperlichen und geistigen Anforderungen erfüllen. Die Anforderungen sind insbesondere nicht erfüllt, wenn eine Erkrankung oder ein Mangel nach Anlage 4 oder 5 vorliegt, wodurch die Eignung oder die bedingte Eignung zum Führen von Kraftfahrzeugen ausgeschlossen wird. Außerdem dürfen die Bewerber nicht erheblich oder nicht wiederholt gegen verkehrsrechtliche Vorschriften oder Strafgesetze verstoßen haben, so dass dadurch die Eignung ausgeschlossen wird. Bewerber um die Fahrerlaubnis der Klasse D oder D1 müssen auch die Gewähr dafür bieten, dass sie der besonderen Verantwortung bei der Beförderung von Fahrgästen gerecht werden.

(2) Werden Tatsachen bekannt, die Bedenken gegen die körperliche oder geistige Eignung des Fahrerlaubnisbewerbers begründen, kann die Fahrerlaubnisbehörde zur Vorbereitung von Entscheidungen über die Erteilung oder Verlängerung der Fahrerlaubnis oder über die Anordnung von Beschränkungen oder Auflagen die Beibringung eines ärztlichen Gutachtens durch den Bewerber anordnen. Bedenken gegen die körperliche oder geistige Eignung bestehen insbesondere, wenn Tatsachen bekannt werden, die auf eine Erkrankung oder einen Mangel nach Anlage 4 oder 5 hinweisen. Die Behörde bestimmt in der Anordnung auch, ob das Gutachten von einem

1. für die Fragestellung (Absatz 6 Satz 1) zuständigen Facharzt mit verkehrsmedizinischer Qualifikation,
2. Arzt des Gesundheitsamtes oder einem anderen Arzt der öffentlichen Verwaltung,
3. Arzt mit der Gebietsbezeichnung „Arbeitsmedizin" oder der Zusatzbezeichnung „Betriebsmedizin",
4. Arzt mit der Gebietsbezeichnung „Facharzt für Rechtsmedizin" oder
5. Arzt in einer Begutachtungsstelle für Fahreignung, der die Anforderungen nach Anlage 14 erfüllt,

erstellt werden soll. Die Behörde kann auch mehrere solcher Anordnungen treffen. Der Facharzt nach Satz 3 Nr. 1 soll nicht zugleich der den Betroffenen behandelnde Arzt sein.

(3) Die Beibringung eines Gutachtens einer amtlich anerkannten Begutachtungsstelle für Fahreignung (medizinisch-psychologisches Gutachten) kann zur Klärung von Eignungszweifeln für die Zwecke nach Absatz 2 angeordnet werden,

1. wenn nach Würdigung der Gutachten gemäß Absatz 2 oder Absatz 4 ein medizinisch-psychologisches Gutachten zusätzlich erforderlich ist,

2. zur Vorbereitung einer Entscheidung über die Befreiung von den Vorschriften über das Mindestalter,
3. bei erheblichen Auffälligkeiten, die im Rahmen einer Fahrerlaubnisprüfung nach § 18 Abs. 3 mitgeteilt worden sind,
4. bei erheblichen oder wiederholten Verstößen gegen verkehrsrechtliche Vorschriften oder bei Straftaten, die im Zusammenhang mit dem Straßenverkehr oder im Zusammenhang mit der Kraftfahreignung stehen oder bei denen Anhaltspunkte für ein hohes Aggressionspotential bestehen
   oder
5. bei der Neuerteilung der Fahrerlaubnis, wenn
   a) die Fahrerlaubnis wiederholt entzogen war oder
   b) der Entzug der Fahrerlaubnis auf einem Grund nach Nummer 4 beruhte.

Unberührt bleiben medizinisch-psychologische Begutachtungen nach § 2a Abs. 4 und 5 und § 4 Abs. 10 Satz 3 des Straßenverkehrsgesetzes sowie § 10 Abs. 2 und den §§ 13 und 14 in Verbindung mit den Anlagen 4 und 5 dieser Verordnung.

(4) Die Beibringung eines Gutachtens eines amtlich anerkannten Sachverständigen oder Prüfers für den Kraftfahrzeugverkehr kann zur Klärung von Eignungszweifeln für die Zwecke nach Absatz 2 angeordnet werden,

1. wenn nach Würdigung der Gutachten gemäß Absatz 2 oder Absatz 3 ein Gutachten eines amtlich anerkannten Sachverständigen oder Prüfers zusätzlich erforderlich ist
   oder
2. bei Behinderungen des Bewegungsapparates, um festzustellen, ob der Behinderte das Fahrzeug mit den erforderlichen besonderen technischen Hilfsmitteln sicher führen kann.

(5) Für die Durchführung der ärztlichen und der medizinisch-psychologischen Untersuchung sowie für die Erstellung der entsprechenden Gutachten gelten die in der Anlage 15 genannten Grundsätze.

(6) Die Fahrerlaubnisbehörde legt unter Berücksichtigung der Besonderheiten des Einzelfalls und unter Beachtung der Anlagen 4 und 5 in der Anordnung zur Beibringung des Gutachtens fest, welche Fragen im Hinblick auf die Eignung des Betroffenen zum Führen von Kraftfahrzeugen zu klären sind. Die Behörde teilt dem Betroffenen unter Darlegung der Gründe für die Zweifel an seiner Eignung und unter Angabe der für die Untersuchung in Betracht kommenden Stelle oder Stellen mit, dass er sich innerhalb einer von ihr festgelegten Frist auf seine Kosten der Untersuchung zu unterziehen und das Gutachten beizubringen hat; sie teilt ihm außerdem mit, dass er die zu übersendenden Unterlagen einsehen kann. Der Betroffene hat die Fahrerlaubnisbehörde darüber zu unterrichten, welche Stelle er mit der Untersuchung beauftragt hat. Die Fahrerlaubnisbehörde teilt der untersuchenden Stelle mit, welche Fragen im Hinblick auf die Eignung des Betroffenen zum Führen von Kraftfahrzeugen zu klären sind und übersendet ihr die vollständigen Unterlagen, soweit sie unter Beachtung der gesetzlichen Verwertungsverbote verwendet werden dürfen. Die Untersuchung erfolgt auf Grund eines Auftrages durch den Betroffenen.

(7) Steht die Nichteignung des Betroffenen zur Überzeugung der Fahrerlaubnisbehörde fest, unterbleibt die Anordnung zur Beibringung des Gutachtens.

(8) Weigert sich der Betroffene, sich untersuchen zu lassen, oder bringt er der Fahrerlaubnisbehörde das von ihr geforderte Gutachten nicht fristgerecht bei, darf sie bei ihrer Entscheidung auf die Nichteignung des Betroffenen schließen. Der Betroffene ist hierauf bei der Anordnung nach Absatz 6 hinzuweisen.

(9) Unbeschadet der Absätze 1 bis 8 haben die Bewerber um die Erteilung oder Verlängerung einer Fahrerlaubnis der Klassen C, C1, CE, C1E, D, D1, DE oder D1E zur Feststellung ihrer Eignung der Fahrerlaubnisbehörde einen Nachweis nach Maßgabe der Anlage 5 vorzulegen.

(10) Hat der Betroffene an einem Kurs teilgenommen, um festgestellte Eignungsmängel zu beheben, genügt in der Regel zum Nachweis der Wiederherstellung der Eignung statt eines erneuten medizinisch-psychologischen Gutachtens eine Teilnahmebescheinigung, wenn

1. der betreffende Kurs nach § 70 anerkannt ist,
2. auf Grund eines medizinisch-psychologischen Gutachtens einer Begutachtungsstelle für Fahreignung die Teilnahme des Betroffenen an dieser Art von Kursen als geeignete Maßnahme angesehen wird, seine Eignungsmängel zu beheben, und
3. die Fahrerlaubnisbehörde der Kursteilnahme nach Nummer 2 zugestimmt hat.

(11) Die Teilnahmebescheinigung muss

1. den Familiennamen und Vornamen, den Tag und Ort der Geburt und die Anschrift des Seminarteilnehmers,
2. die Bezeichnung des Seminarmodells und
3. Angaben über Umfang und Dauer des Seminars

enthalten. Sie ist vom Seminarleiter und vom Seminarteilnehmer unter Angabe des Ausstellungsdatums zu unterschreiben. Die Ausstellung der Teilnahmebescheinigung ist vom Kursleiter zu verweigern, wenn der Teilnehmer nicht an allen Sitzungen des Kurses teilgenommen oder die Anfertigung von Kursaufgaben verweigert hat.

§ 12
Sehvermögen

(1) Zum Führen von Kraftfahrzeugen sind die in der Anlage 6 genannten Anforderungen an das Sehvermögen zu erfüllen.

(2) Bewerber um eine Fahrerlaubnis der Klassen A, A1, B, BE, M, S, L oder T haben sich einem Sehtest zu unterziehen. Der Sehtest wird von einer amtlich anerkannten Sehteststelle unter Einhaltung der DIN 58220 Teil 6, Ausgabe Januar 1997, durchgeführt. Die Sehteststelle hat sich vor der Durchführung des Sehtests von der Identität des Antragstellers durch Einsicht in den Personalausweis oder Reisepass zu überzeugen. Der Sehtest ist bestanden, wenn die zentrale Tagessehschärfe mit oder ohne Sehhilfe mindestens den in Anlage 6 Nr. 1.1 genannten Wert erreicht. Ergibt der Sehtest eine geringere Sehleistung, darf der Antragsteller den Sehtest mit Sehhilfen oder mit verbesserten Sehhilfen wiederholen.

(3) Die Sehteststelle stellt dem Antragsteller eine Sehtestbescheinigung aus. In ihr ist anzugeben, ob der Sehtest bestanden und ob er mit Sehhilfen durchgeführt worden

ist. Sind bei der Durchführung des Sehtests sonst Zweifel an ausreichendem Sehvermögen für das Führen von Kraftfahrzeugen aufgetreten, hat die Sehteststelle sie auf der Sehtestbescheinigung zu vermerken.

(4) Ein Sehtest ist nicht erforderlich, wenn ein Zeugnis oder ein Gutachten eines Augenarztes vorgelegt wird und sich daraus ergibt, dass der Antragsteller die Anforderungen nach Anlage 6 Nr. 1.1 erfüllt.

(5) Besteht der Bewerber den Sehtest nicht, hat er sich einer augenärztlichen Untersuchung des Sehvermögens nach Anlage 6 Nr. 1.2 zu unterziehen und hierüber der Fahrerlaubnisbehörde ein Zeugnis des Augenarztes einzureichen.

(6) Bewerber um die Erteilung oder Verlängerung einer Fahrerlaubnis der Klassen C, C1, CE, C1E, D, D1, DE oder D1E haben sich einer Untersuchung des Sehvermögens nach Anlage 6 Nr. 2 zu unterziehen und hierüber der Fahrerlaubnisbehörde eine Bescheinigung des Arztes nach Anlage 6 Nr. 2.1 oder ein Zeugnis des Augenarztes nach Anlage 6 Nr. 2.2 einzureichen.

(7) Sehtestbescheinigung, Zeugnis oder Gutachten dürfen bei Antragstellung nicht älter als zwei Jahre sein.

(8) Werden Tatsachen bekannt, die Bedenken begründen, dass der Fahrerlaubnisbewerber die Anforderungen an das Sehvermögen nach Anlage 6 nicht erfüllt oder dass andere Beeinträchtigungen des Sehvermögens bestehen, die die Eignung zum Führen von Kraftfahrzeugen beeinträchtigen, kann die Fahrerlaubnisbehörde zur Vorbereitung der Entscheidung über die Erteilung oder Verlängerung der Fahrerlaubnis oder über die Anordnung von Beschränkungen oder Auflagen die Beibringung eines augenärztlichen Gutachtens anordnen. § 11 Abs. 5 bis 8 gilt entsprechend, § 11 Abs. 6 Satz 4 jedoch mit der Maßgabe, dass nur solche Unterlagen übersandt werden dürfen, die für die Beurteilung, ob Beeinträchtigungen des Sehvermögens bestehen, die die Eignung zum Führen von Kraftfahrzeugen beeinträchtigen, erforderlich sind.

§ 13
Klärung von Eignungszweifeln bei Alkoholproblematik

Zur Vorbereitung von Entscheidungen über die Erteilung oder Verlängerung der Fahrerlaubnis oder über die Anordnung von Beschränkungen oder Auflagen ordnet die Fahrerlaubnisbehörde an, dass

1. ein ärztliches Gutachten (§ 11 Abs. 2 Satz 3) beizubringen ist, wenn Tatsachen die Annahme von Alkoholabhängigkeit begründen oder die Fahrerlaubnis wegen Alkoholabhängigkeit entzogen war oder sonst zu klären ist, ob Abhängigkeit nicht mehr besteht, oder
2. ein medizinisch-psychologisches Gutachten beizubringen ist, wenn
   a) nach dem ärztlichen Gutachten zwar keine Alkoholabhängigkeit, jedoch Anzeichen für Alkoholmissbrauch vorliegen oder sonst Tatsachen die Annahme von Alkoholmissbrauch begründen,
   b) wiederholt Zuwiderhandlungen im Straßenverkehr unter Alkoholeinfluss begangen wurden,

c) ein Fahrzeug im Straßenverkehr bei einer Blutalkoholkonzentration von 1,6 Promille oder mehr oder einer Atemalkoholkonzentration von 0,8 mg/l oder mehr geführt wurde,
d) die Fahrerlaubnis aus einem der unter Buchstabe a bis c genannten Gründe entzogen war oder
e) sonst zu klären ist, ob Alkoholmissbrauch nicht mehr besteht.

Im Fall des Satzes 1 Nr. 2 Buchstabe b sind Zuwiderhandlungen, die ausschließlich gegen § 24c des Straßenverkehrsgesetzes begangen worden sind, nicht zu berücksichtigen.

§ 14
Klärung von Eignungszweifeln im Hinblick auf Betäubungsmittel und Arzneimittel

(1) Zur Vorbereitung von Entscheidungen über die Erteilung oder die Verlängerung der Fahrerlaubnis oder über die Anordnung von Beschränkungen oder Auflagen ordnet die Fahrerlaubnisbehörde an, dass ein ärztliches Gutachten (§ 11 Abs. 2 Satz 3) beizubringen ist, wenn Tatsachen die Annahme begründen, dass

1. Abhängigkeit von Betäubungsmitteln im Sinne des Betäubungsmittelgesetzes in der Fassung der Bekanntmachung vom 1. März 1994 (BGBl. I S. 358), zuletzt geändert durch Artikel 4 des Gesetzes vom 26. Januar 1998 (BGBl. I S. 160), in der jeweils geltenden Fassung, oder von anderen psychoaktiv wirkenden Stoffen,
2. Einnahme von Betäubungsmitteln im Sinne des Betäubungsmittelgesetzes oder
3. missbräuchliche Einnahme von psychoaktiv wirkenden Arzneimitteln oder anderen psychoaktiv wirkenden Stoffen

vorliegt. Die Beibringung eines ärztlichen Gutachtens kann angeordnet werden, wenn der Betroffene Betäubungsmittel im Sinne des Betäubungsmittelgesetzes widerrechtlich besitzt oder besessen hat. Das ärztliche Gutachten nach Satz 1 Nr. 2 oder 3 kann auch von einem Arzt, der die Anforderungen an den Arzt nach Anlage 14 erfüllt, erstellt werden. Die Beibringung eines medizinisch-psychologischen Gutachtens kann angeordnet werden, wenn gelegentliche Einnahme von Cannabis vorliegt und weitere Tatsachen Zweifel an der Eignung begründen.

(2) Die Beibringung eines medizinisch-psychologischen Gutachtens ist für die Zwecke nach Absatz 1 anzuordnen, wenn

1. die Fahrerlaubnis aus einem der in Absatz 1 genannten Gründe entzogen war oder
2. zu klären ist, ob der Betroffene noch abhängig ist oder – ohne abhängig zu sein – weiterhin die in Absatz 1 genannten Mittel oder Stoffe einnimmt.

§ 32
Ausnahmen von der Probezeit

Ausgenommen von den Regelungen über die Probezeit nach § 2a des Straßenverkehrsgesetzes sind Fahrerlaubnisse der Klassen M, S, L und T. Bei erstmaliger Erweiterung einer Fahrerlaubnis der Klassen M, S, L oder T auf eine der anderen Klassen ist die Fahrerlaubnis der Klasse, auf die erweitert wird, auf Probe zu erteilen.

§ 34
Bewertung der Straftaten und Ordnungswidrigkeiten im Rahmen der Fahrerlaubnis auf Probe und Anordnung des Aufbauseminars

(1) Die Bewertung der Straftaten und Ordnungswidrigkeiten im Rahmen der Fahrerlaubnis auf Probe erfolgt nach Anlage 12.

(2) Die Anordnung der Teilnahme an einem Aufbauseminar nach § 2a Abs. 2 des Straßenverkehrsgesetzes erfolgt schriftlich unter Angabe der Verkehrszuwiderhandlungen, die zu der Anordnung geführt haben; dabei ist eine angemessene Frist zu setzen. Die schriftliche Anordnung ist bei der Anmeldung zu einem Aufbauseminar dem Kursleiter vorzulegen.

§ 35
Aufbauseminare

(1) Das Aufbauseminar ist in Gruppen mit mindestens sechs und höchstens zwölf Teilnehmern durchzuführen. Es besteht aus einem Kurs mit vier Sitzungen von jeweils 135 Minuten Dauer in einem Zeitraum von zwei bis vier Wochen; jedoch darf an einem Tag nicht mehr als eine Sitzung stattfinden. Zusätzlich ist zwischen der ersten und der zweiten Sitzung eine Fahrprobe durchzuführen, die der Beobachtung des Fahrverhaltens des Seminarteilnehmers dient. Die Fahrprobe soll in Gruppen mit drei Teilnehmern durchgeführt werden, wobei die reine Fahrzeit jedes Teilnehmers 30 Minuten nicht unterschreiten darf. Dabei ist ein Fahrzeug zu verwenden, das – mit Ausnahme der Anzahl der Türen – den Anforderungen des Abschnitts 2.2 der Anlage 7 entspricht. Jeder Teilnehmer an der Fahrprobe soll möglichst ein Fahrzeug der Klasse führen, mit dem vor allem die zur Anordnung der Teilnahme an dem Aufbauseminar führenden Verkehrszuwiderhandlungen begangen worden sind.

(2) In den Kursen sind die Verkehrszuwiderhandlungen, die bei den Teilnehmern zur Anordnung der Teilnahme an dem Aufbauseminar geführt haben, und die Ursachen dafür zu diskutieren und daraus ableitend allgemein die Probleme und Schwierigkeiten von Fahranfängern zu erörtern. Durch Gruppengespräche, Verhaltensbeobachtung in der Fahrprobe, Analyse problematischer Verkehrssituationen und durch weitere Informationsvermittlung soll ein sicheres und rücksichtsvolles Fahrverhalten erreicht werden. Dabei soll insbesondere die Einstellung zum Verhalten im Straßenverkehr geändert, das Risikobewusstsein gefördert und die Gefahrenerkennung verbessert werden.

(3) Für die Durchführung von Einzelseminaren nach § 2b Abs. 1 des Straßenverkehrsgesetzes gelten die Absätze 1 und 2 mit der Maßgabe, dass die Gespräche in vier Sitzungen von jeweils 60 Minuten Dauer durchzuführen sind.

§ 36
Besondere Aufbauseminare nach § 2b Abs. 2 Satz 2 des Straßenverkehrsgesetzes

(1) Inhaber von Fahrerlaubnissen auf Probe, die wegen Zuwiderhandlungen nach § 315c Abs. 1 Nr. 1 Buchstabe a, den §§ 316, 323a des Strafgesetzbuches oder den

§§ 24a, 24c des Straßenverkehrsgesetzes an einem Aufbauseminar teilzunehmen haben, sind, auch wenn sie noch andere Verkehrszuwiderhandlungen begangen haben, einem besonderen Aufbauseminar zuzuweisen.

(2) Ist die Fahrerlaubnis wegen einer innerhalb der Probezeit begangenen Zuwiderhandlung nach § 315c Abs. 1 Nr. 1 Buchstabe a, den §§ 316, 323a des Strafgesetzbuches oder den §§ 24a, 24c des Straßenverkehrsgesetzes entzogen worden, darf eine neue Fahrerlaubnis unbeschadet der übrigen Voraussetzungen nur erteilt werden, wenn der Antragsteller nachweist, dass er an einem besonderen Aufbauseminar teilgenommen hat.

(3) Das besondere Aufbauseminar ist in Gruppen mit mindestens sechs und höchstens zwölf Teilnehmern durchzuführen. Es besteht aus einem Kurs mit einem Vorgespräch und drei Sitzungen von jeweils 180 Minuten Dauer in einem Zeitraum von zwei bis vier Wochen sowie der Anfertigung von Kursaufgaben zwischen den Sitzungen.

(4) In den Kursen sind die Ursachen, die bei den Teilnehmern zur Anordnung der Teilnahme an einem Aufbauseminar geführt haben, zu diskutieren und Möglichkeiten für ihre Beseitigung zu erörtern. Wissenslücken der Kursteilnehmer über die Wirkung des Alkohols und anderer berauschender Mittel auf die Verkehrsteilnehmer sollen geschlossen und individuell angepasste Verhaltensweisen entwickelt und erprobt werden, um insbesondere Trinkgewohnheiten zu ändern sowie Trinken und Fahren künftig zuverlässig zu trennen. Durch die Entwicklung geeigneter Verhaltensmuster sollen die Kursteilnehmer in die Lage versetzt werden, einen Rückfall und weitere Verkehrszuwiderhandlungen unter Alkoholeinfluss oder dem Einfluss anderer berauschender Mittel zu vermeiden. Zusätzlich ist auf die Problematik der wiederholten Verkehrszuwiderhandlungen einzugehen.

(5) Für die Durchführung von Einzelseminaren nach § 2b Abs. 1 des Straßenverkehrsgesetzes gelten die Absätze 3 und 4 mit der Maßgabe, dass die Gespräche in drei Sitzungen von jeweils 90 Minuten Dauer durchzuführen sind.

(6) Die besonderen Aufbauseminare dürfen nur von Kursleitern durchgeführt werden, die von der zuständigen obersten Landesbehörde oder der von ihr bestimmten oder der nach Landesrecht zuständigen Stelle oder von dem für die in § 26 genannten Dienstbereiche jeweils zuständigen Fachminister oder von ihm bestimmten Stellen anerkannt worden sind. Die amtliche Anerkennung als Kursleiter darf nur erteilt werden, wenn der Bewerber folgende Voraussetzungen erfüllt:

1. Abschluss eines Hochschulstudiums als Diplom-Psychologe,
2. Nachweis einer verkehrspsychologischen Ausbildung an einer Universität oder gleichgestellten Hochschule oder bei einer Stelle, die sich mit der Begutachtung oder Wiederherstellung der Kraftfahreignung befasst,
3. Kenntnisse und Erfahrungen in der Untersuchung und Begutachtung der Eignung von Kraftfahrern, die Zuwiderhandlungen gegen Vorschriften über das Führen von Kraftfahrzeugen unter Einfluss von Alkohol oder anderen berauschenden Mitteln begangen haben,
4. Ausbildung und Erfahrung als Kursleiter in Kursen für Kraftfahrer, die Zuwiderhandlungen gegen Vorschriften über das Führen von Kraftfahrzeugen unter Einfluss von Alkohol oder anderen berauschenden Mitteln begangen haben,

5. Vorlage eines sachgerechten, auf wissenschaftlicher Grundlage entwickelten Seminarkonzeptes und
6. Nachweis geeigneter Räumlichkeiten sowie einer sachgerechten Ausstattung.

Außerdem dürfen keine Tatsachen vorliegen, die Bedenken gegen die Zuverlässigkeit des Kursleiters begründen. Die Anerkennung kann mit Auflagen, insbesondere hinsichtlich der Aufsicht über die Durchführung der Aufbauseminare sowie der Teilnahme an Fortbildungsmaßnahmen, verbunden werden.

(7) Die Aufsicht obliegt den nach Absatz 6 Satz 1 für die Anerkennung zuständigen Behörden oder Stellen; diese können sich hierbei geeigneter Personen oder Stellen bedienen.

§ 37
Teilnahmebescheinigung

(1) Über die Teilnahme an einem Aufbauseminar nach § 35 oder § 36 ist vom Seminarleiter eine Bescheinigung zur Vorlage bei der Fahrerlaubnisbehörde auszustellen. Die Bescheinigung muss

1. den Familiennamen und Vornamen, den Tag der Geburt und die Anschrift des Seminarteilnehmers,
2. die Bezeichnung des Seminarmodells und
3. Angaben über Umfang und Dauer des Seminars

enthalten. Sie ist vom Seminarleiter und vom Seminarteilnehmer unter Angabe des Ausstellungsdatums zu unterschreiben.

(2) Die Ausstellung einer Teilnahmebescheinigung ist vom Kursleiter zu verweigern, wenn der Seminarteilnehmer nicht an allen Sitzungen des Kurses und an der Fahrprobe teilgenommen oder bei einem besonderen Aufbauseminar nach § 36 die Anfertigung von Kursaufgaben verweigert hat.

(3) Die für die Durchführung von Aufbauseminaren erhobenen personenbezogenen Daten dürfen nur für diesen Zweck verarbeitet und genutzt werden und sind sechs Monate nach Abschluss der jeweiligen Seminare mit Ausnahme der Daten zu löschen, die für Maßnahmen der Qualitätssicherung oder Aufsicht erforderlich sind. Diese Daten sind zu sperren und spätestens bis zum Ablauf des fünften des auf den Abschluss der jeweiligen Seminare folgenden Jahres zu löschen.

§ 38
Verkehrspsychologische Beratung

In der verkehrspsychologischen Beratung soll der Inhaber der Fahrerlaubnis veranlasst werden, Mängel in seiner Einstellung zum Straßenverkehr und im verkehrssicheren Verhalten zu erkennen und die Bereitschaft zu entwickeln, diese Mängel abzubauen. Die Beratung findet in Form eines Einzelgesprächs statt; sie kann durch eine Fahrprobe ergänzt werden, wenn der Berater dies für erforderlich hält. Der Berater soll die Ursachen der Mängel aufklären und Wege zu ihrer Beseitigung aufzeigen. Das Ergebnis der Beratung ist nur für den Betroffenen bestimmt und nur diesem mitzuteilen. Der

Betroffene erhält jedoch eine Bescheinigung über die Teilnahme zur Vorlage bei der Fahrerlaubnisbehörde; diese Bescheinigung muss eine Bezugnahme auf die Bestätigung nach § 71 Abs. 2 enthalten.

§ 40
Punktbewertung nach dem Punktsystem

Die im Verkehrszentralregister erfassten Entscheidungen sind nach Anlage 13 zu bewerten.

§ 41
Maßnahmen der Fahrerlaubnisbehörde

(1) Die Unterrichtung des Betroffenen über den Punktestand, die Verwarnung und der Hinweis auf die Möglichkeit der Teilnahme an einem Aufbauseminar, die Anordnung zur Teilnahme an einem solchen Seminar und der Hinweis auf die Möglichkeit einer verkehrspsychologischen Beratung erfolgen schriftlich unter Angabe der begangenen Verkehrszuwiderhandlungen.

(2) Bei der Anordnung ist für die Teilnahme an dem Aufbauseminar eine angemessene Frist zu setzen. Die schriftliche Anordnung ist bei der Anmeldung zu einem Aufbauseminar dem Kursleiter vorzulegen.

(3) Für die verkehrspsychologische Beratung gilt § 38 entsprechend.

(4) Die Anordnung eines Verkehrsunterrichts nach § 48 der Straßenverkehrs-Ordnung bleibt unberührt.

§ 42
Aufbauseminare

Hinsichtlich der Zielsetzung, des Inhalts, der Dauer und der Gestaltung der Aufbauseminare ist § 35 entsprechend anzuwenden.

§ 43
Besondere Aufbauseminare nach § 4 Abs. 8 Satz 4 des Straßenverkehrsgesetzes

Inhaber von Fahrerlaubnissen, die wegen Zuwiderhandlungen nach § 315c Abs. 1 Nr. 1 Buchstabe a, den §§ 316, 323a des Strafgesetzbuches oder den §§ 24a, 24c des Straßenverkehrsgesetzes an einem Aufbauseminar teilzunehmen haben, sind, auch wenn sie noch andere Verkehrszuwiderhandlungen begangen haben, einem besonderen Aufbauseminar nach § 36 zuzuweisen.

§ 44
Teilnahmebescheinigung

Hinsichtlich der Bescheinigung über die Teilnahme an einem angeordneten Aufbauseminar sowie der Verarbeitung und Nutzung der Teilnehmerdaten ist § 37 entsprechend anzuwenden.

§ 45
Punkterabatt auf Grund freiwilliger Teilnahme an einem Aufbauseminar oder an einer verkehrspsychologischen Beratung

(1) Nimmt der Inhaber der Fahrerlaubnis unter den in § 4 Abs. 4 des Straßenverkehrsgesetzes genannten Voraussetzungen freiwillig an einem Aufbauseminar oder an einer verkehrspsychologischen Beratung teil, unterrichtet die Fahrerlaubnisbehörde hierüber das Kraftfahrt-Bundesamt.

(2) Hat der Inhaber der Fahrerlaubnis Verstöße im Sinne des § 43 begangen, wird ein Punkteabzug nur gewährt, wenn er an einem besonderen Aufbauseminar gemäß § 36 teilgenommen hat.

§ 65
Ärztliche Gutachter

Der Facharzt hat seine verkehrsmedizinische Qualifikation (§ 11 Abs. 2 Satz 3 Nr. 1), die sich aus den maßgeblichen landesrechtlichen Vorschriften ergibt, auf Verlangen der Fahrerlaubnisbehörde nachzuweisen. Der Nachweis erfolgt durch die Vorlage eines Zeugnisses der zuständigen Ärztekammer. Abweichend von Satz 1 und 2 reicht auch eine mindestens einjährige Zugehörigkeit zu einer Begutachtungsstelle für Fahreignung (Anlage 14) aus.

§ 71
Verkehrspsychologische Beratung

(1) Für die Durchführung der verkehrspsychologischen Beratung nach § 4 Abs. 9 des Straßenverkehrsgesetzes gelten die Personen im Sinne dieser Vorschrift als amtlich anerkannt, die eine Bestätigung nach Absatz 2 der Sektion Verkehrspsychologie im Berufsverband Deutscher Psychologinnen und Psychologen e. V. besitzen.

(2) Die Sektion Verkehrspsychologie im Berufsverband Deutscher Psychologinnen und Psychologen e. V. hat die Bestätigung auszustellen, wenn der Berater folgende Voraussetzungen nachweist:

1. Abschluss eines Hochschulstudiums als Diplom-Psychologe,
2. eine verkehrspsychologische Ausbildung an einer Universität oder gleichgestellten Hochschule oder einer Stelle, die sich mit der Begutachtung oder Wiederherstellung der Kraftfahreignung befasst, oder an einem Ausbildungsseminar, das vom Berufsverband Deutscher Psychologinnen und Psychologen e.V. veranstaltet wird,
3. Erfahrungen in der Verkehrspsychologie

   a) durch mindestens dreijährige Begutachtung von Kraftfahrern an einer Begutachtungsstelle für Fahreignung oder mindestens dreijährige Durchführung von Aufbauseminaren oder von Kursen zur Wiederherstellung der Kraftfahreignung oder

   b) im Rahmen einer mindestens fünfjährigen freiberuflichen verkehrspsychologischen Tätigkeit, welche durch Bestätigungen von Behörden oder Begutachtungsstellen für Fahreignung oder durch die Dokumentation von zehn Therapiemaßnahmen für verkehrsauffällige Kraftfahrer, die mit einer positiven Begutachtung abgeschlossen wurden, erbracht werden kann, oder

c) im Rahmen einer dreijährigen freiberuflichen verkehrspsychologischen Tätigkeit mit Zertifizierung als klinischer Psychologe/Psychotherapeut entsprechend den Richtlinien des Berufsverbandes Deutscher Psychologinnen und Psychologen e.V. oder durch eine vergleichbare psychotherapeutische Tätigkeit und

4. Teilnahme an einem vom Berufsverband Deutscher Psychologinnen und Psychologen e.V. anerkannten Qualitätssicherungssystem, soweit der Berater nicht bereits in ein anderes, vergleichbares Qualitätssicherungssystem einbezogen ist. Erforderlich sind mindestens:
   a) Nachweis einer Teilnahme an einem Einführungsseminar über Verkehrsrecht von mindestens 16 Stunden,
   b) regelmäßiges Führen einer standardisierten Beratungsdokumentation über jede Beratungssitzung,
   c) regelmäßige Kontrollen und Auswertung der Beratungsdokumente und
   d) Nachweis der Teilnahme an einer Fortbildungsveranstaltung oder Praxisberatung von mindestens 16 Stunden innerhalb jeweils von zwei Jahren.

(3) Der Berater hat der Sektion Verkehrspsychologie des Berufsverbandes Deutscher Psychologinnen und Psychologen e.V. alle zwei Jahre eine Bescheinigung über die erfolgreiche Teilnahme an der Qualitätssicherung vorzulegen. Die Sektion hat der nach Absatz 5 zuständigen Behörde oder Stelle unverzüglich mitzuteilen, wenn die Bescheinigung innerhalb der vorgeschriebenen Frist nicht vorgelegt wird oder sonst die Voraussetzungen nach Absatz 2 nicht mehr vorliegen oder der Berater die Beratung nicht ordnungsgemäß durchgeführt oder sonst gegen die Pflichten aus der Anerkennung oder gegen Auflagen gröblich verstoßen hat.

(4) Die Anerkennung ist zurückzunehmen, wenn eine der Voraussetzungen im Zeitpunkt ihrer Bestätigung nach Absatz 2 nicht vorgelegen hat; davon kann abgesehen werden, wenn der Mangel nicht mehr besteht. Die Anerkennung ist zu widerrufen, wenn nachträglich eine der Voraussetzungen nach Absatz 2 weggefallen ist, die verkehrspsychologische Beratung nicht ordnungsgemäß durchgeführt wird oder wenn sonst gegen die Pflichten aus der Anerkennung oder gegen Auflagen gröblich verstoßen wird.

(4a) Die Anerkennung ist außerdem zurückzunehmen, wenn die persönliche Zuverlässigkeit nach § 4 Abs. 9 Satz 6 Nr. 1 des Straßenverkehrsgesetzes, auch in Verbindung mit § 2a Abs. 2 Satz 3 des Straßenverkehrsgesetzes, im Zeitpunkt der Bestätigung nach Absatz 2 nicht vorgelegen hat, insbesondere weil dem Berater die Fahrerlaubnis wegen wiederholter Verstöße gegen verkehrsrechtliche Vorschriften oder Straftaten entzogen wurde oder Straftaten im Zusammenhang mit der Tätigkeit begangen wurden; davon kann abgesehen werden, wenn der Mangel nicht mehr besteht. Die Anerkennung ist zu widerrufen, wenn nachträglich die persönliche Zuverlässigkeit (§ 4 Abs. 9 Satz 6 Nr. 1 des Straßenverkehrsgesetzes, auch in Verbindung mit § 2a Abs. 2 Satz 3 des Straßenverkehrsgesetzes) weggefallen ist.

(5) Zuständig für die Rücknahme und den Widerruf der Anerkennung der verkehrspsychologischen Berater ist die zuständige oberste Landesbehörde oder die von ihr

bestimmte oder die nach Landesrecht zuständige Stelle. Diese führt auch die Aufsicht über die verkehrspsychologischen Berater; sie kann sich hierbei geeigneter Personen oder Stellen bedienen.

Anlagen zur Fahrerlaubnis-Verordnung

(Auszüge)

Anlage 4
(zu den §§ 11, 13 und 14)

Eignung und bedingte Eignung zum Führen von Kraftfahrzeugen

Vorbemerkung

1. Die nachstehende Aufstellung enthält häufiger vorkommende Erkrankungen und Mängel, die die Eignung zum Führen von Kraftfahrzeugen längere Zeit beeinträchtigen oder aufheben können. Nicht aufgenommen sind Erkrankungen, die seltener vorkommen oder nur kurzzeitig andauern (z. B. grippale Infekte, akute infektiöse Magen-/Darmstörungen, Migräne, Heuschnupfen, Asthma).
2. Grundlage der im Rahmen der §§ 11, 13 oder 14 vorzunehmenden Beurteilung, ob im Einzelfall Eignung oder bedingte Eignung vorliegt, ist in der Regel ein ärztliches Gutachten (§ 11 Abs. 2 Satz 2), in besonderen Fällen ein medizinisch-psychologisches Gutachten (§ 11 Abs. 3) oder ein Gutachten eines amtlich anerkannten Sachverständigen oder Prüfers für den Kraftfahrzeugverkehr (§ 11 Abs. 4).
3. Die nachstehend vorgenommenen Bewertungen gelten für den Regelfall. Kompensationen durch besondere menschliche Veranlagung, durch Gewöhnung, durch besondere Einstellung oder durch besondere Verhaltenssteuerungen und -umstellungen sind möglich. Ergeben sich im Einzelfall in dieser Hinsicht Zweifel, kann eine medizinisch-psychologische Begutachtung angezeigt sein.

Krankheiten, Mängel		Eignung oder bedingte Eignung		Beschränkungen/Auflagen bei bedingter Eignung	
		Klassen A, A1, B, BE, M, S, L, T	Klassen C, C1, CE, C1E, D, D1, DE, D1E, FzF	Klassen A, A1, B, BE, M, S, L, T	Klassen C, C1, CE, C1E, D, D1, DE, D1E, FzF
1.	**Mangelndes Sehvermögen** siehe Anlage 6				
2.	**Schwerhörigkeit und Gehörlosigkeit**				
2.1	Hochgradige Schwerhörigkeit (Hörverlust von 60 % und mehr), beidseitig sowie Gehörlosigkeit, beidseitig	ja wenn nicht gleichzeitig andere schwerwiegende Mängel (z. B. Sehstörungen, Gleichgewichtsstörungen)	ja (bei C, C1, CE, C1E) sonst nein	–	vorherige Bewährung von 3 Jahren Fahrpraxis auf Kfz der Klasse B

Krankheiten, Mängel		Eignung oder bedingte Eignung		Beschränkungen/Auflagen bei bedingter Eignung	
		Klassen A, A1, B, BE, M, S, L, T	Klassen C, C1, CE, C1E, D, D1, DE, D1E, FzF	Klassen A, A1, B, BE, M, S, L, T	Klassen C, C1, CE, C1E, D, D1, DE, D1E, FzF
2.2	Gehörlosigkeit einseitig oder beidseitig oder hochgradige Schwerhörigkeit einseitig oder beidseitig	ja wenn nicht gleichzeitig andere schwerwiegende Mängel (z. B. Sehstörungen, Gleichgewichtsstörungen)	ja (bei C, C1, CE, C1E) sonst nein	–	wie 2.1
2.3	Störungen des Gleichgewichts (ständig oder anfallsweise auftretend)	nein	nein	–	–
3.	**Bewegungsbehinderungen**	ja	ja	ggf. Beschränkung auf bestimmte Fahrzeugarten oder Fahrzeuge, ggf. mit besonderen technischen Vorrichtungen gemäß ärztlichem Gutachten, evtl. zusätzlich medizinisch-psychologisches Gutachten und/oder Gutachten eines amtlich anerkannten Sachverständigen oder Prüfers. Auflage: regelmäßige ärztliche Kontrolluntersuchungen; können entfallen, wenn Behinderung sich stabilisiert hat	
4.	**Herz- und Gefäßkrankheiten**				
4.1	Herzrhythmusstörungen mit anfallsweiser Bewusstseinstrübung oder Bewusstlosigkeit	nein	nein	–	–
	– nach erfolgreicher Behandlung durch Arzneimittel oder Herzschrittmacher	ja	ausnahmsweise ja	regelmäßige Kontrollen	regelmäßige Kontrollen
4.2	Hypertonie (zu hoher Blutdruck)				
4.2.1	Bei ständigem diastolischen Wert von über 130 mm Hg	nein	nein	–	–
4.2.2	Bei ständigem diastolischen Wert von über 100 bis 130 mm Hg	ja	ja wenn keine anderen prognostisch ernsten Symptome vorliegen	Nachuntersuchungen	Nachuntersuchungen

Krankheiten, Mängel		Eignung oder bedingte Eignung		Beschränkungen/Auflagen bei bedingter Eignung	
		Klassen A, A1, B, BE, M, S, L, T	Klassen C, C1, CE, C1E, D, D1, DE, D1E, FzF	Klassen A, A1, B, BE, M, S, L, T	Klassen C, C1, CE, C1E, D, D1, DE, D1E, FzF
4.3	Hypotonie (zu niedriger Blutdruck)				
4.3.1	In der Regel kein Krankheitswert	ja	ja	–	–
4.3.2	Selteneres Auftreten von hypotoniebedingten, anfallsartigen Bewusstseinsstörungen	ja wenn durch Behandlung die Blutdruckwerte stabilisiert sind	ja wenn durch Behandlung die Blutdruckwerte stabilisiert sind	–	–
4.4	Koronare Herzkrankheit (Herzinfarkt)				
4.4.1	Nach erstem Herzinfarkt	ja bei komplikationslosem Verlauf	ausnahmsweise ja	–	Nachuntersuchung
4.4.2	Nach zweitem Herzinfarkt	ja wenn keine Herzinsuffizienz oder gefährliche Rhythmusstörungen vorliegen	nein	Nachuntersuchung	–
4.5	Herzleistungsschwäche durch angeborene oder erworbene Herzfehler oder sonstige Ursachen				
4.5.1	In Ruhe auftretend	nein	nein	–	–
4.5.2	Bei gewöhnlichen Alltagsbelastungen und bei besonderen Belastungen	ja	nein	regelmäßige ärztliche Kontrolle, Nachuntersuchung in bestimmten Fristen, Beschränkung auf einen Fahrzeugtyp, Umkreis- und Tageszeitbeschränkungen	–
4.6	Periphere Gefäßerkrankungen	ja	ja	–	–
5.	**Zuckerkrankheit**				
5.1	Neigung zu schweren Stoffwechselentgleisungen	nein	nein	–	–

Krankheiten, Mängel		Eignung oder bedingte Eignung		Beschränkungen/Auflagen bei bedingter Eignung	
		Klassen A, A1, B, BE, M, S, L, T	Klassen C, C1, CE, C1E, D, D1, DE, D1E, FzF	Klassen A, A1, B, BE, M, S, L, T	Klassen C, C1, CE, C1E, D, D1, DE, D1E, FzF
5.2	Bei erstmaliger Stoffwechselentgleisung oder neuer Einstellung	ja nach Einstellung	ja nach Einstellung	–	–
5.3	Bei ausgeglichener Stoffwechsellage unter Therapie mit Diät oder oralen Antidiabetika	ja	ja ausnahmsweise, bei guter Stoffwechselführung ohne Unterzuckerung über etwa 3 Monate	–	Nachuntersuchung
5.4	Mit Insulin behandelte Diabetiker	ja	wie 5.3	–	regelmäßige Kontrollen
5.5	Bei Komplikationen siehe auch Nummer 1, 4, 6 und 10				
6.	**Krankheiten des Nervensystems**				
6.1	Erkrankungen und Folgen von Verletzungen des Rückenmarks	ja abhängig von der Symptomatik	nein	bei fortschreitendem Verlauf Nachuntersuchungen	–
6.2	Erkrankungen der neuromuskulären Peripherie	ja abhängig von der Symptomatik	nein	bei fortschreitendem Verlauf Nachuntersuchungen	–
6.3	Parkinsonsche Krankheit	ja bei leichten Fällen und erfolgreicher Therapie	nein	Nachuntersuchungen in Abständen von 1, 2 und 4 Jahren	–
6.4	Kreislaufabhängige Störungen der Hirntätigkeit	ja nach erfolgreicher Therapie und Abklingen des akuten Ereignisses ohne Rückfallgefahr	nein	Nachuntersuchungen in Abständen von 1, 2 und 4 Jahren	–
6.5	Zustände nach Hirnverletzungen und Hirnoperationen, angeborene und frühkindlich erworbene Hirnschäden				
6.5.1	Schädelhirnverletzungen oder Hirnoperationen ohne Substanzschäden	ja in der Regel nach 3 Monaten	ja in der Regel nach 3 Monaten	bei Rezidivgefahr nach Operationen von Hirnkrankheiten Nachuntersuchung	bei Rezidivgefahr nach Operationen von Hirnkrankheiten Nachuntersuchung

Krankheiten, Mängel	Eignung oder bedingte Eignung		Beschränkungen/Auflagen bei bedingter Eignung	
	Klassen A, A1, B, BE, M, S, L, T	**Klassen C, C1, CE, C1E, D, D1, DE, D1E, FzF**	**Klassen A, A1, B, BE, M, S, L, T**	**Klassen C, C1, CE, C1E, D, D1, DE, D1E, FzF**
6.5.2 Substanzschäden durch Verletzungen oder Operationen	ja unter Berücksichtigung von Störungen der Motorik, chron.-hirnorganischer Psychosyndrome und hirnorganischer Wesensänderungen	ja unter Berücksichtigung von Störungen der Motorik, chron.-hirnorganischer Psychosyndrome und hirnorganischer Wesensänderungen	bei Rezidivgefahr nach Operationen von Hirnkrankheiten Nachuntersuchung	bei Rezidivgefahr nach Operationen von Hirnkrankheiten Nachuntersuchung
6.5.3 Angeborene oder frühkindliche Hirnschäden Siehe Nummer 6.5.2				
6.6 Anfallsleiden	ausnahmsweise ja, wenn kein wesentliches Risiko von Anfallsrezidiven mehr besteht, z. B. 2 Jahre anfallsfrei	ausnahmsweise ja, wenn kein wesentliches Risiko von Anfallsrezidiven mehr besteht, z. B. 5 Jahre anfallsfrei ohne Therapie	Nachuntersuchungen in Abständen von 1, 2 und 4 Jahren	Nachuntersuchungen in Abständen von 1, 2 und 4 Jahren
7. Psychische (geistige) Störungen				
7.1 Organische Psychosen				
7.1.1 akut	nein	nein	–	–
7.1.2 nach Abklingen	ja abhängig von der Art und Prognose des Grundleidens, wenn bei positiver Beurteilung des Grundleidens keine Restsymptome und kein 7.2	ja abhängig von der Art und Prognose des Grundleidens, wenn bei positiver Beurteilung des Grundleidens keine Restsymptome und kein 7.2	in der Regel Nachuntersuchung	in der Regel Nachuntersuchung
7.2 Chronische hirnorganische Psychosyndrome				
7.2.1 leicht	ja abhängig von Art und Schwere	ausnahmsweise ja	Nachuntersuchung	Nachuntersuchung

Krankheiten, Mängel	Eignung oder bedingte Eignung		Beschränkungen/Auflagen bei bedingter Eignung	
	Klassen A, A1, B, BE, M, S, L, T	**Klassen C, C1, CE, C1E, D, D1, DE, D1E, FzF**	**Klassen A, A1, B, BE, M, S, L, T**	**Klassen C, C1, CE, C1E, D, D1, DE, D1E, FzF**
7.2.2 schwer	nein	nein	–	–
7.3 Schwere Altersdemenz und schwere Persönlichkeitsveränderungen durch pathologische Alterungsprozesse	nein	nein	–	–
7.4 Schwere Intelligenzstörungen/ geistige Behinderung				
7.4.1 leicht	ja wenn keine Persönlichkeitsstörung	ja wenn keine Persönlichkeitsstörung	–	–
7.4.2 schwer	ausnahmsweise ja, wenn keine Persönlichkeitsstörung (Untersuchung der Persönlichkeitsstruktur und des individuellen Leistungsvermögens)	ausnahmsweise ja, wenn keine Persönlichkeitsstörung (Untersuchung der Persönlichkeitsstruktur und des individuellen Leistungsvermögens)	–	–
7.5 Affektive Psychosen				
7.5.1 bei allen Manien und sehr schweren Depressionen	nein	nein	–	–
7.5.2 nach Abklingen der manischen Phase und der relevanten Symptome einer sehr schweren Depression	ja wenn nicht mit einem Wiederauftreten gerechnet werden muss, gegebenenfalls unter medikamentöser Behandlung	ja bei Symptomfreiheit	regelmäßige Kontrollen	regelmäßige Kontrollen
7.5.3 bei mehreren manischen oder sehr schweren depressiven Phasen mit kurzen Intervallen	nein	nein	–	–

Krankheiten, Mängel	Eignung oder bedingte Eignung		Beschränkungen/Auflagen bei bedingter Eignung	
	Klassen A, A1, B, BE, M, S, L, T	**Klassen C, C1, CE, C1E, D, D1, DE, D1E, FzF**	**Klassen A, A1, B, BE, M, S, L, T**	**Klassen C, C1, CE, C1E, D, D1, DE, D1E, FzF**
7.5.4 nach Abklingen der Phasen	ja, wenn Krankheitsaktivität geringer und mit einer Verlaufsform in der vorangegangenen Schwere nicht mehr gerechnet werden muss	nein	regelmäßige Kontrollen	–
7.6 Schizophrene Psychosen				
7.6.1 akut	nein	nein	–	–
7.6.2 nach Ablauf	ja, wenn keine Störungen nachweisbar sind, die das Realitätsurteil erheblich beeinträchtigen	ausnahmsweise ja, nur unter besonders günstigen Umständen	–	–
7.6.3 bei mehreren psychotischen Episoden	ja	ausnahmsweise ja, nur unter besonders günstigen Umständen	regelmäßige Kontrollen	regelmäßige Kontrollen
8. Alkohol				
8.1 Missbrauch (Das Führen von Kraftfahrzeugen und ein die Fahrsicherheit beeinträchtigender Alkoholkonsum kann nicht hinreichend sicher getrennt werden.)	nein	nein	–	–
8.2 nach Beendigung des Missbrauchs	ja wenn die Änderung des Trinkverhaltens gefestigt ist	ja wenn die Änderung des Trinkverhaltens gefestigt ist	–	–
8.3 Abhängigkeit	nein	nein	–	–

Krankheiten, Mängel		Eignung oder bedingte Eignung		Beschränkungen/Auflagen bei bedingter Eignung	
		Klassen A, A1, B, BE, M, S, L, T	Klassen C, C1, CE, C1E, D, D1, DE, D1E, FzF	Klassen A, A1, B, BE, M, S, L, T	Klassen C, C1, CE, C1E, D, D1, DE, D1E, FzF
8.4	nach Abhängigkeit (Entwöhnungsbehandlung)	ja wenn Abhängigkeit nicht mehr besteht und in der Regel ein Jahr Abstinenz nachgewiesen ist	ja wenn Abhängigkeit nicht mehr besteht und in der Regel ein Jahr Abstinenz nachgewiesen ist	–	–
9.	**Betäubungsmittel, andere psychoaktiv wirkende Stoffe und Arzneimittel**				
9.1	Einnahme von Betäubungsmitteln im Sinne des Betäubungsmittelgesetzes (ausgenommen Cannabis)	nein	nein	–	–
9.2	Einnahme von Cannabis	nein	nein	–	–
9.2.1	Regelmäßige Einnahme von Cannabis	nein	nein	–	–
9.2.2	Gelegentliche Einnahme von Cannabis	ja wenn Trennung von Konsum und Fahren und kein zusätzlicher Gebrauch von Alkohol oder anderen psychoaktiv wirkenden Stoffen, keine Störung der Persönlichkeit, kein Kontrollverlust	ja wenn Trennung von Konsum und Fahren und kein zusätzlicher Gebrauch von Alkohol oder anderen psychoaktiv wirkenden Stoffen, keine Störung der Persönlichkeit, kein Kontrollverlust	–	–
9.3	Abhängigkeit von Betäubungsmitteln im Sinne des Betäubungsmittelgesetzes oder von anderen psychoaktiv wirkenden Stoffen	nein	nein	–	–
9.4	Missbräuchliche Einnahme (regelmäßig übermäßiger Gebrauch) von psychoaktiv wirkenden Arzneimitteln und anderen psychoaktiv wirkenden Stoffen	nein	nein	–	–
9.5	nach Entgiftung und Entwöhnung	ja nach einjähriger Abstinenz	ja nach einjähriger Abstinenz	regelmäßige Kontrollen	regelmäßige Kontrollen

Krankheiten, Mängel	Eignung oder bedingte Eignung		Beschränkungen/Auflagen bei bedingter Eignung	
	Klassen A, A1, B, BE, M, S, L, T	Klassen C, C1, CE, C1E, D, D1, DE, D1E, FzF	Klassen A, A1, B, BE, M, S, L, T	Klassen C, C1, CE, C1E, D, D1, DE, D1E, FzF
9.6 Dauerbehandlung mit Arzneimitteln				
9.6.1 Vergiftung	nein	nein	–	–
9.6.2 Beeinträchtigung der Leistungsfähigkeit zum Führen von Kraftfahrzeugen unter das erforderliche Maß	nein	nein	–	–
10. Nierenerkrankungen				
10.1 schwere Niereninsuffizienz mit erheblicher Beeinträchtigung	nein	nein	–	–
10.2 Niereninsuffizienz in Dialysebehandlung	ja wenn keine Komplikationen oder Begleiterkrankungen	ausnahmsweise ja	ständige ärztliche Betreuung und Kontrolle, Nachuntersuchung	ständige ärztliche Betreuung und Kontrolle, Nachuntersuchung
10.3 erfolgreiche Nierentransplantation mit normaler Nierenfunktion	ja	ja	ärztliche Betreuung und Kontrolle, jährliche Nachuntersuchung	ärztliche Betreuung und Kontrolle, jährliche Nachuntersuchung
10.4 bei Komplikationen oder Begleiterkrankungen siehe auch Nummer 1, 4 und 5				
11. Verschiedenes				
11.1 Organtransplantation Die Beurteilung richtet sich nach den Beurteilungsgrundsätzen zu den betroffenen Organen				
11.2 Schlafstörungen				
11.2.1 unbehandelte Schlafstörung mit Tagesschläfrigkeit	nein wenn messbare auffällige Tagesschläfrigkeit vorliegt	nein wenn messbare auffällige Tagesschläfrigkeit vorliegt	–	–
11.2.2 behandelte Schlafstörung mit Tagesschläfrigkeit	ja wenn keine messbare auffällige Tagesschläfrigkeit mehr vorliegt	ja wenn keine messbare auffällige Tagesschläfrigkeit mehr vorliegt	Regelmäßige Kontrollen von Tagesschläfrigkeit	Regelmäßige Kontrollen von Tagesschläfrigkeit
11.3 Schwere Lungen- und Bronchialerkrankungen mit schweren Rückwirkungen auf die Herz- Kreislauf- Dynamik	nein	nein	–	–

Anlage 5
(zu § 11 Abs. 9, § 48 Abs. 4 und 5)

Eignungsuntersuchungen für Bewerber und Inhaber der Klassen C, C1, D, D1 und der zugehörigen Anhängerklassen E sowie der Fahrerlaubnis zur Fahrgastbeförderung

1. Bewerber um die Erteilung oder Verlängerung einer Fahrerlaubnis der Klassen C, C1, CE, C1E, D, D1, DE, D1E sowie der Fahrerlaubnis zur Fahrgastbeförderung müssen sich untersuchen lassen, ob Erkrankungen vorliegen, die die Eignung oder die bedingte Eignung ausschließen. Sie haben hierüber einen Nachweis gemäß dem Muster dieser Anlage vorzulegen.
2. Bewerber um die Erteilung oder Verlängerung einer Fahrerlaubnis der Klassen D, D1, DE, D1E sowie einer Fahrerlaubnis zur Fahrgastbeförderung müssen außerdem besondere Anforderungen hinsichtlich:
   a) Belastbarkeit,
   b) Orientierungsleistung,
   c) Konzentrationsleistung,
   d) Aufmerksamkeitsleistung,
   e) Reaktionsfähigkeit

erfüllen.

Die zur Untersuchung dieser Merkmale eingesetzten Verfahren müssen nach dem Stand der Wissenschaft standardisiert und unter Aspekten der Verkehrssicherheit validiert sein.

Der Nachweis über die Erfüllung dieser Anforderungen ist unter Beachtung der Grundsätze nach Anlage 15 durch Beibringung eines betriebs- oder arbeitsmedizinischen Gutachtens nach § 11 Abs. 2 Satz 3 Nr. 3 oder eines Gutachtens einer amtlich anerkannten Begutachtungsstelle für Fahreignung zu führen

- von Bewerbern um die Erteilung einer Fahrerlaubnis der Klassen D, D1, DE, D1E und der Fahrerlaubnis zur Fahrgastbeförderung,
- von Bewerbern um die Verlängerung einer Fahrerlaubnis der Klassen D, D1, DE und D1E ab Vollendung des 50. Lebensjahres,
- von Bewerbern um die Verlängerung einer Fahrerlaubnis zur Fahrgastbeförderung ab Vollendung des 60. Lebensjahres.

3. Die Nachweise nach Nummer 1 und 2 dürfen bei Antragstellung nicht älter als ein Jahr sein.

Muster

Bescheinigung über die ärztliche Untersuchung

von Bewerbern um die Erteilung oder Verlängerung einer Fahrerlaubnis der Klassen C, C1, CE, C1E, D, D1, DE, D1E oder der Fahrerlaubnis zur Fahrgastbeförderung für Taxen, Mietwagen, Krankenkraftwagen oder Personenkraftwagen im Linienverkehr oder bei gewerbsmäßigen Ausflugsfahrten oder Ferienziel-Reisen nach § 11 Abs. 9 und § 48 Abs. 4 und 5 der Fahrerlaubnis-Verordnung

Teil I (verbleibt beim Arzt)

1. **Personalien des Bewerbers**

Familienname, Vorname ____________________

Tag der Geburt ____________________

Ort der Geburt ____________________

Wohnort ____________________

Straße/Hausnummer ____________________

2. **Hinweis für den untersuchenden Arzt**

Die Bescheinigung nach Teil II soll der Fahrerlaubnisbehörde vor Erteilung der Fahrerlaubnis Kenntnisse darüber verschaffen, ob bei dem Bewerber Beeinträchtigungen des körperlichen oder geistigen Leistungsvermögens vorliegen, die Bedenken gegen seine Eignung zum Führen von Kraftfahrzeugen begründen und gegebenenfalls Anlass für eine weitergehende Untersuchung vor Erteilung der Fahrerlaubnis geben.

Hierfür reicht in der Regel eine orientierende Untersuchung (sogenanntes „screening“) der im Folgenden genannten Bereiche aus; in Zweifelsfällen ist die Konsultation anderer Ärzte nicht ausgeschlossen.

3. **Vorgeschichte**

☐ keine die Fahrfähigkeit einschränkende Krankheiten oder Unfälle durchgemacht

☐ falls ja, welche:

____

____

4. **Daten**

Größe ________ (cm) ________ Gewicht ________ (kg)

RR _____/_____ mmHg Puls ________ Schläge in der Minute

Urin E ________ Z ________ Sed

Flüstersprache R ________ m L ________ m

5. **Allgemeiner Gesundheitszustand**

☐ gut
☐ falls nicht ausreichend, nähere Erläuterung:

____

____

6. **Körperbehinderungen**

☐ keine die Fahrfähigkeit einschränkende Behinderung
☐ falls ja, welche:

____

____

7. **Herz/Kreislauf**

☐ keine Anzeichen für Herz-/Kreislaufstörungen
☐ falls ja, welche:

____

____

8. **Blut**

☐ keine Anzeichen einer schweren Bluterkrankung
☐ falls ja, welche:

____

____

9. **Erkrankungen der Niere**

☐ keine Anzeichen einer schweren Insuffizienz
☐ falls ja, welche:

____

____

10. **Endokrine Störungen**

☐ keine Anzeichen einer Zuckerkrankheit
☐ Zuckerkrankheit – falls bekannt: mit/ohne Insulinbehandlung
☐ keine Anzeichen für sonstige endokrine Störungen
☐ falls ja, welche:

____

____

11. **Nervensystem**

☐ keine Anzeichen für Störungen
☐ falls ja, welche:

____

____

12. **Psychische Erkrankungen/Sucht (Alkohol, Drogen, Arzneimittel)**

☐ keine Anzeichen einer Geistes- oder Suchterkrankung
☐ falls ja, welche:

____

____

13. **Gehör**

☐ keine Anzeichen für eine schwere Störung des Hörvermögens
☐ falls ja, welche:

____

____

14. **Erkrankungen mit erhöhter Tagesschläfrigkeit (z. B. Schlafstörungen)**

☐ keine Anzeichen für Erkrankung mit erhöhter Tagesschläfrigkeit
☐ falls ja, welche:

____

____

Muster

Bescheinigung über die ärztliche Untersuchung

von Bewerbern um die Erteilung oder Verlängerung einer Fahrerlaubnis der Klassen C, C1, CE, C1E, D, D1, DE, D1E oder der Fahrerlaubnis zur Fahrgastbeförderung für Taxen, Mietwagen, Krankenkraftwagen oder Personenkraftwagen im Linienverkehr oder bei gewerbsmäßigen Ausflugsfahrten oder Ferienziel-Reisen nach § 11 Abs. 9 und § 48 Abs. 4 und 5 der Fahrerlaubnis-Verordnung

Teil II (dem Bewerber auszuhändigen)

Aufgrund der Angaben des Untersuchten

Familienname, Vorname ______________________________

Tag der Geburt ______________________________

Ort der Geburt ______________________________

Wohnort ______________________________

Straße/Hausnummer ______________________________

und der von mir in dem nach Teil I vorgesehenen Umfang erhobenen Befunde empfehle ich vor Erteilung der Fahrerlaubnis

☐ keine weitergehende Untersuchung, da keine Beeinträchtigungen des körperlichen oder geistigen Leistungsvermögens festgestellt werden konnten,

☐ eine weitergehende Untersuchung wegen (Angabe der entsprechenden Befunde):

____

____

____

____

____

____

______________________________ ______________________________

Name und Anschrift des Arztes | Datum und Unterschrift

Anlage 6
(zu den §§ 12, 48 Abs. 4 und 5)

Anforderungen an das Sehvermögen

1. Klassen A, A1, B, BE, M, S, L und T

1.1 Sehtest (§ 12 Abs. 2)
Der Sehtest (§ 12 Abs. 2) ist bestanden, wenn die zentrale Tagessehschärfe mit oder ohne Sehhilfen mindestens beträgt: 0,7/0,7.
Über den Sehtest ist eine Sehtestbescheinigung nach § 12 Abs. 3 zu erstellen.

1.2 Augenärztliche Untersuchung (§ 12 Abs. 5)
Besteht der Bewerber den Sehtest nicht, ist eine augenärztliche Untersuchung erforderlich. Es müssen folgende Mindestanforderungen erfüllt sein:

1.2.1 Zentrale Tagessehschärfe
Fehlsichtigkeiten müssen – soweit möglich und verträglich – korrigiert werden. Dabei dürfen folgende Sehschärfenwerte nicht unterschritten werden:
Bei Beidäugigkeit:
Sehschärfe des besseren Auges oder beidäugige Gesamtsehschärfe: 0,5, Sehschärfe des schlechteren Auges: 0,2.
Bei Einäugigkeit (d. h. Sehschärfe des schlechteren Auges unter 0,2): 0,6.

1.2.2 Übrige Sehfunktionen
Gesichtsfeld:
Normales Gesichtsfeld eines Auges oder ein gleichwertiges beidäugiges Gesichtsfeld mit einem horizontalen Durchmesser von mindestens 120 Grad, insbesondere muss das zentrale Gesichtsfeld bis 30 Grad normal sein. Insgesamt sollte das Gesichtsfeld jedes Auges an mindestens 100 Orten geprüft werden. Ergeben sich unklare Defekte oder steht nicht zweifelsfrei fest, dass die Mindestanforderungen erfüllt werden, so hat eine Nachprüfung an einem manuellen Perimeter nach Goldmann mit der Marke III/4 zu erfolgen.
Beweglichkeit:
Bei Beidäugigkeit sind Augenzittern sowie Schielen ohne Doppeltsehen in zentralem Blickfeld bei normaler Kopfhaltung zulässig. Doppeltsehen außerhalb eines zentralen Blickfeldbereichs von 20 Grad im Durchmesser ist zulässig. Bei Einäugigkeit normale Beweglichkeit des funktionstüchtigen Auges.

2. Klassen C, C1, CE, C1E, D, D1, DE, D1E und der Fahrerlaubnis zur Fahrgastbeförderung (§ 12 Abs. 6, § 48 Abs. 4 Nr. 4 und Abs. 5 Nr. 2)
Bewerber um die Erteilung oder Verlängerung der Fahrerlaubnis müssen die nachfolgenden Mindestanforderungen an das Sehvermögen erfüllen:

2.1 Untersuchung durch einen Augenarzt, einen Arzt mit der Gebietsbezeichnung „Arbeitsmedizin", einen Arzt mit der Zusatzbezeichnung „Betriebsmedizin", einen Arzt bei einer Begutachtungsstelle für Fahreignung, einen Arzt des Gesundheitsamtes oder einen anderen Arzt der öffentlichen Verwaltung.

Über die Untersuchung ist eine Bescheinigung gemäß dem Muster dieser Anlage zu erstellen.

2.1.1 Zentrale Tagessehschärfe
Feststellung unter Einhaltung der DIN 58220, Ausgabe Januar 1997.
Fehlsichtigkeiten müssen – soweit möglich und verträglich – korrigiert werden. Dabei dürfen folgende Sehschärfenwerte nicht unterschritten werden: Sehschärfe des besseren Auges oder beidäugige Gesamtsehschärfe: 1,0, Sehschärfe des schlechteren Auges: 0,8.
Die Korrektur mit Gläsern von mehr als plus 8,0 Dioptrien (sphärisches Äquivalent) ist nicht zulässig; dies gilt nicht für intraokulare Linsen oder Kontaktlinsen.

2.1.2 Übrige Sehfunktionen
Normales **Farbensehen** (geprüft mit zwei unterschiedlichen Prüftafeln, beispielsweise Tafeln nach Ishihara oder Velhagen).
Normales **Gesichtsfeld**, geprüft mit einem automatischen Halbkugelperimeter, das mit einer überschwelligen Prüfmethodik das Gesichtsfeld bis 70 Grad nach beiden Seiten und bis 30 Grad nach oben und unten untersucht. Insgesamt sollte das Gesichtsfeld jedes Auges an mindestens 100 Orten geprüft werden. Alternativ kann eine Prüfung mit einem manuellen Perimeter nach Goldmann mit mindestens vier Prüfmarken (z. B. III/4, I/4, I/2 und I/1) an jeweils mindestens 12 Orten pro Prüfmarke erfolgen.
Normales **Stereosehen**, geprüft mit einem geeigneten Test (z. B. Random-Dot-Teste).

2.2 Augenärztliche Untersuchung
Können die Voraussetzungen bei der Untersuchung nach Nr. 2.1 nicht zweifelsfrei festgestellt werden, ist zusätzlich eine augenärztliche Untersuchung erforderlich.
Sind nur die Anforderungen an das normale Farbensehen nicht erfüllt, ist eine zusätzliche augenärztliche Untersuchung entbehrlich, wenn das Farbensehen bereits Gegenstand einer früheren augenärztlichen Untersuchung war und hierbei die Anforderungen bei nicht normalem Farbensehen nach den Ziffern 2.2.2 und 2.2.3.2 erfüllt wurden.
Über die nach Satz 1 erforderliche Untersuchung ist ein Zeugnis gemäß dem Muster dieser Anlage zu erstellen.
Es müssen folgende Mindestanforderungen erfüllt sein:

2.2.1 Zentrale Tagessehschärfe
Fehlsichtigkeiten müssen – soweit möglich und verträglich – korrigiert werden. Dabei dürfen folgende Sehschärfenwerte nicht unterschritten werden: Sehschärfe des besseren Auges oder beidäugige Gesamtsehschärfe: 0,8, Sehschärfe des schlechteren Auges: 0,5.
Werden diese Werte nur mit Korrektur erreicht, soll die Sehschärfe ohne Korrektur auf keinem Auge weniger als 0,05 betragen.
Die Korrektur mit Gläsern von mehr als plus 8,0 Dioptrien (sphärisches Äquivalent) ist nicht zulässig; dies gilt nicht für intraokulare Linsen oder Kontaktlinsen.

2.2.2 Übrige Sehfunktionen

Gesichtsfeld:
Normales Gesichtsfeld beider Augen, wenigstens normales binokulares Gesichtsfeld mit einem horizontalen Durchmesser von mindestens 140 Grad, insbesondere muss das zentrale Gesichtsfeld bis 30 Grad normal sein. Insgesamt sollte das Gesichtsfeld jedes Auges an mindestens 100 Orten geprüft werden. Ergeben sich unklare Defekte oder steht nicht zweifelsfrei fest, dass die Mindestanforderungen erfüllt werden, so hat eine Nachprüfung an einem manuellen Perimeter nach Goldmann mit der Marke III/4 zu erfolgen.

Beweglichkeit:
Ausschluss bei Doppeltsehen im Gebrauchsblickfeld (d. h. 25 Grad Aufblick, 30 Grad Rechts- und Linksblick, 40 Grad Abblick). Ausschluss bei Schielen ohne konstantes binokulares Einfachsehen.

Farbensehen:
Rotblindheit oder Rotschwäche mit einem Anomalquotienten unter 0,5 unzulässig bei den Klassen D, D1, DE, D1E und der Fahrerlaubnis zur Fahrgastbeförderung. Bei den Klassen C, C1, CE und C1E genügt Aufklärung des Betroffenen über die mögliche Gefährdung.

2.2.3 Für Inhaber einer bis zum 31.12.1998 erteilten Fahrerlaubnis reichen abweichend von Nrn. 2.2.1 und 2.2.2 folgende Mindestanforderungen an das Sehvermögen aus:

2.2.3.1 Zentrale Tagessehschärfe

Klassen C, C1, CE und C1E und Fahrerlaubnis zur Fahrgastbeförderung

Bei Beidäugigkeit:
Sehschärfe des besseren Auges oder beidäugige Gesamtsehschärfe: 0,7, Sehschärfe des schlechteren Auges: 0,2. Bei Einäugigkeit (d. h. Sehschärfe des schlechteren Auges unter 0,2): 0,7.

Klassen D, D1, DE, D1E
Sehschärfe des besseren Auges oder beidäugige Gesamtsehschärfe: 0,7, Sehschärfe des schlechteren Auges: 0,5.

2.2.3.2 Übrige Sehfunktionen

Gesichtsfeld:
Normales Gesichtsfeld beider Augen, wenigstens normales binokulares Gesichtsfeld mit einem horizontalen Durchmesser von mindestens 140 Grad, insbesondere muss das zentrale Gesichtsfeld bis 30 Grad normal sein. Ergeben sich unklare Defekte oder steht nicht zweifelsfrei fest, dass die Mindestanforderungen erfüllt werden, so hat eine Nachprüfung an einem manuellen Perimeter nach Goldmann mit der Marke III/4 zu erfolgen.
Bei zulässiger Einäugigkeit (Klassen C, C1, CE, C1E und Fahrerlaubnis zur Fahrgastbeförderung): normales Gesichtsfeld eines Auges.

Beweglichkeit:
Ausschluss bei Doppeltsehen im Gebrauchsblickfeld (d. h. 25 Grad Aufblick, 30 Grad Rechts- und Linksblick, 40 Grad Abblick). Ausschluss bei Schielen ohne konstantes binokulares Einfachsehen.

Bei zulässiger Einäugigkeit (Klassen C, C1, CE, C1E und Fahrerlaubnis zur Fahrgastbeförderung): normale Augenbeweglichkeit, kein Augenzittern.

Stereosehen:

Normales Stereosehen.

Bei zulässiger Einäugigkeit (Klassen C, C1, CE, C1E und Fahrerlaubnis zur Fahrgastbeförderung): keine Anforderungen.

Farbensehen:

Rotblindheit oder Rotschwäche mit einem Anomalquotienten unter 0,5 ist unzulässig bei den Klassen D, D1, DE, D1E und der Fahrerlaubnis zur Fahrgastbeförderung. Bei den Klassen C, C1, CE und C1E genügt Aufklärung des Betroffenen durch den Augenarzt über die mögliche Gefährdung.

Muster

Bescheinigung über die ärztliche Untersuchung (Anlage 6 Nr. 2.1 der Fahrerlaubnis-Verordnung)

von Bewerbern um die Erteilung oder Verlängerung einer Fahrerlaubnis der Klassen C, C1, CE, C1E, D, D1, DE, D1E oder der Fahrerlaubnis zur Fahrgastbeförderung für Taxen, Mietwagen, Krankenkraftwagen oder Personenkraftwagen im Linienverkehr oder bei gewerbsmäßigen Ausflugsfahrten oder Ferienziel-Reisen nach § 12 Abs. 6 und § 48 Abs. 4 Nr. 4 und Abs. 5 Nr. 2 der Fahrerlaubnis-Verordnung

– Vorderseite –

Teil 1 (verbleibt beim Arzt)

1. **Angaben über den untersuchenden Arzt**

   Name, Fachbezeichnung, ggf. Gebiets- und Zusatzbezeichnung des Arztes, ggf. Angabe über die Tätigkeit bei einer Begutachtungsstelle für Fahreignung oder über Stellung als Arzt der öffentlichen Verwaltung, Anschrift

2. **Personalien des Bewerbers**

   Familienname, Vorname ____________________

   Tag der Geburt ____________________

   Ort der Geburt ____________________

   Wohnort ____________________

   Straße/Hausnummer ____________________

3. **Untersuchungsbefund vom** ____________________

   Zentrale Tagessehschärfe nach DIN 58220 ____________________

   Farbensehen ____________________

   Gesichtsfeld ____________________

   Stereosehen ____________________

Aufgrund der oben angeführten Untersuchung wurden die Anforderungen nach Anlage 6 Nr. 2.1 der Fahrerlaubnis-Verordnung

☐ erreicht, ohne Sehhilfe

☐ erreicht, mit Sehhilfe

☐ nicht erreicht

Eine augenärztliche Zusatzuntersuchung nach Anlage 6 Nr. 2.2 der Fahrerlaubnis-Verordnung ist erforderlich

☐ ja ☐ nein

– Rückseite –

Teil 1
Anlage 6
(zu den §§ 12, 48 Abs. 4 und 5)

Anforderungen an das Sehvermögen

1. Klassen A, A1, B, BE, M, S, L und T

1.1 Sehtest (§ 12 Abs. 2)
Der Sehtest (§ 12 Abs. 2) ist bestanden, wenn die zentrale Tagessehschärfe mit oder ohne Sehhilfen mindestens beträgt: 0,7/0,7.
Über den Sehtest ist eine Sehtestbescheinigung nach § 12 Abs. 3 zu erstellen.

1.2 Augenärztliche Untersuchung (§ 12 Abs. 5)
Besteht der Bewerber den Sehtest nicht, ist eine augenärztliche Untersuchung erforderlich. Es müssen folgende Mindestanforderungen erfüllt sein:

1.2.1 Zentrale Tagessehschärfe
Fehlsichtigkeiten müssen – soweit möglich und verträglich – korrigiert werden. Dabei dürfen folgende Sehschärfenwerte nicht unterschritten werden:
Bei Beidäugigkeit:
Sehschärfe des besseren Auges oder beidäugige Gesamtsehschärfe: 0,5, Sehschärfe des schlechteren Auges: 0,2.
Bei Einäugigkeit (d. h. Sehschärfe des schlechteren Auges unter 0,2): 0,6.

1.2.2 Übrige Sehfunktionen
Gesichtsfeld: Normales Gesichtsfeld eines Auges oder ein gleichwertiges beidäugiges Gesichtsfeld mit einem horizontalen Durchmesser von mindestens 120 Grad, insbesondere muss das zentrale Gesichtsfeld bis 30 Grad normal sein. Insgesamt sollte das Gesichtsfeld jedes Auges an mindestens 100 Orten geprüft werden. Ergeben sich unklare Defekte oder steht nicht zweifelsfrei fest, dass die Mindestanforderungen erfüllt werden, so hat eine Nachprüfung an einem manuellen Perimeter nach Goldmann mit der Marke III/4 zu erfolgen.
Beweglichkeit: Bei Beidäugigkeit sind Augenzittern sowie Schielen ohne Doppeltsehen in zentralem Blickfeld bei normaler Kopfhaltung zulässig. Doppeltsehen außerhalb eines zentralen Blickfeldbereichs von 20 Grad im Durchmesser ist zulässig. Bei Einäugigkeit normale Beweglichkeit des funktionstüchtigen Auges.

2. Klassen C, C1, CE, C1E, D, D1, DE, D1E und der Fahrerlaubnis zur Fahrgastbeförderung (§ 12 Abs. 6, § 48 Abs. 4 Nr. 4 und Abs. 5 Nr. 2)
Bewerber um die Erteilung oder Verlängerung der Fahrerlaubnis müssen die nachfolgenden Mindestanforderungen an das Sehvermögen erfüllen:

2.1 Untersuchung durch einen Augenarzt, einen Arzt mit der Gebietsbezeichnung „Arbeitsmedizin“, einen Arzt mit der Zusatzbezeichnung „Betriebsmedizin“, einen Arzt bei einer Begutachtungsstelle für Fahreignung, einen Arzt des Gesundheitsamtes oder einen anderen Arzt der öffentlichen Verwaltung.

Über die Untersuchung ist eine Bescheinigung gemäß dem Muster dieser Anlage zu erstellen.

2.1.1 Zentrale Tagessehschärfe

Feststellung unter Einhaltung der DIN 58220, Ausgabe Januar 1997.
Fehlsichtigkeiten müssen – soweit möglich und verträglich – korrigiert werden. Dabei dürfen folgende Sehschärfenwerte nicht unterschritten werden: Sehschärfe des besseren Auges oder beidäugige Gesamtsehschärfe: 1,0, Sehschärfe des schlechteren Auges: 0,8.
Die Korrektur mit Gläsern von mehr als plus 8,0 Dioptrien (sphärisches Äquivalent) ist nicht zulässig; dies gilt nicht für intraokulare Linsen oder Kontaktlinsen.

2.1.2 Übrige Sehfunktionen

Normales **Farbensehen** (geprüft mit zwei unterschiedlichen Prüftafeln, beispielsweise Tafeln nach Ishihara oder Velhagen).
Normales **Gesichtsfeld**, geprüft mit einem automatischen Halbkugelperimeter, das mit einer überschwelligen Prüfmethodik das Gesichtsfeld bis 70 Grad nach beiden Seiten und bis 30 Grad nach oben und unten untersucht. Insgesamt sollte das Gesichtsfeld jedes Auges an mindestens 100 Orten geprüft werden. Alternativ kann eine Prüfung mit einem manuellen Perimeter nach Goldmann mit mindestens vier Prüfmarken (z. B. III/4, I/4, I/2 und I/1) an jeweils mindestens 12 Orten pro Prüfmarke erfolgen.
Normales **Stereosehen**, geprüft mit einem geeigneten Test (z. B. Random-Dot-Teste).

2.2 Augenärztliche Untersuchung

Können die Voraussetzungen bei der Untersuchung nach Nr. 2.1 nicht zweifelsfrei festgestellt werden, ist zusätzlich eine augenärztliche Untersuchung erforderlich. Sind nur die Anforderungen an das normale Farbensehen nicht erfüllt, ist eine zusätzliche augenärztliche Untersuchung entbehrlich, wenn das Farbensehen bereits Gegenstand einer früheren augenärztlichen Untersuchung war und hierbei die Anforderungen bei nicht normalem Farbensehen nach den Ziffern 2.2.2 und 2.2.3.2 erfüllt wurden.
Über die nach Satz 1 erforderliche Untersuchung ist ein Zeugnis gemäß dem Muster dieser Anlage zu erstellen.
Es müssen folgende Mindestanforderungen erfüllt sein:

2.2.1 Zentrale Tagessehschärfe

Fehlsichtigkeiten müssen – soweit möglich und verträglich – korrigiert werden. Dabei dürfen folgende Sehschärfenwerte nicht unterschritten werden: Sehschärfe des besseren Auges oder beidäugige Gesamtsehschärfe: 0,8, Sehschärfe des schlechteren Auges: 0,5.
Werden diese Werte nur mit Korrektur erreicht, soll die Sehschärfe ohne Korrektur auf keinem Auge weniger als 0,05 betragen.
Die Korrektur mit Gläsern von mehr als plus 8,0 Dioptrien (sphärisches Äquivalent) ist nicht zulässig; dies gilt nicht für intraokulare Linsen oder Kontaktlinsen.

2.2.2 Übrige Sehfunktionen
Gesichtsfeld: Normales Gesichtsfeld beider Augen, wenigstens normales binokulares Gesichtsfeld mit einem horizontalen Durchmesser von mindestens 140 Grad, insbesondere muss das zentrale Gesichtsfeld bis 30 Grad normal sein. Insgesamt sollte das Gesichtsfeld jedes Auges an mindestens 100 Orten geprüft werden. Ergeben sich unklare Defekte oder steht nicht zweifelsfrei fest, dass die Mindestanforderungen erfüllt werden, so hat eine Nachprüfung an einem manuellen Perimeter nach Goldmann mit der Marke III/4 zu erfolgen.
Beweglichkeit: Ausschluss bei Doppeltsehen im Gebrauchsblickfeld (d.h. 25 Grad Aufblick, 30 Grad Rechts- und Linksblick, 40 Grad Abblick). Ausschluss bei Schielen ohne konstantes binokulares Einfachsehen.
Farbensehen: Rotblindheit oder Rotschwäche mit einem Anomalquotienten unter 0,5 unzulässig bei den Klassen D, D1, DE, D1E und der Fahrerlaubnis zur Fahrgastbeförderung. Bei den Klassen C, C1, CE und C1E genügt Aufklärung des Betroffenen über die mögliche Gefährdung.

2.2.3 Für Inhaber einer bis zum 31.12.1998 erteilten Fahrerlaubnis reichen abweichend von Nrn. 2.2.1 und 2.2.2 folgende Mindestanforderungen an das Sehvermögen aus:

2.2.3.1 Zentrale Tagessehschärfe
Klassen C, C1, CE und C1E und Fahrerlaubnis zur Fahrgastbeförderung
Bei Beidäugigkeit: Sehschärfe des besseren Auges oder beidäugige Gesamtsehschärfe: 0,7, Sehschärfe des schlechteren Auges: 0,2. Bei Einäugigkeit (d.h. Sehschärfe des schlechteren Auges unter 0,2): 0,7.
Klassen D, D1, DE, D1E
Bei Beidäugigkeit: Sehschärfe des besseren Auges oder beidäugige Gesamtsehschärfe: 0,7, Sehschärfe des schlechteren Auges: 0,5.

2.2.3.2 Übrige Sehfunktionen
Gesichtsfeld: Normales Gesichtsfeld beider Augen, wenigstens normales binokulares Gesichtsfeld mit einem horizontalen Durchmesser von mindestens 140 Grad, insbesondere muss das zentrale Gesichtsfeld bis 30 Grad normal sein. Ergeben sich unklare Defekte oder steht nicht zweifelsfrei fest, dass die Mindestanforderungen erfüllt werden, so hat eine Nachprüfung an einem manuellen Perimeter nach Goldmann mit der Marke III/4 zu erfolgen.
Bei zulässiger Einäugigkeit (Klassen C, C1, CE, C1E und Fahrerlaubnis zur Fahrgastbeförderung): normales Gesichtsfeld eines Auges.
Beweglichkeit: Ausschluss bei Doppeltsehen im Gebrauchsblickfeld (d.h. 25 Grad Aufblick, 30 Grad Rechts- und Linksblick, 40 Grad Abblick).
Ausschluss bei Schielen ohne konstantes binokulares Einfachsehen.
Bei zulässiger Einäugigkeit (Klassen C, C1, CE, C1E und Fahrerlaubnis zur Fahrgastbeförderung): normale Augenbeweglichkeit, kein Augenzittern.
Stereosehen: Normales Stereosehen.
Bei zulässiger Einäugigkeit (Klassen C, C1, CE, C1E und Fahrerlaubnis zur Fahrgastbeförderung): keine Anforderungen.

Farbensehen: Rotblindheit oder Rotschwäche mit einem Anomalquotienten unter 0,5 ist unzulässig bei den Klassen D, D1, DE, D1E und der Fahrerlaubnis zur Fahrgastbeförderung. Bei den Klassen C, C1, CE und C1E genügt Aufklärung des Betroffenen durch den Augenarzt über die mögliche Gefährdung.

Muster

Bescheinigung über die ärztliche Untersuchung (Anlage 6 Nr. 2.1 der Fahrerlaubnis-Verordnung)

von Bewerbern um die Erteilung oder Verlängerung einer Fahrerlaubnis der Klassen C, C1, CE, C1E, D, D1, DE, D1E oder der Fahrerlaubnis zur Fahrgastbeförderung für Taxen, Mietwagen, Krankenkraftwagen oder Personenkraftwagen im Linienverkehr oder bei gewerbsmäßigen Ausflugsfahrten oder Ferienziel-Reisen nach § 12 Abs. 6 und § 48 Abs. 4 Nr. 4 und Abs. 5 Nr. 2 der Fahrerlaubnis-Verordnung

Teil 2 (dem Bewerber auszuhändigen)

Name des Arztes, Facharztbezeichnung, ggf. Gebiets- oder Zusatzbezeichnung des Arztes, ggf. Angabe über Tätigkeit bei einer Begutachtungsstelle für Fahreignung oder über Stellung als Arzt der öffentlichen Verwaltung, Anschrift

Familienname, Vornamen des Bewerbers ______________________

Tag der Geburt ______________________

Ort der Geburt ______________________

Wohnort ______________________

Straße/Hausnummer ______________________

Untersuchungsbefund vom ____________ über

- Zentrale Tagessehschärfe nach DIN 58220 ______________________
- Farbensehen ______________________
- Gesichtsfeld ______________________
- Stereosehen ______________________

Aufgrund der von mir nach Teil I erhobenen Befunde wurden die in Anlage 6 Nr. 2.1 der Fahrerlaubnis-Verordnung geforderten Anforderungen

☐ erreicht, ohne Sehhilfe

☐ erreicht, mit Sehhilfe

☐ nicht erreicht

Eine augenärztliche Zusatzuntersuchung nach Anlage 6 Nr. 2.2 der Fahrerlaubnis-Verordnung ist erforderlich:

☐ ja ☐ nein

Das Zeugnis ist 2 Jahre gültig.

Die Identität des Untersuchten wurde geprüft.

____________________, den

____
Stempel und Unterschrift des Arztes
mit den oben stehenden beruflichen Angaben

Muster

Zeugnis über die ärztliche Untersuchung (Anlage 6 Nr. 2.2 der Fahrerlaubnis-Verordnung)

von Bewerbern um die Erteilung oder Verlängerung einer Fahrerlaubnis der Klassen C, C1, CE, C1E, D, D1, DE, D1E oder der Fahrerlaubnis zur Fahrgastbeförderung für Taxen, Mietwagen, Krankenkraftwagen oder Personenkraftwagen im Linienverkehr oder bei gewerbsmäßigen Ausflugsfahrten oder Ferienziel-Reisen nach § 12 Abs. 6 und § 48 Abs. 4 Nr. 4 und Abs. 5 Nr. 2 der Fahrerlaubnis-Verordnung

– Vorderseite –

Teil 1 (verbleibt beim Arzt)

1. **Name und Anschrift des Augenarztes**

2. **Personalien des Bewerbers**

   Familienname, Vornamen ______________________

   Tag der Geburt ______________________

   Ort der Geburt ______________________

   Wohnort ______________________

   Straße/Hausnummer ______________________

3. **Untersuchungsbefund** vom ______________________

   Zentrale Tagessehschärfe nach DIN 58220 ______________________

   Farbensehen ______________________

   Gesichtsfeld ______________________

   Stereosehen ______________________

Aufgrund der von mir nach Teil I erhobenen Befunde wurden die in Anlage 6 Nr. 2.2 der Fahrerlaubnis-Verordnung geforderten Anforderungen

☐ erreicht, ohne Sehhilfe
☐ erreicht, mit Sehhilfe
☐ nicht erreicht

Auflagen/Beschränkungen erforderlich:

☐ nein
☐ ja, ______________________

– Rückseite –

Teil 1
Anlage 6
(zu den §§ 12, 48 Abs. 4 und 5)

Anforderungen an das Sehvermögen

1. Klassen A, A1, B, BE, M, S, L und T

1.1 Sehtest (§ 12 Abs. 2)
Der Sehtest (§ 12 Abs. 2) ist bestanden, wenn die zentrale Tagessehschärfe mit oder ohne Sehhilfen mindestens beträgt: 0,7/0,7.
Über den Sehtest ist eine Sehtestbescheinigung nach § 12 Abs. 3 zu erstellen.

1.2 Augenärztliche Untersuchung (§ 12 Abs. 5)
Besteht der Bewerber den Sehtest nicht, ist eine augenärztliche Untersuchung erforderlich. Es müssen folgende Mindestanforderungen erfüllt sein:

1.2.1 Zentrale Tagessehschärfe
Fehlsichtigkeiten müssen - soweit möglich und verträglich - korrigiert werden. Dabei dürfen folgende Sehschärfenwerte nicht unterschritten werden:
Bei Beidäugigkeit:
Sehschärfe des besseren Auges oder beidäugige Gesamtsehschärfe: 0,5, Sehschärfe des schlechteren Auges: 0,2.
Bei Einäugigkeit (d. h. Sehschärfe des schlechteren Auges unter 0,2): 0,6.

1.2.2 Übrige Sehfunktionen
Gesichtsfeld: Normales Gesichtsfeld eines Auges oder ein gleichwertiges beidäugiges Gesichtsfeld mit einem horizontalen Durchmesser von mindestens 120 Grad, insbesondere muss das zentrale Gesichtsfeld bis 30 Grad normal sein. Insgesamt sollte das Gesichtsfeld jedes Auges an mindestens 100 Orten geprüft werden. Ergeben sich unklare Defekte oder steht nicht zweifelsfrei fest, dass die Mindestanforderungen erfüllt werden, so hat eine Nachprüfung an einem manuellen Perimeter nach Goldmann mit der Marke III/4 zu erfolgen.
Beweglichkeit: Bei Beidäugigkeit sind Augenzittern sowie Schielen ohne Doppeltsehen in zentralem Blickfeld bei normaler Kopfhaltung zulässig. Doppeltsehen außerhalb eines zentralen Blickfeldbereichs von 20 Grad im Durchmesser ist zulässig.
Bei Einäugigkeit normale Beweglichkeit des funktionstüchtigen Auges.

2. Klassen C, C1, CE, C1E, D, D1, DE, D1E und der Fahrerlaubnis zur Fahrgastbeförderung (§ 12 Abs. 6, § 48 Abs. 4 Nr. 4 und Abs. 5 Nr. 2)
Bewerber um die Erteilung oder Verlängerung der Fahrerlaubnis müssen die nachfolgenden Mindestanforderungen an das Sehvermögen erfüllen:

2.1 Untersuchung durch einen Augenarzt, einen Arzt mit der Gebietsbezeichnung „Arbeitsmedizin“, einen Arzt mit der Zusatzbezeichnung „Betriebsmedizin“, einen Arzt bei einer Begutachtungsstelle für Fahreignung, einen Arzt des Gesundheitsamtes oder einen anderen Arzt der öffentlichen Verwaltung.

2.1 Über die Untersuchung ist eine Bescheinigung gemäß dem Muster dieser Anlage zu erstellen.

2.1.1 Zentrale Tagessehschärfe
Feststellung unter Einhaltung der DIN 58220, Ausgabe Januar 1997.
Fehlsichtigkeiten müssen - soweit möglich und verträglich - korrigiert werden. Dabei dürfen folgende Sehschärfenwerte nicht unterschritten werden: Sehschärfe des besseren Auges oder beidäugige Gesamtsehschärfe: 1,0, Sehschärfe des schlechteren Auges: 0,8.
Die Korrektur mit Gläsern von mehr als plus 8,0 Dioptrien (sphärisches Äquivalent) ist nicht zulässig; dies gilt nicht für intraokulare Linsen oder Kontaktlinsen.

2.1.2 Übrige Sehfunktionen
Normales **Farbensehen** (geprüft mit zwei unterschiedlichen Prüftafeln, beispielsweise Tafeln nach Ishihara oder Velhagen).
Normales **Gesichtsfeld**, geprüft mit einem automatischen Halbkugelperimeter, das mit einer überschwelligen Prüfmethodik das Gesichtsfeld bis 70 Grad nach beiden Seiten und bis 30 Grad nach oben und unten untersucht. Insgesamt sollte das Gesichtsfeld jedes Auges an mindestens 100 Orten geprüft werden. Alternativ kann eine Prüfung mit einem manuellen Perimeter nach Goldmann mit mindestens vier Prüfmarken (z. B. III/4, I/4, I/2 und I/1) an jeweils mindestens 12 Orten pro Prüfmarke erfolgen.
Normales **Stereosehen**, geprüft mit einem geeigneten Test (z. B. Random-Dot-Teste).

2.2 Augenärztliche Untersuchung
Können die Voraussetzungen bei der Untersuchung nach Nr. 2.1 nicht zweifelsfrei festgestellt werden, ist zusätzlich eine augenärztliche Untersuchung erforderlich. Sind nur die Anforderungen an das normale Farbensehen nicht erfüllt, ist eine zusätzliche augenärztliche Untersuchung entbehrlich, wenn das Farbensehen bereits Gegenstand einer früheren augenärztlichen Untersuchung war und hierbei die Anforderungen bei nicht normalem Farbensehen nach den Ziffern 2.2.2 und 2.2.3.2 erfüllt wurden.
Über die nach Satz 1 erforderliche Untersuchung ist ein Zeugnis gemäß dem Muster dieser Anlage zu erstellen.
Es müssen folgende Mindestanforderungen erfüllt sein:

2.2.1 Zentrale Tagessehschärfe
Fehlsichtigkeiten müssen - soweit möglich und verträglich - korrigiert werden. Dabei dürfen folgende Sehschärfenwerte nicht unterschritten werden: Sehschärfe des besseren Auges oder beidäugige Gesamtsehschärfe: 0,8, Sehschärfe des schlechteren Auges: 0,5.
Werden diese Werte nur mit Korrektur erreicht, soll die Sehschärfe ohne Korrektur auf keinem Auge weniger als 0,05 betragen.
Die Korrektur mit Gläsern von mehr als plus 8,0 Dioptrien (sphärisches Äquivalent) ist nicht zulässig; dies gilt nicht für intraokulare Linsen oder Kontaktlinsen.

2.2.2 Übrige Sehfunktionen

Gesichtsfeld: Normales Gesichtsfeld beider Augen, wenigstens normales binokulares Gesichtsfeld mit einem horizontalen Durchmesser von mindestens 140 Grad, insbesondere muss das zentrale Gesichtsfeld bis 30 Grad normal sein. Insgesamt sollte das Gesichtsfeld jedes Auges an mindestens 100 Orten geprüft werden. Ergeben sich unklare Defekte oder steht nicht zweifelsfrei fest, dass die Mindestanforderungen erfüllt werden, so hat eine Nachprüfung an einem manuellen Perimeter nach Goldmann mit der Marke III/4 zu erfolgen.

Beweglichkeit: Ausschluss bei Doppeltsehen im Gebrauchsblickfeld (d. h. 25 Grad Aufblick, 30 Grad Rechts- und Linksblick, 40 Grad Abblick). Ausschluss bei Schielen ohne konstantes binokulares Einfachsehen.

Farbensehen: Rotblindheit oder Rotschwäche mit einem Anomalquotienten unter 0,5 unzulässig bei den Klassen D, D1, DE, D1E und der Fahrerlaubnis zur Fahrgastbeförderung. Bei den Klassen C, C1, CE und C1E genügt Aufklärung des Betroffenen über die mögliche Gefährdung.

2.2.3 Für Inhaber einer bis zum 31.12.1998 erteilten Fahrerlaubnis reichen abweichend von Nrn. 2.2.1 und 2.2.2 folgende Mindestanforderungen an das Sehvermögen aus:

2.2.3.1 Zentrale Tagessehschärfe

Klassen C, C1, CE und C1E und Fahrerlaubnis zur Fahrgastbeförderung

Bei Beidäugigkeit: Sehschärfe des besseren Auges oder beidäugige Gesamtsehschärfe: 0,7, Sehschärfe des schlechteren Auges: 0,2. Bei Einäugigkeit (d. h. Sehschärfe des schlechteren Auges unter 0,2): 0,7.

Klassen D, D1, DE, D1E

Bei Beidäugigkeit: Sehschärfe des besseren Auges oder beidäugige Gesamtsehschärfe: 0,7, Sehschärfe des schlechteren Auges: 0,5.

2.2.3.2 Übrige Sehfunktionen

Gesichtsfeld: Normales Gesichtsfeld beider Augen, wenigstens normales binokulares Gesichtsfeld mit einem horizontalen Durchmesser von mindestens 140 Grad, insbesondere muss das zentrale Gesichtsfeld bis 30 Grad normal sein. Ergeben sich unklare Defekte oder steht nicht zweifelsfrei fest, dass die Mindestanforderungen erfüllt werden, so hat eine Nachprüfung an einem manuellen Perimeter nach Goldmann mit der Marke III/4 zu erfolgen.

Bei zulässiger Einäugigkeit (Klassen C, C1, CE, C1E und Fahrerlaubnis zur Fahrgastbeförderung): normales Gesichtsfeld eines Auges.

Beweglichkeit: Ausschluss bei Doppeltsehen im Gebrauchsblickfeld (d. h. 25 Grad Aufblick, 30 Grad Rechts- und Linksblick, 40 Grad Abblick).

Ausschluss bei Schielen ohne konstantes binokulares Einfachsehen.

Bei zulässiger Einäugigkeit (Klassen C, C1, CE, C1E und Fahrerlaubnis zur Fahrgastbeförderung): normale Augenbeweglichkeit, kein Augenzittern.

Stereosehen: Normales Stereosehen.

Bei zulässiger Einäugigkeit (Klassen C, C1, CE, C1E und Fahrerlaubnis zur Fahrgastbeförderung): keine Anforderungen.

Farbensehen: Rotblindheit oder Rotschwäche mit einem Anomalquotienten unter 0,5 ist unzulässig bei den Klassen D, D1, DE, D1E und der Fahrerlaubnis zur Fahrgastbeförderung. Bei den Klassen C, C1, CE und C1E genügt Aufklärung des Betroffenen durch den Augenarzt über die mögliche Gefährdung.

Muster

Zeugnis über die augenärztliche Untersuchung des Sehvermögens (Anlage 6 Nr. 2.2 der Fahrerlaubnis-Verordnung)

von Bewerbern um die Erteilung oder Verlängerung einer Fahrerlaubnis der Klassen C, C1, CE, C1E, D, D1, DE, D1E oder der Fahrerlaubnis zur Fahrgastbeförderung für Taxen, Mietwagen, Krankenkraftwagen oder Personenkraftwagen im Linienverkehr oder bei gewerbsmäßigen Ausflugsfahrten oder Ferienziel-Reisen nach § 12 Abs. 6 und § 48 Abs. 4 Nr. 4 und Abs. 5 Nr. 2 der Fahrerlaubnis-Verordnung

Teil 2 (dem Bewerber auszuhändigen)

Name des Augenarztes, Anschrift

Familienname, Vornamen des Bewerbers ______________________

Tag der Geburt ______________________

Ort der Geburt ______________________

Wohnort ______________________

Straße/Hausnummer ______________________

Untersuchungsbefund vom ______________ über

- Zentrale Tagessehschärfe nach DIN 58220 ______________________
- Farbensehen ______________________
- Gesichtsfeld ______________________
- Stereosehen ______________________

Aufgrund der von mir nach Teil I erhobenen Befunde wurden die in Anlage 6 Nr. 2.2 der Fahrerlaubnis-Verordnung geforderten Anforderungen

☐ erreicht, ohne Sehhilfe
☐ erreicht, mit Sehhilfe
☐ nicht erreicht

Auflagen/Beschränkungen erforderlich:

☐ nein
☐ ja, ______________________

Das Zeugnis ist 2 Jahre gültig.

Die Identität des Untersuchten wurde geprüft.

______________________, den

____
Stempel und Unterschrift des Arztes
mit den oben stehenden beruflichen Angaben

Anlage 12
(zu § 34)

Bewertung der Straftaten und Ordnungswidrigkeiten im Rahmen der Fahrerlaubnis auf Probe (§ 2a des Straßenverkehrsgesetzes)

A. Schwerwiegende Zuwiderhandlungen

1. Straftaten, soweit sie nicht bereits zur Entziehung der Fahrerlaubnis geführt haben:

1.1 Straftaten nach dem Strafgesetzbuch
Unerlaubtes Entfernen vom Unfallort (§ 142)
Fahrlässige Tötung (§ 222)*)
Fahrlässige Körperverletzung (§ 229)*)
Nötigung (§ 240)
Gefährliche Eingriffe in den Straßenverkehr (§ 315b)
Gefährdung des Straßenverkehrs (§ 315c)
Trunkenheit im Verkehr (§ 316)
Vollrausch (§ 323a)
Unterlassene Hilfeleistung (§ 323c)

1.2 Straftaten nach dem Straßenverkehrsgesetz
Führen oder Anordnung oder Zulassen des Führens eines Kraftfahrzeugs ohne Fahrerlaubnis, trotz Fahrverbots oder trotz Verwahrung, Sicherstellung oder Beschlagnahme des Führerscheins (§ 21)

1.3 Straftaten nach den Pflichtversicherungsgesetzen
Gebrauch oder Gestatten des Gebrauchs unversicherter Kraftfahrzeuge oder Anhänger (§ 6 des Pflichtversicherungsgesetzes, § 9 des Gesetzes über die Haftpflichtversicherung für ausländische Kraftfahrzeuge und Kraftfahrzeuganhänger)

2. Ordnungswidrigkeiten nach den §§ 24, 24a und 24c des Straßenverkehrsgesetzes:

2.1 Verstöße gegen die Vorschriften der Straßenverkehrs-Ordnung

das Rechtsfahrgebot	(§ 2 Abs. 2)
die Geschwindigkeit	(§ 3 Abs. 1, 2a, 3 und 4, § 41 Abs. 2, § 42 Abs. 4a)
den Abstand	(§ 4 Abs. 1)
das Überholen	(§ 5, § 41 Abs. 2)
die Vorfahrt	(§ 8 Abs. 2, § 41 Abs. 2)
das Abbiegen, Wenden und Rückwärtsfahren	(§ 9)
die Benutzung von Autobahnen und Kraftfahrstraßen	(§ 2 Abs. 1, § 18 Abs. 2 bis 5, Abs. 7 § 41 Abs. 2)

*) Für die Einordnung einer fahrlässigen Tötung oder fahrlässigen Körperverletzung in Abschnitt A oder B ist die Einordnung des der Tat zugrunde liegenden Verkehrsverstoßes maßgebend

das Verhalten an Bahnübergängen	(§ 19 Abs. 1 und 2, § 40 Abs. 7)
das Verhalten an öffentlichen Verkehrsmitteln und Schulbussen	(§ 20 Abs. 2, 3 und 4, § 41 Abs. 2)
das Verhalten an Fußgängerüberwegen	(§ 26, § 41 Abs. 3)
übermäßige Straßenbenutzung	(§ 29)
das Verhalten an Wechsellichtzeichen, Dauerlichtzeichen und Zeichen 206 (Halt! Vorfahrt gewähren!) sowie gegenüber Haltzeichen von Polizeibeamten	(§ 36, § 37 Abs. 2, 3, § 41 Abs. 2)

2.2 Verstöße gegen die Vorschriften der Straßenverkehrs-Zulassungs-Ordnung über den Gebrauch oder das Gestatten des Gebrauchs von Fahrzeugen ohne die erforderliche Zulassung (§ 18 Abs. 1) oder ohne die erforderliche Betriebserlaubnis (§ 18 Abs. 3)

2.3 Verstöße gegen §§ 24a oder 24c des Straßenverkehrsgesetzes (Alkohol, berauschende Mittel)

2.4 Verstöße gegen die Vorschriften der Fahrerlaubnis-Verordnung über das Befördern von Fahrgästen ohne die erforderliche Fahrerlaubnis zur Fahrgastbeförderung oder das Anordnen oder Zulassen solcher Beförderungen (§ 48 Abs. 1 oder 8)

B. Weniger schwerwiegende Zuwiderhandlungen

1. Straftaten, soweit sie nicht bereits zur Entziehung der Fahrerlaubnis geführt haben:

1.1 Straftaten nach dem Strafgesetzbuch
Fahrlässige Tötung (§ 222)*)
Fahrlässige Körperverletzung (§ 229)*)
Sonstige Straftaten, soweit im Zusammenhang mit dem Straßenverkehr begangen und nicht in Abschnitt A aufgeführt

1.2 Straftaten nach dem Straßenverkehrsgesetz
Kennzeichenmissbrauch (§ 22)

2. Ordnungswidrigkeiten nach § 24 des Straßenverkehrsgesetzes
soweit nicht in Abschnitt A aufgeführt.

*) Für die Einordnung einer fahrlässigen Tötung oder fahrlässigen Körperverletzung in Abschnitt A oder B ist die Einordnung des der Tat zugrundeliegenden Verkehrsverstoßes maßgebend

Anlage 13
(zu § 40)

Punktbewertung nach dem Punktsystem

Die im Verkehrszentralregister erfassten Entscheidungen sind zu bewerten:

1 mit sieben Punkten folgende Straftaten:

1.1 Gefährdung des Straßenverkehrs (§ 315c des Strafgesetzbuches),

1.2 Trunkenheit im Verkehr (§ 316 des Strafgesetzbuches),

1.3 Vollrausch (§ 323a des Strafgesetzbuches),

1.4 unerlaubtes Entfernen vom Unfallort (§ 142 des Strafgesetzbuches) mit Ausnahme des Absehens von Strafe und der Milderung von Strafe in den Fällen des § 142 Abs. 4 StGB;

2 mit sechs Punkten folgende weitere Straftaten:

2.1 Führen oder Anordnen oder Zulassen des Führens eines Kraftfahrzeugs ohne Fahrerlaubnis, trotz Fahrverbots oder trotz Verwahrung, Sicherstellung oder Beschlagnahme des Führerscheins (§ 21 des Straßenverkehrsgesetzes),

2.2 Kennzeichenmissbrauch (§ 22 des Straßenverkehrsgesetzes),

2.3 Gebrauch oder Gestatten des Gebrauchs unversicherter Kraftfahrzeuge oder Anhänger (§ 6 des Pflichtversicherungsgesetzes, § 9 des Gesetzes über die Haftpflichtversicherung für ausländische Kraftfahrzeuge und Kraftfahrzeuganhänger);

3 mit fünf Punkten folgende andere Straftaten:

3.1 unerlaubtes Entfernen vom Unfallort, sofern das Gericht die Strafe in den Fällen des § 142 Abs. 4 StGB gemildert oder von Strafe abgesehen hat,

3.2 alle anderen Straftaten;

4 mit vier Punkten folgende Ordnungswidrigkeiten:

4.1 Kraftfahrzeug geführt mit einer Atemalkoholkonzentration von 0,25 mg/l oder mehr oder einer Blutalkoholkonzentration von 0,5 Promille oder mehr oder einer Alkoholmenge im Körper, die zu einer solchen Atem- oder Blutalkoholkonzentration geführt hat,

4.2 Kraftfahrzeug geführt unter der Wirkung eines in der Anlage zu § 24a des Straßenverkehrsgesetzes genannten berauschenden Mittels,

4.3 zulässige Höchstgeschwindigkeit überschritten um mehr als 40 km/h innerhalb geschlossener Ortschaften oder um mehr als 50 km/h außerhalb geschlossener Ortschaften, beim Führen von kennzeichnungspflichtigen Kraftfahrzeugen mit gefährlichen Gütern oder von Kraftomnibussen mit Fahrgästen zulässige Höchstgeschwindigkeit überschritten um mehr als 40 km/h,

4.4 erforderlichen Abstand von einem vorausfahrenden Fahrzeug nicht eingehalten bei einer Geschwindigkeit von mehr als 80 km/h, gefahren mit einem Abstand von weniger als zwei Zehntel des halben Tachowertes, oder bei einer Geschwindigkeit von mehr als 130 km/h, gefahren mit einem Abstand von weniger als drei Zehntel des halben Tachowertes,

4.5 überholt, obwohl nicht übersehen werden konnte, dass während des ganzen Überholvorganges jede Behinderung des Gegenverkehrs ausgeschlossen war, oder bei unklarer Verkehrslage und dabei Verkehrszeichen (Zeichen 276, 277 der Straßenverkehrs-Ordnung) nicht beachtet oder Fahrstreifenbegrenzung (Zeichen 295, 296 der Straßenverkehrs-Ordnung) überquert oder überfahren oder der durch Pfeile vorgeschriebenen Fahrtrichtung (Zeichen 297 der Straßenverkehrs-Ordnung) nicht gefolgt oder mit einem Kraftfahrzeug mit einem zulässigen Gesamtgewicht über 7,5 t überholt, obwohl die Sichtweite durch Nebel, Schneefall oder Regen weniger als 50 m betrug,

4.6 gewendet, rückwärts oder entgegen der Fahrtrichtung gefahren in einer Ein- oder Ausfahrt, auf der Nebenfahrbahn oder dem Seitenstreifen oder auf der durchgehenden Fahrbahn von Autobahnen oder Kraftfahrstraßen,

4.7 an einem Fußgängerüberweg, den ein Bevorrechtigter erkennbar benutzen wollte, das Überqueren der Fahrbahn nicht ermöglicht oder nicht mit mäßiger Geschwindigkeit herangefahren oder an einem Fußgängerüberweg überholt,

4.8 in anderen als den Fällen des Rechtsabbiegens mit Grünpfeil als Kraftfahrzeugführer rotes Wechsellichtzeichen oder rotes Dauerlichtzeichen nicht befolgt und dadurch einen anderen gefährdet oder rotes Wechsellichtzeichen bei schon länger als einer Sekunde andauernder Rotphase nicht befolgt,

4.9 als Kraftfahrzeug-Führer entgegen § 29 Abs. 1 der Straßenverkehrs-Ordnung an einem Rennen mit Kraftfahrzeugen teilgenommen oder derartige Rennen veranstaltet,

4.10 als Kfz-Führer ein technisches Gerät betrieben oder betriebsbereit mitgeführt, das dafür bestimmt ist, Verkehrsüberwachungsmaßnahmen anzuzeigen oder zu stören,

4.11 Bahnübergang unter Verstoß gegen die Wartepflicht nach § 19 Abs. 2 Satz 1 Nr. 2, 3 oder 4 der Straßenverkehrs-Ordnung überquert;

5 mit drei Punkten folgende Ordnungswidrigkeiten:

5.1 als Führer eines kennzeichnungspflichtigen Kraftfahrzeugs mit gefährlichen Gütern bei Sichtweite unter 50 m durch Nebel, Schneefall oder Regen oder bei Schneeglätte oder Glatteis sich nicht so verhalten, dass die Gefährdung eines anderen ausgeschlossen war, insbesondere, obwohl nötig, nicht den nächsten geeigneten Platz zum Parken aufgesucht,

5.2 mit zu hoher, nichtangepasster Geschwindigkeit gefahren trotz angekündigter Gefahrenstelle, bei Unübersichtlichkeit, an Straßenkreuzungen, Straßeneinmündungen, Bahnübergängen oder schlechten Sicht- oder Wetterverhältnissen (z. B. Nebel, Glatteis) oder festgesetzte Höchstgeschwindigkeit bei Sichtweite unter 50 m bei Nebel, Schneefall oder Regen überschritten,

5.3 als Fahrzeugführer ein Kind, einen Hilfsbedürftigen oder älteren Menschen gefährdet, insbesondere durch nicht ausreichend verminderte Geschwindigkeit, mangelnde Bremsbereitschaft oder unzureichenden Seitenabstand beim Vorbeifahren oder Überholen,

5.4 zulässige Höchstgeschwindigkeit überschritten um mehr als 25 km/h außer in den in Nummer 4.3 genannten Fällen,

5.5 erforderlichen Abstand von einem vorausfahrenden Fahrzeug nicht eingehalten bei einer Geschwindigkeit von mehr als 80 km/h, gefahren mit einem Abstand von weniger als drei Zehntel des halben Tachowertes, oder bei einer Geschwindigkeit von mehr als 130 km/h, gefahren mit einem Abstand von weniger als vier Zehntel des halben Tachowertes,

5.6 mit Lastkraftwagen (zulässiges Gesamtgewicht über 3,5 t) oder Kraftomnibus bei einer Geschwindigkeit von mehr als 50 km/h auf einer Autobahn Mindestabstand von 50 m von einem vorausfahrenden Fahrzeug nicht eingehalten,

5.7 außerhalb geschlossener Ortschaft rechts überholt,

5.8 überholt, obwohl nicht übersehen werden konnte, dass während des ganzen Überholvorgangs jede Behinderung des Gegenverkehrs ausgeschlossen war, oder bei unklarer Verkehrslage in anderen als den in Nummer 4.5 genannten Fällen,

5.9 Vorfahrt nicht beachtet und dadurch einen Vorfahrtberechtigten gefährdet,

5.10 bei erheblicher Sichtbehinderung durch Nebel, Schneefall oder Regen außerhalb geschlossener Ortschaften am Tage nicht mit Abblendlicht gefahren,

5.11 auf Autobahnen oder Kraftfahrstraßen an dafür nicht vorgesehener Stelle eingefahren und dadurch einen anderen gefährdet,

5.12 beim Einfahren auf Autobahnen oder Kraftfahrstraßen Vorfahrt auf der durchgehenden Fahrbahn nicht beachtet,

5.13 mit einem Fahrzeug den Vorrang eines Schienenfahrzeugs nicht beachtet oder Bahnübergang unter Verstoß gegen die Wartepflicht nach § 19 Abs. 2 Satz 1 Nr. 1 der Straßenverkehrs-Ordnung überquert,

5.14 Ladung oder Ladeeinrichtung nicht verkehrssicher verstaut oder gegen Herabfallen nicht besonders gesichert und dadurch einen anderen gefährdet,

5.15 als Fahrzeugführer nicht dafür sorgt, dass das Fahrzeug, der Zug, die Ladung oder die Besetzung vorschriftsmäßig war, wenn dadurch die Verkehrssicherheit wesentlich beeinträchtigt war oder die Verkehrssicherheit des Fahrzeugs durch die Ladung oder die Besetzung wesentlich litt,

5.16 Zeichen oder Haltgebot eines Polizeibeamten nicht befolgt,

5.17 als Kraftfahrzeugführer rotes Wechsellichtzeichen oder rotes Dauerlichtzeichen in anderen als den Fällen des Rechtsabbiegens mit Grünpfeil und den in Nummer 4.8 genannten Fällen nicht befolgt,

5.18 unbedingtes Haltgebot (Zeichen 206 der Straßenverkehrs-Ordnung) nicht befolgt oder trotz Rotlicht nicht an der Haltlinie (Zeichen 294 der Straßenverkehrs-Ordnung) gehalten und dadurch einen anderen gefährdet,

5.19 eine für kennzeichnungspflichtige Kraftfahrzeuge mit gefährlichen Gütern (Zeichen 261 der Straßenverkehrs-Ordnung) oder für Kraftfahrzeuge mit wassergefährdender Ladung (Zeichen 269 der Straßenverkehrs-Ordnung) gesperrte Straße befahren,

5.20 ohne erforderliche Fahrerlaubnis zur Fahrgastbeförderung einen oder mehrere Fahrgäste in einem in § 48 Abs. 1 genannten Fahrzeug befördert,

5.21 als Halter die Fahrgastbeförderung in einem in § 48 Abs. 1 genannten Fahrzeug angeordnet oder zugelassen, obwohl der Fahrzeugführer die erforderliche Fahrerlaubnis zur Fahrgastbeförderung nicht besaß,

5.22 Kraftfahrzeug oder Kraftfahrzeuganhänger ohne die erforderliche Zulassung oder Betriebserlaubnis oder außerhalb des auf dem Saisonkennzeichen angegebenen Betriebszeitraums oder nach dem auf dem Kurzzeitkennzeichen angegebenen Ablaufdatum auf öffentlichen Straßen in Betrieb gesetzt oder Kurzzeitkennzeichen an mehr als einem Fahrzeug verwendet,

5.23 Kraftfahrzeug, Anhänger oder Fahrzeugkombination in Betrieb genommen, obwohl die zulässige Achslast, das zulässige Gesamtgewicht oder die zulässige Anhängelast hinter einem Kraftfahrzeug um mehr als 20 Prozent überschritten war,

5.24 als Halter die Inbetriebnahme eines Kraftfahrzeugs, eines Anhängers oder einer Fahrzeugkombination angeordnet oder zugelassen, obwohl die zulässige Achslast, das zulässige Gesamtgewicht oder die zulässige Anhängelast hinter einem Kraftfahrzeug um mehr als 10 Prozent überschritten war; bei Kraftfahrzeugen mit einem zulässigen Gesamtgewicht bis 7,5 t oder Kraftfahrzeugen mit Anhängern, deren zulässiges Gesamtgewicht 2 t nicht übersteigt, unter Überschreitung um mehr als 20 Prozent,

5.25 Fahrzeug in Betrieb genommen, das sich in einem Zustand befand, der die Verkehrssicherheit wesentlich beeinträchtigte, insbesondere unter Verstoß gegen die Vorschriften über Lenkeinrichtungen, Bremsen oder Einrichtungen zur Verbindung von Fahrzeugen,

5.26 als Halter die Inbetriebnahme eines Kraftfahrzeugs oder Zuges angeordnet oder zugelassen, obwohl der Führer zur selbständigen Leitung nicht geeignet war oder das Fahrzeug, der Zug, die Ladung oder die Besetzung nicht vorschriftsmäßig war und dadurch die Verkehrssicherheit wesentlich beeinträchtigt war – insbesondere unter Verstoß gegen eine Vorschrift über Lenkeinrichtungen, Bremsen oder Einrichtungen zur Verbindung von Fahrzeugen – oder die Verkehrssicherheit des Fahrzeugs durch die Ladung oder die Besetzung wesentlich litt,

5.27 Kraftfahrzeug (außer Mofa) oder Anhänger in Betrieb genommen, dessen Reifen keine ausreichenden Profilrillen oder Einschnitte oder keine ausreichende Profil- oder Einschnitttiefe besaßen,

5.28 als Halter die Inbetriebnahme eines Kraftfahrzeugs (außer Mofa) oder Anhängers angeordnet oder zugelassen, dessen Reifen keine ausreichenden Profilrillen oder Einschnitte oder keine ausreichende Profil- oder Einschnitttiefe besaßen,

5.29 als Fahrzeugführer vor dem Rechtsabbiegen bei roter Lichtzeichenanlage mit grünem Pfeilschild nicht angehalten,

5.30 beim Rechtsabbiegen mit grünem Pfeilschild den freigegebenen Fahrzeugverkehr, Fußgängerverkehr oder den Fahrradverkehr auf Radwegfurten behindert oder gefährdet,

5.31 Kraftfahrzeug in Betrieb genommen, das nicht mit dem vorgeschriebenen Geschwindigkeitsbegrenzer ausgerüstet war oder den Geschwindigkeitsbegrenzer auf unzulässige Geschwindigkeit eingestellt oder nicht benutzt, auch wenn es sich um ein ausländisches Kraftfahrzeug handelt,

5.32 als Halter die Inbetriebnahme eines Kraftfahrzeuges angeordnet oder zugelassen, das nicht mit dem vorgeschriebenen Geschwindigkeitsbegrenzer ausgerüstet war oder dessen Geschwindigkeitsbegrenzer auf unzulässige Geschwindigkeit eingestellt war oder nicht benutzt wurde;

6 mit zwei Punkten folgende Ordnungswidrigkeiten:

6.1 in der Probezeit nach § 2a des Straßenverkehrsgesetzes oder vor Vollendung des 21. Lebensjahres als Führer eines Kraftfahrzeugs im Straßenverkehr alkoholische Getränke zu sich genommen oder die Fahrt angetreten, obwohl er unter der Wirkung eines solchen Getränks stand,

6.2 gegen das Rechtsfahrgebot verstoßen bei Gegenverkehr, beim Überholtwerden, an Kuppen, in Kurven oder bei Unübersichtlichkeit und dadurch einen anderen gefährdet,

6.3 beim Führen von kennzeichnungspflichtigen Kraftfahrzeugen mit gefährlichen Gütern oder von Kraftomnibussen mit Fahrgästen zulässige Höchstgeschwindigkeit überschritten um mehr als 20 km/h, außer in den in Nummer 4.3 und 5.4 genannten Fällen,

6.4 erforderlichen Abstand von einem vorausfahrenden Fahrzeug nicht eingehalten bei einer Geschwindigkeit von mehr als 80 km/h, gefahren mit einem Abstand von weniger als vier Zehntel des halben Tachowertes, oder bei einer Geschwindigkeit von mehr als 130 km/h, gefahren mit einem Abstand von weniger als fünf Zehntel des halben Tachowertes,

6.5 zum Überholen ausgeschert und dadurch nachfolgenden Verkehr gefährdet,

6.6 abgebogen, ohne Fahrzeug durchfahren zu lassen und dadurch einen anderen gefährdet,

6.7 beim Abbiegen auf einen Fußgänger keine besondere Rücksicht genommen und ihn dadurch gefährdet, oder beim Abbiegen in ein Grundstück, beim Wenden oder Rückwärtsfahren einen anderen gefährdet,

6.8 liegengebliebenes mehrspuriges Fahrzeug nicht oder nicht wie vorgeschrieben abgesichert, beleuchtet oder kenntlich gemacht und dadurch einen anderen gefährdet,

6.9 auf Autobahnen oder Kraftfahrstraßen Fahrzeug geparkt,

6.10 Seitenstreifen von Autobahnen oder Kraftfahrstraßen zum Zweck des schnelleren Vorwärtskommens benutzt,

6.11 bei an einer Haltestelle (Zeichen 224 der Straßenverkehrs-Ordnung) haltendem Omnibus des Linienverkehrs, haltender Straßenbahn oder haltendem gekennzeichneten Schulbus mit ein- oder aussteigenden Fahrgästen bei Vorbeifahrt rechts Schrittgeschwindigkeit oder ausreichenden Abstand nicht eingehalten, oder obwohl nötig, nicht angehalten und dadurch einen Fahrgast gefährdet oder behindert (soweit nicht Nummer 4.3 oder 5.4),

6.12 bei an einer Haltestelle (Zeichen 224 der Straßenverkehrs-Ordnung) haltendem Omnibus des Linienverkehrs oder gekennzeichnetem Schulbus mit eingeschaltetem Warnblinklicht bei Vorbeifahrt Schrittgeschwindigkeit oder ausreichenden

Abstand nicht eingehalten oder, obwohl nötig, nicht angehalten und dadurch einen Fahrgast gefährdet oder behindert (soweit nicht Nummer 4.3 oder 5.4),

6.13 als Halter Fahrzeug zur Hauptuntersuchung oder Sicherheitsprüfung nicht vorgeführt bei einer Fristüberschreitung des Anmelde- oder Vorführtermins um mehr als acht Monate oder als Halter den Geschwindigkeitsbegrenzer in den vorgeschriebenen Fällen nicht prüfen lassen, wenn seit fällig gewordener Prüfung mehr als ein Monat vergangen ist;

7 mit einem Punkt alle übrigen Ordnungswidrigkeiten.

Anlage 14
(zu § 66 Abs. 2)

Voraussetzungen für die amtliche Anerkennung als Begutachtungsstelle für Fahreignung

Die Anerkennung kann erteilt werden, wenn insbesondere

1. die erforderliche finanzielle und organisatorische Leistungsfähigkeit des Trägers gewährleistet ist,
2. die erforderliche personelle Ausstattung mit einer ausreichenden Anzahl von Ärzten und Psychologen sichergestellt ist,
3. für Bedarfsfälle ein Diplomingenieur zur Verfügung steht, der die Voraussetzungen für die Anerkennung als amtlich anerkannter Sachverständiger oder Prüfer für den Kraftfahrzeugverkehr erfüllt,
4. die erforderliche sachliche Ausstattung mit den notwendigen Räumlichkeiten und Geräten sichergestellt ist,
5. der Träger einer Begutachtungsstelle für Fahreignung nicht zugleich Träger von Maßnahmen der Fahrausbildung oder von Kursen zur Wiederherstellung der Kraftfahreignung ist,
6. die Stelle von der Bundesanstalt für Straßenwesen akkreditiert ist,
7. die Teilnahme von Personen nach Nummer 2 an einem regelmäßigen und bundesweiten Erfahrungsaustausch unter Leitung der Bundesanstalt für Straßenwesen sichergestellt wird,
8. die wirtschaftliche Unabhängigkeit der Gutachter von der Gebührenerstattung im Einzelfall und vom Ergebnis der Begutachtungen gewährleistet ist und
9. der Antragsteller, bei juristischen Personen die nach Gesetz oder Satzung zur Vertretung berufenen Personen, zuverlässig sind.

Die Anerkennung kann mit Nebenbestimmungen, insbesondere mit Auflagen verbunden werden, um den vorgeschriebenen Bestand und die ordnungsgemäße Tätigkeit der Untersuchungsstelle zu gewährleisten.

Anforderungen an den Arzt:
Arzt mit mindestens zweijähriger klinischer Tätigkeit (insbesondere innere Medizin, Psychiatrie, Neurologie) oder Facharzt,
zusätzlich mit mindestens einjähriger Praxis in der Begutachtung der Eignung von Kraftfahrern in einer Begutachtungsstelle für Fahreignung.

Anforderungen an den Psychologen:
Diplom in der Psychologie, mindestens zweijährige praktische Berufstätigkeit (in der Regel in der klinischen Psychologie, Arbeitspsychologie) und mindestens einjährige Praxis in der Begutachtung der Eignung von Kraftfahrern in einer Begutachtungsstelle für Fahreignung.

Anlage 15
(zu § 11 Abs. 5)

Grundsätze für die Durchführung der Untersuchungen und die Erstellung der Gutachten

1. Die Untersuchung ist unter Beachtung folgender Grundsätze durchzuführen:
   a) Die Untersuchung ist anlassbezogen und unter Verwendung der von der Fahrerlaubnisbehörde zugesandten Unterlagen über den Betroffenen vorzunehmen. Der Gutachter hat sich an die durch die Fahrerlaubnisbehörde vorgegebene Fragestellung zu halten.
   b) Gegenstand der Untersuchung sind nicht die gesamte Persönlichkeit des Betroffenen, sondern nur solche Eigenschaften, Fähigkeiten und Verhaltensweisen, die für die Kraftfahreignung von Bedeutung sind (Relevanz zur Kraftfahreignung).
   c) Die Untersuchung darf nur nach anerkannten wissenschaftlichen Grundsätzen vorgenommen werden.
   d) Vor der Untersuchung hat der Gutachter den Betroffenen über Gegenstand und Zweck der Untersuchung aufzuklären.
   e) Über die Untersuchung sind Aufzeichnungen anzufertigen.
   f) In den Fällen der §§ 13 und 14 ist Gegenstand der Untersuchung auch das voraussichtliche künftige Verhalten des Betroffenen, insbesondere ob zu erwarten ist, dass er nicht oder nicht mehr ein Kraftfahrzeug unter Einfluss von Alkohol oder Betäubungsmitteln/Arzneimitteln führen wird. Hat Abhängigkeit von Alkohol oder Betäubungsmitteln/Arzneimitteln vorgelegen, muss sich die Untersuchung darauf erstrecken, dass die Abhängigkeit nicht mehr besteht. Bei Alkoholmissbrauch, ohne dass Abhängigkeit vorhanden war oder ist, muss sich die Untersuchung darauf erstrecken, ob der Betroffene den Konsum von Alkohol einerseits und das Führen von Kraftfahrzeugen im Straßenverkehr andererseits zuverlässig voneinander trennen kann. Dem Betroffenen kann die Fahrerlaubnis nur dann erteilt werden, wenn sich bei ihm ein grundlegender Wandel in seiner Einstellung zum Führen von Kraftfahrzeugen unter Einfluss von Alkohol oder Betäubungsmitteln/Arzneimitteln vollzogen hat. Es müssen zum Zeitpunkt der Erteilung der Fahrerlaubnis Bedingungen vorhanden sein, die zukünftig einen Rückfall als unwahrscheinlich erscheinen lassen. Das Gutachten kann empfehlen, dass durch geeignete und angemessene Auflagen später überprüft wird, ob sich die günstige Prognose bestätigt. Das Gutachten kann auch geeignete Kurse zur Wiederherstellung der Kraftfahreignung empfehlen.
   g) In den Fällen des § 2a Abs. 4 Satz 1 und Abs. 5 Satz 5 oder des § 4 Abs. 10 Satz 3 des Straßenverkehrsgesetzes oder des § 11 Abs. 3 Nr. 4 oder 5 dieser Verordnung ist Gegenstand der Untersuchung auch das voraussichtliche künftige Verhalten des Betroffenen, ob zu erwarten ist, dass er nicht mehr erheblich oder nicht mehr wiederholt gegen verkehrsrechtliche Bestimmungen oder gegen Strafgesetze verstoßen wird. Es sind die Bestimmungen von Buchstabe f Satz 4 bis 7 entsprechend anzuwenden.

2. Das Gutachten ist unter Beachtung folgender Grundsätze zu erstellen:

   a) Das Gutachten muss in allgemeinverständlicher Sprache abgefasst sowie nachvollziehbar und nachprüfbar sein.
   Die Nachvollziehbarkeit betrifft die logische Ordnung (Schlüssigkeit) des Gutachtens. Sie erfordert die Wiedergabe aller wesentlichen Befunde und die Darstellung der zur Beurteilung führenden Schlussfolgerungen.
   Die Nachprüfbarkeit betrifft die Wissenschaftlichkeit der Begutachtung. Sie erfordert, dass die Untersuchungsverfahren, die zu den Befunden geführt haben, angegeben und, soweit die Schlussfolgerungen auf Forschungsergebnisse gestützt sind, die Quellen genannt werden. Das Gutachten braucht aber nicht im Einzelnen die wissenschaftlichen Grundlagen für die Erhebung und Interpretation der Befunde wiederzugeben.

   b) Das Gutachten muss in allen wesentlichen Punkten, insbesondere im Hinblick auf die gestellten Fragen (§ 11 Abs. 6), vollständig sein. Der Umfang eines Gutachtens richtet sich nach der Befundlage. Bei eindeutiger Befundlage wird das Gutachten knapper, bei komplizierter Befundlage ausführlicher erstattet.

   c) Im Gutachten muss dargestellt und unterschieden werden zwischen der Vorgeschichte und dem gegenwärtigen Befund.

3. Die medizinisch-psychologische Untersuchung kann unter Hinzuziehung eines beeidigten oder öffentlich bestellten und vereidigten Dolmetschers oder Übersetzers, der von der Begutachtungsstelle für Fahreignung bestellt wird, durchgeführt werden. Die Kosten trägt der Betroffene.

4. Wer eine Person in einem Kurs zur Wiederherstellung der Kraftfahreignung oder in einem Aufbauseminar betreut, betreut hat oder voraussichtlich betreuen wird, darf diese Person nicht untersuchen oder begutachten.

Strafgesetzbuch

in der Fassung der Bekanntmachung
vom 13. November 1998 (BGBl. I S. 3322),
zuletzt geändert durch Artikel 1 des Gesetzes
vom 13. April 2007 (BGBl. I S. 513)
(Auszüge)

§ 69
Entziehung der Fahrerlaubnis

(1) Wird jemand wegen einer rechtswidrigen Tat, die er bei oder im Zusammenhang mit dem Führen eines Kraftfahrzeugs oder unter Verletzung der Pflichten eines Kraftfahrzeugführers begangen hat, verurteilt oder nur deshalb nicht verurteilt, weil seine Schuldunfähigkeit erwiesen oder nicht auszuschließen ist, so entzieht ihm das Gericht die Fahrerlaubnis, wenn sich aus der Tat ergibt, dass er zum Führen von Kraftfahrzeugen ungeeignet ist. Einer weiteren Prüfung nach § 62 bedarf es nicht.

(2) Ist die rechtswidrige Tat in den Fällen des Absatzes 1 ein Vergehen

1. der Gefährdung des Straßenverkehrs (§ 315c),
2. der Trunkenheit im Verkehr (§ 316),
3. des unerlaubten Entfernens vom Unfallort (§ 142), obwohl der Täter weiß oder wissen kann, dass bei dem Unfall ein Mensch getötet oder nicht unerheblich verletzt worden oder an fremden Sachen bedeutender Schaden entstanden ist, oder
4. des Vollrausches (§ 323a), der sich auf eine der Taten nach den Nummern 1 bis 3 bezieht,

so ist der Täter in der Regel als ungeeignet zum Führen von Kraftfahrzeugen anzusehen.

(3) Die Fahrerlaubnis erlischt mit der Rechtskraft des Urteils. Ein von einer deutschen Behörde ausgestellter Führerschein wird im Urteil eingezogen.

§ 69a
Sperre für die Erteilung einer Fahrerlaubnis

(1) Entzieht das Gericht die Fahrerlaubnis, so bestimmt es zugleich, dass für die Dauer von sechs Monaten bis zu fünf Jahren keine neue Fahrerlaubnis erteilt werden darf (Sperre). Die Sperre kann für immer angeordnet werden, wenn zu erwarten ist, dass die gesetzliche Höchstfrist zur Abwehr der von dem Täter drohenden Gefahr nicht ausreicht. Hat der Täter keine Fahrerlaubnis, so wird nur die Sperre angeordnet.

(2) Das Gericht kann von der Sperre bestimmte Arten von Kraftfahrzeugen ausnehmen, wenn besondere Umstände die Annahme rechtfertigen, dass der Zweck der Maßregel dadurch nicht gefährdet wird.

(3) Das Mindestmaß der Sperre beträgt ein Jahr, wenn gegen den Täter in den letzten drei Jahren vor der Tat bereits einmal eine Sperre angeordnet worden ist.

(4) War dem Täter die Fahrerlaubnis wegen der Tat vorläufig entzogen (§ 111a der Strafprozessordnung), so verkürzt sich das Mindestmaß der Sperre um die Zeit, in der die vorläufige Entziehung wirksam war. Es darf jedoch drei Monate nicht unterschreiten.

(5) Die Sperre beginnt mit der Rechtskraft des Urteils. In die Frist wird die Zeit einer wegen der Tat angeordneten vorläufigen Entziehung eingerechnet, soweit sie nach Verkündung des Urteils verstrichen ist, in dem die der Maßregel zugrunde liegenden tatsächlichen Feststellungen letztmals geprüft werden konnten.

(6) Im Sinne der Absätze 4 und 5 steht der vorläufigen Entziehung der Fahrerlaubnis die Verwahrung, Sicherstellung oder Beschlagnahme des Führerscheins (§ 94 der Strafprozessordnung) gleich.

(7) Ergibt sich Grund zu der Annahme, dass der Täter zum Führen von Kraftfahrzeugen nicht mehr ungeeignet ist, so kann das Gericht die Sperre vorzeitig aufheben. Die Aufhebung ist frühestens zulässig, wenn die Sperre drei Monate, in den Fällen des Absatzes 3 ein Jahr gedauert hat; Absatz 5 Satz 2 und Absatz 6 gelten entsprechend.

§ 69b
Wirkung der Entziehung bei einer ausländischen Fahrerlaubnis

(1) Darf der Täter auf Grund einer im Ausland erteilten Fahrerlaubnis im Inland Kraftfahrzeuge führen, ohne dass ihm von einer deutschen Behörde eine Fahrerlaubnis erteilt worden ist, so hat die Entziehung der Fahrerlaubnis die Wirkung einer Aberkennung des Rechts, von der Fahrerlaubnis im Inland Gebrauch zu machen. Mit der Rechtskraft der Entscheidung erlischt das Recht zum Führen von Kraftfahrzeugen im Inland. Während der Sperre darf weder das Recht, von der ausländischen Fahrerlaubnis wieder Gebrauch zu machen, noch eine inländische Fahrerlaubnis erteilt werden.

(2) Ist der ausländische Führerschein von einer Behörde eines Mitgliedstaates der Europäischen Union oder eines anderen Vertragsstaates des Abkommens über den Europäischen Wirtschaftsraum ausgestellt worden und hat der Inhaber seinen ordentlichen Wohnsitz im Inland, so wird der Führerschein im Urteil eingezogen und an die ausstellende Behörde zurückgesandt. In anderen Fällen werden die Entziehung der Fahrerlaubnis und die Sperre in den ausländischen Führerscheinen vermerkt.

§ 315c
Gefährdung des Straßenverkehrs

(1) Wer im Straßenverkehr

1. ein Fahrzeug führt, obwohl er
    a) infolge des Genusses alkoholischer Getränke oder anderer berauschender Mittel oder
    b) infolge geistiger oder körperlicher Mängel

nicht in der Lage ist, das Fahrzeug sicher zu führen, oder

2. grob verkehrswidrig und rücksichtslos
   a) die Vorfahrt nicht beachtet,
   b) falsch überholt oder sonst bei Überholvorgängen falsch fährt,
   c) an Fußgängerüberwegen falsch fährt,
   d) an unübersichtlichen Stellen, an Straßenkreuzungen, Straßeneinmündungen oder Bahnübergängen zu schnell fährt,
   e) an unübersichtlichen Stellen nicht die rechte Seite der Fahrbahn einhält,
   f) auf Autobahnen oder Kraftfahrstraßen wendet, rückwärts oder entgegen der Fahrtrichtung fährt oder dies versucht oder
   g) haltende oder liegengebliebene Fahrzeuge nicht auf ausreichende Entfernung kenntlich macht, obwohl das zur Sicherung des Verkehrs erforderlich ist,

und dadurch Leib oder Leben eines anderen Menschen oder fremde Sachen von bedeutendem Wert gefährdet, wird mit Freiheitsstrafe bis zu fünf Jahren oder mit Geldstrafe bestraft.

(2) In den Fällen des Absatzes 1 Nr. 1 ist der Versuch strafbar.

(3) Wer in den Fällen des Absatzes 1

1. die Gefahr fahrlässig verursacht oder
2. fahrlässig handelt und die Gefahr fahrlässig verursacht,

wird mit Freiheitsstrafe bis zu zwei Jahren oder mit Geldstrafe bestraft.

§ 316
Trunkenheit im Verkehr

(1) Wer im Verkehr (§§ 315 bis 315d) ein Fahrzeug führt, obwohl er infolge des Genusses alkoholischer Getränke oder anderer berauschender Mittel nicht in der Lage ist, das Fahrzeug sicher zu führen, wird mit Freiheitsstrafe bis zu einem Jahr oder mit Geldstrafe bestraft, wenn die Tat nicht in § 315a oder § 315c mit Strafe bedroht ist.

(2) Nach Absatz 1 wird auch bestraft, wer die Tat fahrlässig begeht.

Gesetz über das Zentralregister und das Erziehungsregister (Bundeszentralregistergesetz)

in der Fassung der Bekanntmachung
vom 21. September 1984 (BGBl. I S. 1229, 1985 I S. 195),
zuletzt geändert durch Artikel 2 Absatz 3 des Gesetzes
vom 17. März 2007 (BGBl. I S. 314)
(Auszüge)

§ 51
Verwertungsverbot

(1) Ist die Eintragung über eine Verurteilung im Register getilgt worden oder ist sie zu tilgen, so dürfen die Tat und die Verurteilung dem Betroffenen im Rechtsverkehr nicht mehr vorgehalten und nicht zu seinem Nachteil verwertet werden.

(2) Aus der Tat oder der Verurteilung entstandene Rechte Dritter, gesetzliche Rechtsfolgen der Tat oder der Verurteilung und Entscheidungen von Gerichten oder Verwaltungsbehörden, die im Zusammenhang mit der Tat oder der Verurteilung ergangen sind, bleiben unberührt.

§ 52
Ausnahmen

(1) Die frühere Tat darf abweichend von § 51 Abs. 1 nur berücksichtigt werden, wenn

1. die Sicherheit der Bundesrepublik Deutschland oder eines ihrer Länder eine Ausnahme zwingend gebietet,
2. in einem erneuten Strafverfahren ein Gutachten über den Geisteszustand des Betroffenen zu erstatten ist, falls die Umstände der früheren Tat für die Beurteilung seines Geisteszustandes von Bedeutung sind,
3. die Wiederaufnahme des früheren Verfahrens beantragt wird oder
4. der Betroffene die Zulassung zu einem Beruf oder einem Gewerbe, die Einstellung in den öffentlichen Dienst oder die Erteilung einer Waffenbesitzkarte, eines Munitionserwerbsscheins, Waffenscheins, Jagdscheins oder einer Erlaubnis nach § 27 des Sprengstoffgesetzes beantragt, falls die Zulassung, Einstellung oder Erteilung der Erlaubnis sonst zu einer erheblichen Gefährdung der Allgemeinheit führen würde; das gleiche gilt, wenn der Betroffene die Aufhebung einer die Ausübung eines Berufes oder Gewerbes untersagenden Entscheidung beantragt.

(2) Abweichend von § 51 Abs. 1 darf eine frühere Tat ferner in einem Verfahren berücksichtigt werden, das die Erteilung oder Entziehung einer Fahrerlaubnis zum Gegenstand hat, solange die Verurteilung nach den Vorschriften der §§ 28 bis 30b des Straßenverkehrsgesetzes verwertet werden darf. Außerdem dürfen für die Prüfung der Berechtigung zum Führen von Kraftfahrzeugen Entscheidungen der Gerichte nach den §§ 69 bis 69b des Strafgesetzbuches verwertet werden.

Stichwortverzeichnis

F

G

H

K

M

N

O

P

Literaturverzeichnis

Allhoff-Cramer, A. Qualitätssicherung der verkehrspsychologischen Beratung. Stellungnahme zum Beitrag von P. Brieler für den Vorstand der Sektion Verkehrspsychologie im BDP
ZVS (2006), 94–96

Bartl, G; Assailly, JP; Chatenet, F; Hatakka, M; Keskinen, E; Willmes-Lenz, G. EU-Project „Andrea“. Analysis of Driver Rehabilitation Programmes
Wien, Austrian Road Safety Board (2002)

Bode, H. Begleitung durch Fahrlehrer beim Führen von Kraftfahrzeugen zur Begutachtung der Eignung oder Befähigung
ZVS (2003), 140–142

Bouska, W.; Laeverenz, J. (2004) Fahrerlaubnisrecht
3. Auflage, C. H. Beck, München

Brieler, P. Qualitätssicherung der verkehrspsychologischen Beratung
ZVS (2006), 90–93

Bundesanstalt für Straßenwesen (BASt) (Hrsg.) Führerschein auf Probe – Auswirkungen auf die Verkehrssicherheit
Bericht der Bundesanstalt für Straßenwesen, Heft 87, Bergisch-Gladbach (1992)

Bundesanstalt für Straßenwesen (BASt) (Hrsg.) Begutachtungs-Leitlinien zur Kraftfahrereignung des Gemeinsamen Beirates für Verkehrsmedizin des Bundesministeriums für Verkehr, Bau- und Wohnungswesen und des Bundesministeriums für Gesundheit
Bericht der Bundesanstalt für Straßenwesen, Heft M115, Bergisch Gladbach, NW Wirtschaftsverlag Bremerhaven (2000)

Gehrmann, L. Bedenken gegen die Kraftfahrereignung und Eignungszweifel in ihren grundrechtlichen Schranken
NZV (2003), 10

Hentschel, P. (2005) Straßenverkehrsrecht
38. Auflage, C. H. Beck, München

Kögl, M. Die Sektion Verkehrspsychologie im BDP e.V.: neues Beispiel eines „beliehenen Unternehmers“ (§ 71 Fahrerlaubnis-Verordnung - FeV) ZVS (2002), 126–129

Kögl, M. Leitfaden zur verkehrspsychologischen Beratung nach § 71 der Fahrerlaubnis-Verordnung (Fassung 5.0) ZVS (2001), 145

Madea, B.; Mußhoff, F.; Berghaus, G.; (Hrsg.) Verkehrsmedizin Deutscher Ärzte-Verlag (2007)

Meyer, H. Die Dokumentation der Beratung nach § 71 FeV als QM-Element - Anspruch und Wirklichkeit Verkehrstherapie, Schriftenreihe des BNV; Nr. 1 (2005), 235–247

Sardi, G.; M. & Evers, C. Drinking and Driving in J.-P. Cauzard, European drivers and road risk, SARTRE 3 reports - Part 1: Report on principal - results (2004), 42

Schubert, W.; Kranich, U. Die Verkehrspsychologische Beratung - Bestandsaufnahme und Perspektive ZVS (2007), 89–93

Schubert, W.; Schneider, W.; Eisenmenger, W.; Stephan, E. (Hrsg.) Begutachtungs-Leitlinien zur Kraftfahrereignung, Kommentar 2. Auflage, Kirschbaum Verlag Bonn (2005)

Schubert, W.; Wagner, T. Die psychologische Fahrverhaltensbeobachtung - Grundlagen, Methodik und Anwendungsmöglichkeiten ZVS (2003), 119–126

Schurig, R.; Glowalla, P.; Brauckmann, J. Handbuch des Fahrerlaubnisrechts 2. Auflage, Kirschbaum Verlag Bonn (2004)

Zentgraf, M. Verkehrspsychologische Beratung, Jahresbericht 2005 Institut für Schulungsmaßnahmen, Hamburg, unveröffentl. Manuskript

Zwerger, D. Aktuelle Rechtsfragen beim Entzug der Fahrerlaubnis wegen Drogenauffälligkeit DAR (2005), 431–437